U0171408

“十四五”时期国家重点出版物出版专项规划项目

|京|津|冀|水|资|源|安|全|保|障|丛|书|

京津冀水资源需求管理与适水发展

理论和实践

于静洁 等 著

科学出版社

北京

内 容 简 介

随着社会经济发展，水资源对社会经济的基础性、安全性和战略性作用越来越突出，高质量发展对水资源可持续利用与管理的要求越来越高，水资源与社会经济的耦合程度越来越深。本书立足水资源学与社会经济的交叉理论研究和学科前沿，介绍了水资源需求管理与适水发展理论、京津冀区域发展变化过程、京津冀用水效率、京津冀水资源与社会经济发展互馈关系、京津冀虚拟水流通时空格局、京津冀适水发展战略布局及京津冀水资源需求管理对策等内容，系统介绍了京津冀适水发展要解决的关键问题、关键技术、关键理论及对策建议。

本书可供水资源管理、区域发展、产业经济及相关领域的研究人员、管理人员及高等院校相关专业的师生参考。

审图号：GS(2022)135 号

图书在版编目(CIP)数据

京津冀水资源需求管理与适水发展：理论和实践／于静洁等著. —北京：科学出版社，2022. 5

(京津冀水资源安全保障丛书)

"十四五"时期国家重点出版物出版专项规划项目

ISBN 978-7-03-072281-2

Ⅰ. ①京… Ⅱ. ①于… Ⅲ. ①水资源管理—研究—华北地区 Ⅳ. ①TV213. 4

中国版本图书馆 CIP 数据核字（2022）第 082145 号

责任编辑：王　倩／责任校对：樊雅琼

责任印制：吴兆东／封面设计：黄华斌

科学出版社 出版

北京东黄城根北街 16 号

邮政编码：100717

http://www.sciencep.com

北京中科印刷有限公司 印刷

科学出版社发行　各地新华书店经销

*

2022 年 5 月第　一　版　开本：787×1092　1/16

2022 年 5 月第一次印刷　印张：15 3/4

字数：370 000

定价：198.00 元

（如有印装质量问题，我社负责调换）

“京津冀水资源安全保障丛书”编委会

总　　序

京津冀地区是我国政治、经济、文化、科技中心和重大国家发展战略区，是我国北方地区经济最具活力、开放程度最高、创新能力最强、吸纳人口最多的城市群。同时，京津冀也是我国最缺水的地区，年均降水量为 538 mm，是全国平均水平的 83%；人均水资源量为 258 m^3，仅为全国平均水平的 1/9；南水北调中线工程通水前，水资源开发利用率超过 100%，地下水累积超采 1300 亿 m^3，河湖长时期、大面积断流。可以看出，京津冀地区是我国乃至全世界人类活动对水循环扰动强度最大、水资源承载压力最大、水资源安全保障难度最大的地区。因此，京津冀水资源安全解决方案具有全国甚至全球示范意义。

为应对京津冀地区水循环显著变异、人水关系严重失衡等问题，提升水资源安全保障技术短板，2016 年，以中国水利水电科学研究院赵勇为首席科学家的“十三五”重点研发计划项目“京津冀水资源安全保障技术研发集成与示范应用”（2016YFC0401400）（以下简称京津冀项目）正式启动。项目紧扣京津冀协同发展新形势和重大治水实践，瞄准“强人类活动影响区水循环演变机理与健康水循环模式”，以及“强烈竞争条件下水资源多目标协同调控理论”两大科学问题，集中攻关 4 项关键技术，即水资源显著衰减与水循环全过程解析技术、需水管理与耗水控制技术、多水源安全高效利用技术、复杂水资源系统精细化协同调控技术。预期通过项目技术成果的广泛应用及示范带动，支撑京津冀地区水资源利用效率提升 20%，地下水超采治理率超过 80%，再生水等非常规水源利用量提升到 20 亿 m^3 以上，推动建立健康的自然–社会水循环系统，缓解水资源短缺压力，提升京津冀地区水资源安全保障能力。

在实施过程中，项目广泛组织京津冀水资源安全保障考察与调研，先后开展 20 余次项目和课题考察，走遍京津冀地区 200 个县（市、区）。积极推动学术交流，先后召开了 4 期“京津冀水资源安全保障论坛”、3 期中国水利学会京津冀分论坛和中国水论坛京津冀分论坛，并围绕平原区水循环模拟、水资源高效利用、地下水超采治理、非常规水利用等多个议题组织学术研讨会，推动了京津冀水资源安全保障科学研究。项目还注重基础试验与工程示范相结合，围绕用水最强烈的北京市和地下水超采最严重的海河南系两大集中示范区，系统开展水循环全过程监测、水资源高效利用以及雨洪水、微咸水、地下水保护与安全利用等示范。

经过近 5 年的研究攻关，项目取得了多项突破性进展。在水资源衰减机理与应对方面，系统揭示了京津冀自然–社会水循环演变规律，解析了水资源衰减定量归因，预测了未来水资源变化趋势，提出了京津冀健康水循环修复目标和实现路径；在需水管理理论与方法方面，阐明了京津冀经济社会用水驱动机制和耗水机理，提出了京津冀用水适应性增长规律与层次化调控理论方法；在多水源高效利用技术方面，针对本地地表水、地下水、非常规水、外调水分别提出优化利用技术体系，形成了京津冀水网系统优化布局方案；在水资源配置方面，提出了水–粮–能–生协同配置理论方法，研发了京津冀水资源多目标协同调控模型，形成了京津冀水资源安全保障系统方案；在管理制度与平台建设方面，综合应用云计算、互联网+、大数据、综合集成等技术，研发了京津冀水资源协调管理制度与平台。项目还积极推动理论技术成果紧密服务于京津冀重大治水实践，制定国家、地方、行业和团体标准，支撑编制了《京津冀工业节水行动计划》等一系列政策文件，研究提出的京津冀协同发展水安全保障、实施国家污水资源化、南水北调工程运行管理和后续规划等成果建议多次获得国家领导人批示，被国家决策采纳，直接推动了国家重大政策实施和工程规划管理优化完善，为保障京津冀地区水资源安全做出了突出贡献。

作为首批重点研发计划获批项目，京津冀项目探索出了一套能够集成、示范、实施推广的水资源安全保障技术体系及管理模式，并形成了一支致力于京津冀水循环、水资源、水生态、水管理方面的研究队伍。该丛书是在项目研究成果的基础上，进一步集成、凝练、提升形成的，是一整套涵盖机理规律、技术方法、示范应用的学术著作。相信该丛书的出版，将推动水资源及其相关学科的发展进步，有助于探索经济社会与资源生态环境和谐统一发展路径，支撑生态文明建设实践与可持续发展战略。

2021 年 1 月

前　言

京津冀地区属京畿重地，2020 年区域总人口超 1.1 亿人，三地生产总值超过 8.5 万亿元。京津冀地区作为我国政治、经济、文化与科技中心，又是我国三大粮仓之一，成为全国经济最具活力、创新能力最强、吸纳人口最多的区域之一，其战略地位十分重要。但京津冀三地的经济、社会、生态等方面发展极不平衡，区域发展差距悬殊，产业协作效率不高，公共服务水平落差大，人口集聚不平衡，大城市病问题突出，生态环境持续恶化，等等。为破解这些问题，2014 年 2 月 26 日，习近平总书记提出了京津冀协同发展战略，并且上升为国家发展战略，京津冀地区正式进入推进高质量发展阶段。

水资源是农业发展不可缺少的基础条件，是经济发展不可替代的支撑条件，是生态健康不可或缺的保障条件，在经济社会发展中具有基础性、公益性、安全性和战略性作用。因此，水资源保障情况关乎供水安全、经济安全、粮食安全和生态安全。中华人民共和国成立后，京津冀地区水资源开发利用大致经历三个阶段。第一阶段为中华人民共和国成立至改革开放前，通过兴建水利工程满足大力发展农业的灌溉用水需求，这也导致部分河流断流、区域地下水位下降等问题。第二阶段为改革开放至 21 世纪前，聚焦快速发展社会经济，开启了大规模高强度开发利用水资源的新阶段，这一阶段虽然采取综合开发、配置、节水等技术提高了水资源利用效率，但是仍然是以需定供的量水发展模式，引发了水资源严重短缺、生态承载力超重、地下水严重超采、水污染加重、地下水漏斗区域化等水安全问题。第三阶段为进入 21 世纪后，正在采用先进用水理念和科学技术，逐渐综合开发利用广义水资源（包括雨洪资源利用、海水淡化、再生水利用、虚拟水等），转变用水模式，提高水资源利用效率，增强对缺水的适应能力或减少对水的过分依赖。

京津冀地区水资源极为紧缺，是我国乃至全世界人类活动对水循环扰动强度最大、水资源承载最大、水资源安全保障难度最大的地区。水资源与经济社会之间存在密切的互相影响，水资源量、时空分配、用水结构、用水方式与效率等对区域人口规模、产业结构与布局、经济规模与质量效益、生态环境等均有影响，同时后者也严重影响着前者。因此，在强人类活动干扰和脆弱生态约束下，水资源如何有效保障京津冀地区高质量发展成为区域发展的关键问题。为了解决这一基础性问题，需要探索走“节水促发展、适水求发展”的用水战略的道路，需要在水资源管理、用水模式、节水、水资源配置方面进行战略转变。实施由供水管理向需水管理、工程供水向科技增水、抑制用水需求向节水型社会建设、实体水利用向虚拟水贸易战略转变。为完成这些战略转变，需要解决社会经济发展与水资源之间的互馈机制，描述社会经济发展状况下的水资源利用效率频谱、实体水与虚拟水的流动过程及其对经济社会的影响，适水发展下的水资源需求管理方法体系等科学技术问题。

由中国科学院地理科学与资源研究所牵头、华北水利水电大学参与完成的“十三五”国家重点研发计划课题“京津冀水资源需求管理与适水发展布局”对前述科学问题进行了深入研究，本书就是在该研究的基础上，并借鉴相关研究成果形成的。本书分为7章，分别讨论了水资源需求管理与适水发展理论、京津冀区域发展变化过程、京津冀用水效率、京津冀水资源与社会经济发展互馈关系、京津冀虚拟水流通时空格局、京津冀适水发展战略布局、京津冀水资源需求管理对策。第1章由白鹏、韩宇平、李丽娟、杜朝阳撰写，第2章由林忠辉撰写，第3章由刘苏峡撰写，第4章由李丽娟撰写，第5章由韩宇平和黄会平撰写，第6章由于静洁和杜朝阳撰写，第7章由于静洁、白鹏、刘苏峡、杜朝阳撰写。郝林钢、刘洋、姚亭亭、余灏哲、龙学智、李新生等研究生参与了资料整理等工作。

受时间和作者水平所限，书中难免存在不足之处，恳请读者批评指正。

于静洁

2021年10月

目　　录

第1章 水资源需求管理与适水发展理论

1.1 水资源需求管理理论

1.1.1 水资源管理理念的演变

水资源是人类社会生存和发展的基础性资源。随着人口的快速增加和经济社会的快速发展，水资源需求不断增加，以水资源短缺、水环境污染和水生态破坏为基本特征的水问题不断加剧，强化和优化水资源管理成为国际社会与各国政府共同关注的问题。水资源管理的理念经历了供水管理（供给侧管理）、需水管理（需求管理）、综合管理、适应性管理等多种变化。

1. 供水管理（供给侧管理）

水资源的管理是从供水管理起步的。供水管理是人们通过各种工程措施，如开渠、打井、筑堰、修建水库甚至实施跨流域调水工程，联合利用地表水和地下水资源，供应经济社会各方面对水的需求。供水管理强调供水能力应满足经济社会对水资源的需求，以工程措施为主，以寻找和开发水源、扩大供水能力为基本特征。

供水管理也是基于水资源需求估计的，但由于其以供水工程措施为主的管理特征，通常对水资源需求估计过高，导致水资源过度开发。20世纪80年代初，水利部门预测2000年全国需水量为7096亿m^3，而2000年实际用水量为5498亿m^3，预测偏高22.5%。2000年，中国工程院《中国可持续发展水资源战略研究综合报告》指出，这种预测偏高导致水资源规划偏离实际，对水资源管理工作失去指导意义。该报告预测2010年全国需水总量在6300亿~6600亿m^3，2030年在7000亿~8000亿m^3。实际上2010年全国需水总量为6022亿m^3，预测偏高278亿~578亿m^3。这种以供水工程建设为目标的供水管理，不同程度上误导了供水规划和供水工程的建设。

2. 需水管理（需求管理）

2000年，中国工程院《中国可持续发展水资源战略研究综合报告》提出“以需水管理为基础的水资源供需平衡战略”。需水管理开展最早的国家是以色列，其在开发和控制水资源的基础上，以水的最大效率和收益为目标，进行严格的需水管理。以单位水量应产生的最大效益来分配水的使用权，不生产耗水量大的粮食，而以出口耗水量少而产值较高的水果、蔬菜、花卉等来换取粮食。

3. 综合管理

水资源综合管理于20世纪90年代兴起，1992年联合国环境与发展大会上推动此议题。全球水伙伴将水资源综合管理定义为，“在不损害重要生态系统可持续性的条件下，以公平的方式促进水、土地及相关资源的协调开发和管理的过程，以使经济和社会福利最大化。”水资源综合管理涉及许多利益相关方对水资源利用和保护规划的协调，代表对水资源整体性管理的路径。

4. 适应性管理

传统水资源管理方法有许多局限性，例如，在处理环境变化和突发性问题的组织与政策方面，不能应用生态系统原理进行管理，没有足够的能力及时解决包括河流系统在内的大生态系统的科学管理问题，等等。而适应性管理日益受到关注，已应用到自然资源管理、商业、工程和公共管理等领域。

适应性管理是通过对已实施管理措施的学习，持续提高管理政策和实践的系统过程。目前，水资源适应性管理主要应用在生态修复和应对气候变化等方面，且在应对气候变化的影响方面逐渐受到重视。过去水资源部门很少关注气候变化，没有意识到气候变化对未来水资源的影响。气候变化具有不确定性，过去的气候资料不足以成为预测未来气候波动和极端事件的可靠基础，利用观测到的资料外推更加不可靠。这也意味着过去水资源规划和管理所依据的数据与假定对将来的预测不再那么有效。气候变化需要水管理者和用水户更有效地处理风险与不确定性问题，适应性管理已成为水管理部门应对气候变化的一个重要举措。

1.1.2 水资源需求管理的概念

1. 水资源需求管理的内涵

水资源需求管理是伴随着对水资源经济价值认识的提升和水资源短缺危机加剧而产生的一种新的管理模式（谈国良，1992）。长期以来，水资源管理的重心是供给侧管理，即依靠扩大供水规模满足人们日益增长的用水需求。随着人类社会对水资源需求的不断增长，供水工程的开发难度和成本不断加大，水资源过度开发会引发一系列生态环境问题，单纯依靠增加供给已无法满足人们对水资源的需求。这迫使人们从供给的反方向，即从需求管理的角度寻找解决途径，通过制度、技术和政策等措施，合理抑制用水需求，从而缓解水资源供需矛盾，促进水资源公平、高效和可持续利用。水资源需求管理涵盖水资源综合管理和需水管理，即在水资源综合管理基础上重点加强需水管理，强调从全流域出发、从源头到终端用户全过程对需水进行管理。需水管理将水资源视作一种有价值的经济资源，强调开源和节流并重，注重抑制不合理的水资源需求，注重水资源的优化配置和可持续利用。需水管理面向的对象包括人类与自然在内的所有用水户，目的是通过控制不合理需水，避免水循环可再生性或可更新性遭受破坏，确保水资源的可持续利用（黄永基和陈晓军，2000）。显然，需水管理能够很好地体现人–水的和谐与协调发展，是尊重自然规律、不与自然对抗的一种适应性策略。需水管理具有深刻而广泛的内涵。需水调控的目的不是限制人们的用水，而是要求人类自身在遵循人、水与环境关系和谐发展的前提下合理用水、计划用水、节约用水、保护水源，杜绝一切浪费和不必要的奢侈性用水（陈龙和方兰，2018）。水资源需求管理作为水资源管理领域中的新兴产物和必由之路，目前并没有统一的定义，其理论内涵和具体内容仍处在不断探索与研究中。关于水资源需求管理的内涵，不同学者从不同的角度进行了论述（姜蓓蕾等，2011；邓履翔，2011；曾睿和曾庆枝，2015）。

综合观：强调运用多种手段和技术对影响水资源需求的各个方面进行管理，抑制水资源的不合理需求，从而达到节水的目的。水资源需求管理比较典型的定义是指通过一系列管理措施尽可能扩大单位用水的收益。从更广泛角度来说，水资源需求管理是为了减少人们对水资源的需求，提高水资源利用效率，避免水资源供需恶化而进行的一系列管理活动。

整体观：强调在水资源供给约束条件下，把供给方和需求方的各种形式水资源作为一个整体进行系统管理。整体观基本思路是除供给方提供的水资源外，把需求方通过需水管理而减少的水资源消耗也视为可分配的资源参与水资源管理，使开源和节流融为一体，运用市场机制和政府调控等手段，通过优化组合实现水资源的高效利用。

层次观：提倡将水资源需求管理分为三个层次，对每个层次采取不同的管理方法。第一层次是技术性节水管理，其根本目标是提高水资源的利用效益，但通常技术性节水潜力有限。第二层次是内部结构性管理，涉及区域内部社会结构变化等问题，如结构性节水。第三层次是社会化管理，是水资源需求管理的最高层次。社会化管理强调充分认识水资源的社会属性，以水资源的社会属性为主线，充分利用各种外部资源来缓解局部水资源的紧缺。社会化管理阶段的关键任务是制定行之有效的水资源需求管理政策，常采用的管理措施包括制度改革、经济激励和产业结构调整等。

综合以上观点，无论是从综合观的角度，还是从整体观、层次观的角度，都有一定的科学道理，都强调了水资源需求管理的复杂性、管理手段的多样性和综合性。

2. 水资源需求管理的目标和原则

水资源需求管理的目标是在水资源短缺的背景下，采取各种手段抑制水资源的不合理需求，缓解水资源供需矛盾，促进水资源的公平合理配置，实现水资源的高效利用和社会经济的可持续发展。水资源需求管理应以整体性原则为前提，实行效率优先、兼顾公平原则，最终遵循可持续原则（周玉玺，2005）。

1）整体性原则

整体性原则是水资源管理的最基本原则。遵循整体性原则必须处理好以下两个关系：一是要处理好水资源保护与经济社会发展之间的关系。自然、经济、社会是相互影响、相互关联的复合系统，人类对水资源的开发利用不仅影响水资源的时空分布格局，也影响自然、经济和社会系统各自的状态，影响三者之间的互馈关系。二是要处理好水资源系统内部各个环节之间的关系。水资源的多用途属性决定了其开发利用中涉及多个活动主体，解决水资源问题需要多个部门、多种方式协调联动。水资源的流动性、外部性和关联性，造成多个利益主体的行为相互影响、相互作用。为保证水资源系统整体效应的发挥，必须兼顾各利益主体的利益，协调和约束各利益主体的行为。因此，水资源需求管理应坚持整体性原则。

2）效率优先原则

随着水资源需求的不断增长，水资源逐渐成为一种稀缺的自然资源。为实现资源价值最大化，在水资源配置和使用中要遵循资源利用高效率原则。效率包括水资源的配置效率和利用效率两方面。配置效率体现了水资源在不同行业、不同用途之间分配的科学性和合理性。按照经济学观点，配置效率是指资源利用的边际效益在用水各部门中都相等，以获取最大的社会效益，即水资源配置达到帕累托最优。利用效率是指某个用水主体的投入产出比，反映用水主体的用水行为和用水技术，目的是追求单位资源的最大生产率。水资源利用效率受制于用水主体的技术水平和节水意识。因此，可以运用价格杠杆和定额管理等制度，约束用水主体的用水行为，以实现水资源的高效利用。

3）兼顾公平原则

效率原则反映了资源的稀缺性，公平原则体现了资源的不可替代性。对水资源而言，公平就是一切用水者皆有用水权利，且权利相等。公平原则主要包括代内公平、代际公平和生态公平。代内公平是指同一流域全体社会成员具有平等享用水资源的权利，它要求不同区域之间协调发展，以及发展效益或资源利用效益在同一区域内社会各阶层中的公平分配。代际公平是指整个人类社会成员都有平等享用水资源的权利，即当代人要留给后代人不少于自己拥有的可利用资源量，能维持水资源的再生能力，给后代人提供同等利用水资源的机会。生态公平强调人和自然的和谐发展，要求水资源管理预留足够的生态环境用水量，确保人类社会和生态环境的协调发展。

4）可持续原则

可持续原则是指通过水资源的可再生能力实现经济社会发展的可持续，实现代际间的资源分配公平。它要求近期与远期之间、当代与后代之间对水资源的利用上需要有一个协调发展、公平利用的原则，而不是掠夺性地开采和利用，甚至破坏，即当代人对水资源的利用不应使后代人正常利用水资源的权利受到破坏。

3. 水资源需求管理措施分类

由于水资源需求管理本身的复杂性和方法的多样性，目前尚没有统一的分类方法。从具体管理措施角度来看，水资源需求管理措施大致可分为以下三类（表 1-1）。

表 1-1　水资源需求管理措施分类

分类	具体措施
政策、法律和教育类措施	水资源法律法规建设，产业用水规定，公共用水机制等
	标准建设，如家庭用具用水标准，建设用水标准等
	向公众宣传节水重要性，普及节水知识
经济类措施	水价：定价机制、阶梯水价等
	节水奖励机制和浪费水的惩罚机制
	水权交易和水市场
工程技术类措施	水资源管理决策支持系统
	雨水利用和再生水回用技术、节水器具推广
	减少输水损失技术

资料来源：邓履翔，2011。

1）政策、法律和教育类措施

政策、法律和教育类措施主要包括政府层面（如相关政策和法律）和家庭层面（如节水技术、用水行为）的行为。政府层面措施涉及相关法律法规、产业用水定额和节水器具标准等制定。但是，我国各级政府对水资源需求管理的重要性认识不足，目前仍没有一个系统的办法或框架指导各地区如何开展水资源需求管理。在水资源立法和标准制定方面，近几十年我们也相继出台了一系列法律、标准和指导文件。但这些法律、标准和指导文件可操作性不强，实施力度不够。家庭层面，居民用水行为较为复杂，用水行为受政策、家庭收入、水价、宗教信仰、天气状况等多因素的影响。我国居民节水意识不够，节水器具普及率远低于发达国家水平，特别是经济落后地区或偏远地区。在教育类措施方面，现有节水教育形式较少，主要包括电视宣传、标语或卡片宣传、校园节水教育及节水主题日等活动，公众参与节水程度较低，节水教育效果不佳。

2）经济类措施

经济类措施主要包括水价调控和水权交易两大类（阮本清等，2003）。水价调控是水资源需求管理的重要工具之一。市场经济体制下，价格是调节商品生产和需求的重要因素，合适的价格能够使资源在社会生产和消费的各个环节上合理分配。商品价格上升将抑制该商品需求量的增长，同时又促使该商品的生产。反映在水资源领域，水价上升，将抑制水资源的过度使用，同时又使供水部门增加边际收益，从而增加水资源的供给，并引起社会净福利的增加（周玉玺和周霞，2006）。水资源的需求价格弹性使水资源需求管理成为切实可行的、有效的水资源短缺解决办法。制定合理的水价和合理的水费结构是解决水资源需求管理的重要的经济手段。目前，我国对不同分类的用水——生活用水、工业用水、农业用水，其经济手段调整也有所区别和侧重。对于工业企业，提高水价对水需求的影响非常显著。用水成本的增加会促使企业节约用水或尽可能采取技术手段提高水资源的利用率。例如，1991 年，北京市将工业用水价格从 0. 25 元/m^3 提高到 0. 45 元/m^3，全市平均万元产值耗水量即由 1991 年的 72. 7m^3 下降到 1992 年的 65. 4m^3；1994 年 4 月 1 日，北京市进一步将工业用水价格调高至 0. 80 元/m^3，万元产值耗水量也随之下降到 60m^3。由此可见，工业用水对水价上升的反应是很灵敏的。此外，水资源价格上涨将会引起用水户平均利润率下降，迫使用水户采取各种措施节约用水，从而为水资源高效利用提供合理的价格导向和操作杠杆。对于居民用水而言，提高水价对于规范用水行为有以下两方面的作用。一方面，水价上涨促使用水户节约用水，减少水资源浪费；另一方面，当更换节水器具的成本低于节水效益时，用水户更乐意更换节水器具，减少用水。但是，居民用水分为刚性水需求和弹性水需求。水价的变化直接影响弹性水需求的变化，对这部分水需求量，市场能够发挥其调节作用。相反，对于刚性水需求的居民生活用水，水价变化对水需求量的影响不明显（姜东晖，2010）。对弹性水需求和刚性水需求的研究，意味着定价机制在水资源需求管理中起作用的范围是有限的，也意味着实施阶梯水价的必要性。经验表明，价格机制是否能对水资源需求管理起作用，必须在实践中进行具体的分析，它受到不同地域、不同季节、不同用水方式的影响。在使用价格机制进行水资源需求管理时，要对不同的用水情况进行具体的分析，同时也要和水资源供给情况相结合。

水权交易是促进节约用水、解决水资源供需矛盾的重要手段之一，也是现代水资源管理的核心内容之一。水权交易的核心是在国家所有前提下水资源的使用权、配置权、转让权及收益权，是利用价格机制实现权利在取用水户之间流转的方式（窦明等，2014）。自党的十八大以来，以水权市场交易为方向的水资源管理改革受到国家决策层的重视。党的十八届三中全会提出要健全自然资源资产产权制度和用途管制制度，推行水权交易制度。

过去十几年来，我国水权水市场改革不断推进，在法规政策、水权制度建设和水权交易实践方面取得了一系列进展。经过十几年的探索，建立健全水权制度，积极培育水权市场，鼓励开展水权交易，运用市场机制合理配置水资源，已经成为中国水资源管理的基本政策。但是，我国水权确立登记、水权交易规则、水市场与中介组织、社会监督机制、政府监管与服务等一系列制度尚未建立完善，导致水权流转不顺畅，权利保护不充分。我国水权市场尚未发育完成，水权交易还未成体系，更缺乏水权交易的制度体系和技术支撑（肖国兴，2004）。

3）工程技术类措施

工程技术类措施主要包括雨水利用和再生水回用技术、节水器具推广及减少输水损失技术等。雨水资源的利用在我国有着悠久的历史，是解决和缓解地区水资源匮乏的重要手段。我国劳动人民在长期的生产实践中发展了水窖、鱼鳞坑、梯田等多种雨水利用技术。近年来，世界各地也掀起了雨水利用的热潮，并成立了国际雨水集流系统协会（International Rainwater Catchment System Association，IRCSA），在世界各地多次召开国际雨水收集大会。联合国粮食及农业组织（Food and Agriculture Organization of the United Nations，FAO）和国际干旱地区农业研究中心（The International Center for Agricultural Research in the Dry Areas）对雨水资源的利用也很重视（宋进喜等，2003；鹿新高等，2010）。雨水资源的利用有多种方式，归纳起来主要有以下三种措施：就地拦蓄入渗利用、覆盖抑制蒸发和雨水富集叠加利用（刘小勇和吴普特，2000）。从环境保护、解决水资源短缺角度，在全国广大地区推广应用雨水资源化技术具有非常好的发展前景。但是，我国目前雨水利用程度仍很低，雨水利用技术主要集中在干旱和半干旱地区；缺乏相关的政策鼓励雨水资源化，且一些城市雨水收集工程存在投资成本高、收益率低等问题。

再生水是城市重要的供水组成之一。随着经济发展和社会进步，各行各业对水资源的需求不断增加。国家高度重视节水工作，积极寻求多种途径缓解我国水资源紧缺矛盾，再生水也因此成为国家关注的重点，多次出台政策推动再生水的利用。国家发展和改革委员会等 10 部门联合发布《关于推进污水资源化利用的指导意见》，意见提出，到 2025 年，全国污水收集效能显著提升，县城及城市污水处理能力基本满足当地经济社会发展需要，水环境敏感地区污水处理基本实现提标升级；全国地级及以上缺水城市再生水利用率达到 25% 以上，京津冀地区达到 35% 以上。住房和城乡建设部统计数据显示，2015 ~ 2018 年，我国城市再生水利用量逐年增长，利用率波动上升，2018 年再生水利用量达到 854 507 万 m^3，利用率为 16.4%。

推广节水器具也是提高水资源利用率的重要措施之一。传统的生活用水器具耗水量较大。与传统的生活用水器具相比，节水器具能够满足相同的用水功能，但可以大幅减少水量消耗。节水器具推广工作的重点是制定并推行节水型用水器具的强制标准，加大节水技术政策和技术标准的贯彻执行力度。

提高供水系统的输水效率也是农业节水的重要措施之一。与土渠相比，浆砌块石防渗可减少渗漏损失60%～70%，混凝土衬砌可减少渗漏损失80%～90%，塑料薄膜防渗可减少渗漏损失90%以上，管道输水的输水效率更是高达95%以上（邓履翔，2011；于智媛，2017）。

1.1.3 国内外水资源需求管理发展动态

水资源需求管理从英文Water Demand Management一词翻译而来，最初被应用于电力能源规划领域，20世纪70年代被西方发达国家应用于水资源的管理（王四国，2009）。当时，发达国家径流开发程度已经很高，水利工程带来的生态环境问题日益凸显，水资源需求管理在这一背景下被提出，旨在通过法律、政策、经济、技术和宣传教育等非工程措施提高用水效率，降低用水需求，实现水资源的可持续利用。目前，国内外对于水资源需求管理的定义很多，但对水资源需求管理具体的实施细则研究较少（邓履翔和陈松岭，2009）。

水资源需求管理的措施和手段一直是学术界研究的重点（邓履翔，2011）。现阶段世界各国对水资源需求管理主要集中在节水、水权、用水许可和用水定额等方面，主要通过采取一系列节水措施和技术以及制定、完善相应法律法规来提高水资源利用效率，增强人们的节水和危机意识（王四国，2009）。例如，以色列在工农业和城市用水中大力推广节水技术来提高水资源的利用率，在水资源严重缺乏地区创造了水资源高效利用的典范。美国主要通过价格手段调节水资源的供求关系，促使用户主动改变消费行为和用水方式，提高水资源利用效率。埃及是农业生产大国，其水资源需求管理重点是农业灌溉用水管理，通过减少输水损失、限制漫灌以及鼓励农民参与用水管理等方式节约水资源。澳大利亚和新加坡通过安装节水设备、阶梯水价、安装雨水利用装置以及提高中水回用率等方式提高水资源利用效率。

政策、法规、用水许可、公众教育等非工程管理措施也是水资源需求管理的重要手段。水资源需求管理需要根据所在地的资源禀赋、经济和社会发展情况因地制宜地制定相应的策略，其他地区的经验可以借鉴，但不具有普适性（曹惠提等，2007）。国外的经验还表明，水权制度和水权市场的建立是提高水资源利用效率的重要手段。可交易的水权强化水资源的经济价值，能够刺激用水者主动加大对节水技术的投资、优化水资源的配置、提高水资源的回收率。因此，许多发达国家（如美国、英国、德国和日本）都在努力培育、发展水市场，积极开展水权交易，通过建立“水权银行”实现水权的转让和存储，起到激励用户节约用水的目的，且在实践中取得了很好的节水效果（周玉玺，2005）。

水资源管理的法律体系伴随着水资源管理实践的不断深入而日趋完善，主要以法律、部门法规或行业规范等形式存在。因经济发展水平、气候和文化风俗等方面的差异，水资源管理的法律体系在不同国家差异较大。美国是较早对水资源进行立法的国家。1972 年，美国颁布了《清洁用水法案》，该法案对水资源的权属、开发利用及水质提出了明确的要求。随后，美国各州也相继出台了一系列涉及水资源开发和保护的地方性法规，形成了较为全面的水资源管理法律体系，涵盖了水资源开发、利用、保护和管理的各个方面。其他发达国家（如德国、法国和日本）也经历了类似的水法发展历程，即国家制定总的水资源管理框架，地方或行业部门制定具体的实施细则（姜东晖，2011）。

我国的水资源需求管理主要采用政府宏观调控和市场推动相结合的运行机制，大致经历了分散管理、部门管理和严格管理三个阶段（姜蓓蕾等，2011）。在 20 世纪 80 年代之前，我国的水资源基本属于分散式管理，没有专门的法律、法规支持水资源管理。20 世纪 80 年代后，伴随着我国水污染事件频发、用水量的激增以及水资源供需矛盾的加大，1984 年 5 月，全国人民代表大会常务委员会第五次会议通过《中华人民共和国水污染防治法》，而后在 1996 年和 2008 年对该法进行了两次修订。1988 年，全国人民代表大会常务委员会通过我国第一部水资源管理的法律——《中华人民共和国水法》。《中华人民共和国水法》明确了水资源的所有权归全民所有和集体所有，指出国家对水资源进行统一管理与分级、分部门管理相结合的制度。经过几十年的水资源管理实践，我国逐步形成了较为完善的水资源管理法律法规体系。在《中华人民共和国宪法》的总体引领下，《中华人民共和国水法》《中华人民共和国水污染防治法》《征收排污费暂行办法》《取水许可证制度实施办法》等法律法规为我国水资源保护提供了基本的法律依据。上述法律体系明确了水资源有偿使用制度、超标准排污收费制度并保障了国家、单位和个人开发利用水资源的合法权益。国务院 1993 年制定了《取水许可证制度实施办法》，明确规定国家对直接从地下或江河、湖泊取水实施取水许可制度。目前，我国总用水量的 85% 需要经过水行政部门审核。取水许可制度为各级水行政主管部门进行水资源需求管理提供了实施手段，并为全社会开发利用水资源提供了制度保障。2012 年国务院发布《国务院关于实行最严格水资源管理制度的意见》，明确提出水资源管理的“三条红线”，目标是严格控制用水总量过快增长、着力提高用水效率、严格控制入河湖排污量。意见具体目标是到 2030 年全国用水总量控制在 7000 亿 m^3 以内；确立用水效率控制红线，到 2030 年用水效率达到或接近世界先进水平，万元工业增加值用水量控制到 40 m^3 以下，农业灌溉有效利用系数提高到 0. 60 以上；确立水功能区限制纳污红线，到 2030 年主要污染物入河总量控制在水功能区纳污能力范围之内，水功能区水质达标率提高到 95% 以上。2016 年，中共中央办公厅和国务院办公厅印发了《关于全面推行河长制的意见》，并要求各地区、各部门结合实际情况认真贯彻落实。河长制以保护水资源、防治水污染、改善水环境和修复水生态为主要任务，全面建立省、市、县、乡四级河长体系，构建责任明确、协调有序、监管严格、保护有利的河湖管理体系。此外，我国水资源需求管理的具体措施还包括以下几个方面：①对用水单位实施计划用水管理，要求用水单位申报和审批年度用水计划，对用水单位用水情况进行年度考核；②对供水单位进行计量管理，要求农田供水、城镇居民和工业企业安装用水计量仪器和设备，同时以行政区为单位建立供用水统计制度；③合理制定供水价格，用经济杠杆调节水资源需求，对超计划用水实施累进加价收费；④对建设项目进行监控管理，要求建设项目符合流域和区域水资源开发利用规划，新建项目要求安装节水设备；⑤加强水资源需求管理能力建设，通过技术培训提高管理人员素质和水平，建立示范区，推广需求管理经验，配备先进技术设备，提高需求管理的技术手段。

我国现行的水行政管理体制有以下几个特点（黄永基和陈晓军，2000）：①水行政主管部门是国家及地方各级环境保护部门和水利部门，在法律规定的各自范围内对水环境和水资源进行管理；②水行政实现的是统管部门和分管部门相结合的管理体制，涉及部门众多，水行政主管部门除水利部门和环保部门外，还包括自然资源、卫生、农业、渔业等多个部门；③行政区划管理和流域管理相结合，除地方各级政府的涉水部门外，水利部还在全国设立了七个流域管理机构；④部分地方政府在实际工作中鉴于多部门管理的弊端，在水利部门的推动下，将原有的水利局改组为水务局，由其统一行使涉水行政部门的职权。

1.1.4 水资源需求管理的挑战和意义

传统的水资源管理重点是供水工程的建设，这种管理模式存在诸多弊端。以供为主的水资源管理模式使社会经济发展过分依赖水资源的投入，加剧了水资源的浪费和污染，容易导致水资源的过度开发。水资源无偿使用或不合理的水价导致水资源的价值被严重扭曲，加剧了用水部门的水资源需求，增加了国家的财政负担，阻碍了水资源的有效配置和水权制度的建立（周玉玺，2005）。水资源需求管理是通过综合运用制度、技术和政策等措施规范用水者的用水行为，缓解水资源供需矛盾、生态系统破坏和水环境容量衰减，促进水资源的公平合理配置与高效可持续利用，以实现资源环境和人类经济社会的可持续发展，具有重要的社会和实践意义。目前，我国水资源需求管理仍面临诸多挑战，具体表现在以下方面（甘泓等，2002）。

1. 制度缺乏可操作性、法律覆盖不够全面

法律手段在水资源需求管理中扮演着至关重要的作用。虽然我国出台了一些水资源管理法律法规，但法律覆盖范围不够全面，许多法规过于原则，缺乏实际可操作性。例如，《中华人民共和国水法》第八条规定“国家厉行节约用水，大力推行节约用水措施”“单

位和个人有节约用水的义务”，这些规定更多体现的是一种倡导性，很难界定企业和个人浪费用水的行为，可操作性和执行性不强。此外，我国还没有一个从抑制需求角度出发对节水提出强制性管理要求的方案，从需求角度管理水资源、规范水资源使用主体的规定很少。在水质需求管理方面，虽然国家已出台《中华人民共和国水污染防治法》，但该法覆盖面不够全面，处罚力度低，法律效力等级不高。

2. 水资源管理机制有待改善

我国在水资源管理方面长期存在“多龙治水”现象，不同涉水部门之间职能交叉严重，不同职能部门制定的政策法规常存在冲突。目前的流域–部门–行政区域结合的水资源管理体制导致各部门常基于各自利益、地区利益来管理水资源，谋求自身效益的最大化，而不是水资源利用效率的最大化。必须系统设计水资源管理机制，从制度、文化、执行力等方面着手，建立一个强有力的水资源管理体系，从全流域或全社会可持续发展角度来管理水资源，制定节水政策，抑制水资源的不合理需求。

3. 水权制度不够清晰，水价机制有失灵活

水资源是公共资源，其产权具有模糊性。《中华人民共和国水法》对水资源使用权、收益权等更细的权责划分并没有具体的规定，缺乏有效的法律约束机制，客观上导致水资源开发利用过程中的不合理行为。建立健全水权制度，明确取水户对节约出来的水资源的收益权，可以节约出大量宝贵的水资源，通过水权交易满足新增合理用水需求，从而缓解一些地区水资源短缺的局面。我国目前的水价普遍较低，以市场为导向的水价调整机制尚未建立。供水价格占总水价比例较高，而污水处理费用、水资源价格费用比例偏低。此外，对水资源费的征收标准只是规定了应遵循的原则，可操作性差。取水许可管理缺乏有效的行政处罚手段，一些地方出于自身利益放松对越权发证、无证取水和超计划用水等行为的监管。取水许可监督覆盖范围也不够全面。现有的取水许可侧重于对工业、商业和服务业的检查，而对取水数量大、分布广泛的农业用水缺乏有效的监控。

4. 公民节水意识不强，公众参与水资源管理程度低

我国居民节水意识不够，用水设备节水程度低，城市节水器具普及率明显低于发达国家水平。此外，在公众参与水资源管理方面，我国公众的参与程度很低，公众节水意识不强，单纯依靠政府的宣传教育作用有限。国外经验表明，公众参与在保障水资源管理效果中发挥着重要的作用。只有将公民、公众团体一并纳入水资源管理体系中，充分考虑各个用水团体的利益，才能保障水资源管理政策的顺利实施。

1.1.5 水资源需求管理理论框架

基于对水资源管理内涵、目标和基本原则的认识，笔者总结出水资源需求管理理论的基本框架，如图 1-1 所示。水资源需求管理必须坚持科学的发展观，以水资源配置、节约和保护为重点，强化用水需求和用水过程的管理，通过健全制度、落实责任、提高能力、强化监督等措施提高用水效率，实现水资源的可持续利用。水资源需求管理强调水资源一体化管理，变“多龙治水”为“一龙管水”，统筹协调水资源的利用，健全相关法律法规，完善水资源管理体制，建立管理责任和考核机制，加强节水教育和宣传，多渠道并举。水资源需求管理的措施有很多，包括制定用水定额、健全水交易市场、健全相关法律法规、调整产业结构等。概括起来，这些措施可分为三类：政策、法律、教育类措施，经济类措施和工程技术类措施。在具体实施过程中，必须针对区域的特点因地制宜、系统评估、多渠道并举，选择最适合的管理措施。

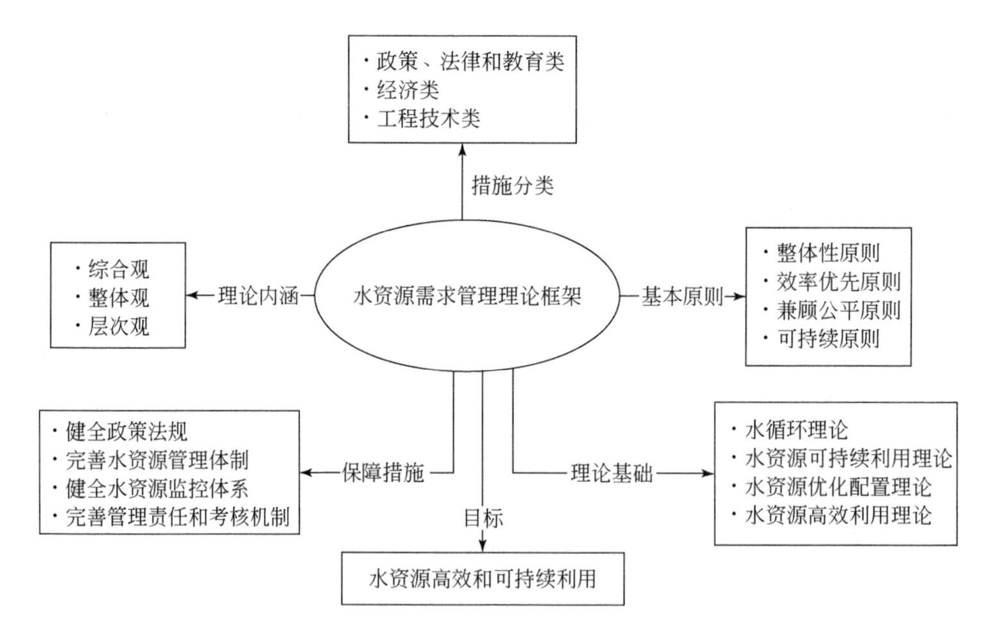

图 1-1 水资源需求管理理论框架

水资源危机是 21 世纪全球性战略性危机。目前，全球有 43 个国家约 7 亿人口遭受水资源短缺问题的困扰（UNESCO，2015）。广义水资源是区域适水发展的基础，包括地表水、地下水、海水、再生水、虚拟水等。水是一种可再生资源，其再生性特点是由水循环引起的，水循环概念为人类剖析水在自然界运动的规律性提供了一个科学的理论框架（王勇等，2009）。在水循环的理论框架体系下，人们采用各种方法来提高水资源利用效率。

美国加利福尼亚州南部天气干旱，本不利于人类生存，但“北水南调”工程让这里成为全美农产品最丰富的地区（黄德林等，2011）；我国的“南水北调”工程把长江流域丰盈的水资源抽调一部分送到华北和西北地区，从而改变中国南涝北旱和北方地区水资源的严重短缺局面（朱永楠等，2017）；海水淡化逐步成为保障水资源可持续发展的有效途径，截至 2016 年底，我国已建成海水淡化工程 131 个，工程淡化总产水量为 118.8 万 t/d（刘淑静等，2018）；2000 年我国首次提出“建立节水型社会”，具体内容涉及水权、最严格水资源管理、水价、水市场等（郭晓东等，2013）。然而，事实证明，仅依靠增加实体水资源供应量、优化分配、提高水资源利用效率及实施系列节水措施只能在一定程度上缓解水资源短缺局面，并不能完全解决区域的水资源问题（杨志峰等，2015）。

进入 21 世纪以来，随着全球高度市场化和经济的全球一体化，产品流动更加宽泛和自由，社会产品的自由贸易和流动在一定程度上改变了区域的水资源矛盾。中东是全球淡水资源最短缺的地区之一，20 世纪 90 年代后，该区域从国外进口的农产品达到总消费量的 1/3，在很大程度上缓解了区域的用水矛盾（程国栋，2003）。在中国，和实体水的“南水北调”相对应的是，1990 年以来，农产品流动形成的“北粮南运”局面，大量的虚拟水隐含在粮食中从北方运送到南方，每年输送的水资源量从 90 亿 m^3增长到 500 亿 m^3以上，2012 年北方向南方调运粮食 7945 万 t，折合虚拟水量 826 亿 m^3（吴普特等，2019）。因此，在全球经济快速发展及社会经济活动对水资源影响日益加重的背景下，水资源的演变运移过程本质上是作为物质实体水在水圈的连续性运动（实体水）与水作为效用资源在经济社会系统中的价值体现过程（虚拟水）交织在一起，形成复杂的互耦互馈关系（Hoekstra and Chapagain，2007）。

京津冀地区是我国政治、经济、文化中心，是我国乃至全世界人类活动对水循环干扰强度最大、水资源短缺最严重、水资源安全保障难度最大的地区之一。该区域以全国 1% 左右的水资源量承载着全国约 2.3% 的土地、8.1% 的人口和 10.1% 的 GDP，水资源条件与经济社会布局极不相称，2016 年区域人均水资源量约为 234 m^3，仅为全国人均水资源量的 1/10（赵勇和翟家齐，2017）。更为严峻的是，在全球气候变化及人类活动的双重影响下，该区域可利用水资源显著衰减，年均水资源总量由 1956 ~ 1979 年的 291 亿 m^3减少到 1980 ~ 2000 年的 219 亿 m^3，2001 ~ 2010 年进一步减少到 166 亿 m^3；入境水量由 20 世纪 50 年代的 100 亿 m^3减少到 2000 ~ 2014 年的 24 亿 m^3。南水北调中线工程 2014 年底正式通水，截至 2018 年 9 月，一期工程向北京市、天津市、河北省分别供水 38.76 亿 m^3、31.58 亿 m^3、29.26 亿 m^3。与此同时，2012 年北京市、天津市净进口虚拟水量为 12.3 亿 m^3、29.8 亿 m^3，河北省净出口虚拟水量为 82.6 亿 m^3，区域虚拟水净流出量为 40.5 亿 m^3（曹涛等，2018）。因此，在区域适水发展过程中，既要重视实体水，也要重视虚拟水对区域经济发展的贡献。

1.2 水资源与经济社会发展的互馈机制

1.2.1 水资源与经济社会发展互馈研究进展

水资源是人类社会不可或缺的重要资源，水资源与城市的兴起、发展关系紧密。一方面伴随着城镇化的进程，城市范围逐步扩张，人口向城市集聚，产业数量与类型剧增，势必对水资源的需求量加大，形成供不应求的局面；另一方面为继续保持经济的快速发展，通过不断挤占生态环境用水、超采地下水等来填补城市用水缺口，并且工农业生产带来的废污水排放量增大，水污染的外部不经济性反过来又将影响或阻碍城市的发展（张吉辉等，2012；李九一和李丽娟，2012）。

水资源与经济社会发展互馈研究一直以来受到学界的广泛关注，主要研究内容集中在以下几个方面：①城镇化进程中用水特征、用水结构时空分析（颜明等，2018；白鹏和刘昌明，2018），如雷社平等（2004）运用相关分析的理论和方法系统地研究了北京市产业结构调整与水资源需求变化之间的相关关系，刘晓霞和解建仓（2011）运用协整理论和Granger因果关系法研究了山西省用水结构与产业结构变动关系；②用水指标与经济发展指标关联度、耦合度等研究（张黎鸣等，2017；吴丹，2018）；③水资源利用与经济发展的和谐度、匹配度分析（郭唯等，2015；姜秋香等，2018；孟令爽等，2018），如袁少军等（2004）建立了评价城市产业结构偏向高耗水产业程度的方法；④水资源利用与经济发展之间脱钩分析（朱洪利等，2013；李宁等，2017），如孙才志和谢巍（2011）基于拓展的Kaya恒等式建立因素分解模型，应用LMDI分解方法分析中国产业用水变化的驱动效应；⑤基于库兹涅茨曲线的水资源-水环境实证分析（曹飞，2017），如贾绍凤等（2004）研究得到发达国家工业用水随经济发展的变化存在着一个由上升转而下降的转折点，工业用水随收入增长的演变模式可以用库兹涅茨曲线表示；⑥用水结构模型预测（孙才志等，2018），如章平等（2010）建立了产业结构演进中的用水需求对数模型，实现了用水需求的短期预测；⑦基于空间计量经济模型的水资源利用效率评价（陈威等，2018），如孙才志等（2020）综合考虑水资源利用的经济、社会及环境效益，运用地理加权回归模型，综合选取自然、社会经济、环境、科技四大因素共19个指标，测度2000～2016年中国水资源绿色效率，并对其驱动机理进行探究。

1.2.2 经济社会发展对水资源需求的影响

经济社会发展对水资源需求的影响存在利和弊双重属性（夏军等，2006），一方面，不合理的水资源开发利用方式，导致水资源枯竭、水污染等问题，从而加剧水资源紧缺，导致需水增多；另一方面，科技的发展为人们提供了治水的条件，工业节水技术的提升、农田灌溉设施的改进、产业结构优化调整等使水问题得以在一定程度上治理，水资源需求缺口得到减少或缓解。基于以上分析，本书从利（优化）和弊（胁迫）角度阐述经济发展、产业布局与水资源需求的互馈影响机理，其互馈关系与影响如图 1-2 和图 1-3 所示。

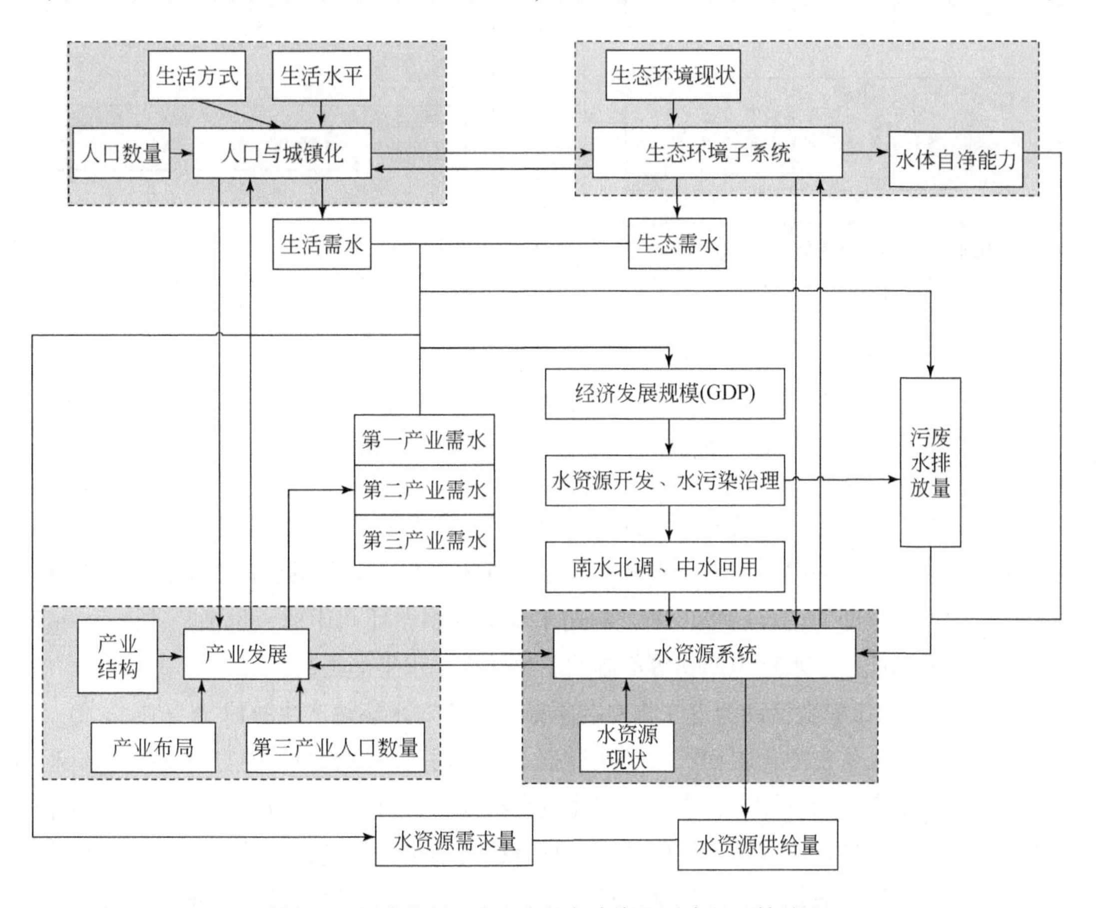

图 1-2　经济发展、产业布局与水资源需求的互馈关系

1. 胁迫影响

1）城镇化等引起社会经济规模扩张和不合理的产业结构导致水资源需求量增大，缺水加剧

人口城镇化直接导致城市的生活用水、工业用水大幅度增加，城市缺水形势日趋严重，水资源系统风险加剧。城镇化进程中，为了追求经济的增长，过度开发利用水资源的现象频频发生，导致地下水位下降、地表径流减少、水环境污染等问题，并引发生态环境用水不足。

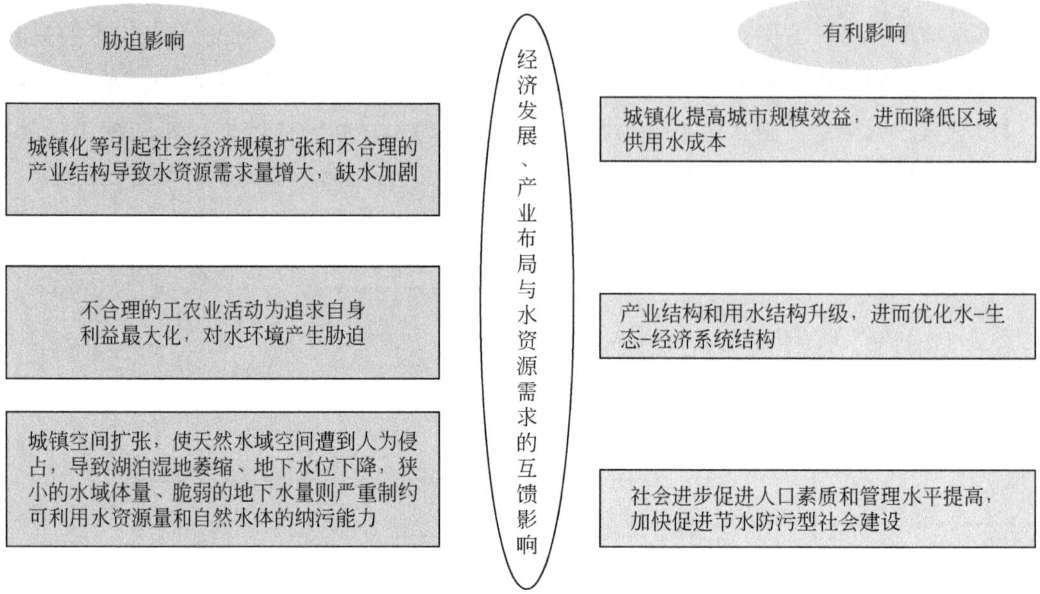

胁迫影响

城镇化等引起社会经济规模扩张和不合理的产业结构导致水资源需求量增大，缺水加剧

不合理的工农业活动为追求自身利益最大化，对水环境产生胁迫

城镇空间扩张，使天然水域空间遭到人为侵占，导致湖泊湿地萎缩、地下水位下降，狭小的水域体量、脆弱的地下水量则严重制约可利用水资源量和自然水体的纳污能力

经济发展、产业布局与水资源需求的互馈影响

有利影响

城镇化提高城市规模效益，进而降低区域供用水成本

产业结构和用水结构升级，进而优化水–生态–经济系统结构

社会进步促进人口素质和管理水平提高，加快促进节水防污型社会建设

图 1-3　经济发展、产业布局对水资源需求的影响

不合理的产业结构和低效的用水方式，加剧了水资源的缺口。农业用水的不合理之处主要体现在灌溉方式陈旧，如大水漫灌，导致灌溉效率低，水资源浪费严重；工业产业结构布局不合理、生产工艺落后等，都影响用水水平及水循环利用率；生活用水水价低廉、节水器具普及率低、节水意识薄弱等都制约了生活用水水平的提高。

2）不合理的工农业活动为追求自身利益最大化，对水环境产生胁迫

农业生产中大量使用化肥和农药、农村畜禽养殖污废水排放等造成面源污染。工业生产中会产生大量有害的废污水、废气、固体废弃物等，如果未经有效处理或者处理不达标而排向环境，将直接造成水污染，固体废弃物直接污染土壤，进而影响地下水等，废气进入大气，有害的气体通过大气环流和水循环等环节对环境造成严重破坏。这些不合理水资源开发利用行为，恶化了水环境，影响了水生态系统的良性循环，进一步加剧了水资源短缺。

3）城镇生活空间扩张，使天然水域空间遭到人为侵占，导致湖泊湿地萎缩、地下水位下降，狭小的水域体量、脆弱的地下水量则严重制约可利用水资源量和自然水体的纳污能力

经济发展和城镇化引起地理空间城镇化，其结果是为了满足人类的土地扩张的需要，湖泊、沼泽、河道等天然水域空间遭到侵占，导致湖泊湿地萎缩、地下水位下降，狭小的水域体量、脆弱的地下水系统使天然水域的生态效应遭到损害，降低甚至失去水资源更新、纳污净化等重要的生态功能。

城镇化地区最大的特征是道路硬化，建筑物密度增加，这使得水循环中重要的下渗环节遭到严重影响，土壤下渗系数变小甚至无法下渗，地下水补给量大幅度下降，使本来就被过度开发的城市区域地下水得不到补给，形成恶性循环。

城镇化地区的大型地下建筑物的修建，如地下管网、地铁等设施需要人工降低地下水位；地下空间被人为阻隔，限制了地下水的流动，使地下水位很难维持在一定的水平上。

2. 有利影响

1）城镇化提高城市规模效益，进而降低区域供用水成本

城镇化进程使得人口更加向城市聚集，可以利用既有供水管道、供水设施及污水处理厂等，使得供水成本等得到极大的降低，并且增大了用水的受惠面。

2）产业结构和用水结构升级，进而优化水-生态-经济系统结构

产业发展演进过程中会逐步淘汰一些耗水量大、排污量大的产业，这是产业发展的规律。因此随着经济水平的提升，一方面部分高耗水、高污染的企业在市场经济中被选择调整，逐步被市场淘汰；另一方面政府通过产业结构优化升级与调整，提升水资源利用效率。

3）社会进步促进人口素质和管理水平提高，加快促进节水防污型社会建设

伴随城镇化发展和社会进步，城市居民的综合素养不断提高，节水环保意识也将逐渐增强，建设节水防污型社会使城市管理水平进一步提高。通过各种宣传手段，让更多的农村人口接受先进的节水、环保教育，从而提升全社会的综合素养，有利于推进节水防污型社会建设。

京津冀地区是我国人类活动对水循环扰动强度最大、水资源承载压力最大、水资源安全保障难度最大的地区，京津冀地区多年平均水资源量不足全国平均的1%，人均水资源量仅为全国平均值的1/9，以占全国0.63%的水资源量，生产了全国10.1%的GDP，承载着全国8.1%的人口，水资源条件与经济社会布局极不相称，水资源问题十分突出。目前针对京津冀地区城市水资源的研究主要围绕着用水结构分析、水资源配置、水资源承载力等研究，而对不同用水类型与城市经济发展之间定量关系研究相对较少。因此，亟须科学认识京津冀地区水资源与城市经济发展之间的相互关系，有效解决由城市经济发展对水资源造成的负效益，做到水资源与城市发展和谐共生。这不仅是面向国家重大战略的需求，更是学界关于大型城市群水资源与经济发展和谐共生的科学命题。

1.3 适水发展概念与内涵

1.3.1 适水发展产生背景

随着经济社会的不断发展，工业、农业、生活和生态对水资源的需求与日俱增，水资源短缺已经成为制约人类社会可持续发展的重要因素，为此，必须充分开发利用非传统水资源和广义水资源，创新用水模式，合理调控水资源利用量，提高水资源利用效率，在这种背景下，适水发展作为可持续发展的一种实施途径应运而生。本书分别从水资源及利用形势、相关治理理念与政策、水资源管理理论方法与技术、相关研究发展动态等方面对适水发展的产生背景进行阐述。

1. 水资源及利用形势

水资源短缺约束。传统的以需定供的水资源管理模式，当人口、经济规模发展到一定程度，水资源将成为社会经济发展的约束条件，发展是不可持续的，适水发展面临的基本局面即是水资源短缺的刚性约束，既包括水资源的天然短缺、水污染导致的水质型缺水，也包括供水工程不足引起的工程型缺水、技术水平低产生的非常规水源效率型缺水。

适水发展建立在广义水资源的基础上，广义水资源不仅包括地表水和地下水的狭义水资源，还包括正在被利用或将来有可能被利用的所有形式的水资源，如雨水资源、地表水资源、地下水资源、土壤水资源、咸水资源、海水资源、再生水资源、外调水、虚拟水、云水资源、凝结水资源等。广义水资源的开发利用有赖于人类的重视、理论的发展和技术的进步，逐步加大广义水资源利用力度，提高其在农业、工业、生活、生态供用水中的占比，是实现适水发展的重要基础。

用水模式和用水效率。长期以来，粗放型用水模式严重浪费了有限的水资源，引发了一系列水资源、生态、环境、社会问题。适水发展坚持“以水定地、以水定人、以水定产、以水定城、以水定绿”的用水模式，这种以供定需的节水型用水模式追求的是有质量的用水效率和效益，既要经济社会发展、GDP 增长，又要重视对水资源、自然环境的保护。“以水定地”就是要根据水资源量来确定耕地面积、作物种类等；“以水定人”指根据水资源量决定地区总人口、人口类别等；“以水定产”是在水资源刚性约束下，对产业发展规模做出限制；“以水定城”体现了人与自然和谐相处的思想，要求合理确定城市发展的规模和边界；“以水定绿”要求量化水资源的植被承载力，合理选择植被类型、分布状况和森林覆盖率等。

2. 相关治理理念与政策

适水发展并非“无源之水、无本之木”，其根植于可持续发展理念、人与自然和谐相处思想、“节水优先、空间均衡、系统治理、两手发力”等水资源、经济社会管理的理念与政策。

可持续发展理念。1987 年，世界环境与发展委员会（WECD）在向联合国大会提交的报告——《我们共同的未来》（*Our Common Future*）中，正式提出了“可持续发展”的概念和模式，可持续发展理论（sustainable development theory）是指既满足当代人的需要，又不对后代人满足其需要的能力构成危害的发展，以公平性、持续性、共同性为三大基本原则。20 世纪 80 年代以来，借鉴可持续发展理论，形成了水资源可持续利用思想，其最终目标是水资源可对经济社会发展、人类生产生活实现永续性的支撑，既满足当代人需求，又满足后代人需求，要求统筹考虑水资源开发利用和保护工作，科学合理调整区域产业结构和空间布局，充分利用节水、污废水回用等技术，最大限度解决水资源问题。可持续发展理念及由其衍生出的水资源可持续利用思想是适水发展思想的重要组成部分。

人与自然和谐相处思想。人与自然的关系伴随着人类社会发展的始终，经历了依存、开发、掠夺、和谐四个阶段（汪恕诚，2009）。在原始社会，人类依存于自然，受自然支配；随着生产工具的改进、生产力水平的提高，人类开始主动开发利用自然资源。工业革命以后，科技和生产力水平极大提高，人类开始享受“统治自然”的过程。然而正如恩格斯所言：“我们不要过分陶醉于我们对自然界的胜利，对于每一次这样的胜利，自然界都会报复”，大自然的惩罚引起了人类的反思，人类开始对自我行为进行调整，朝着人与自然和谐相处的目标而努力。水是自然界与人类生产生活最紧密的要素，人水和谐是人与自然和谐的重要组成部分。人类自古以来就傍水而生，世界四大文明古国均发祥于大河，同时，人类也饱受水旱灾害之苦，中华民族发展史就是一部与水旱灾害做斗争的历史。在人与自然和谐相处思想的推动下，人水和谐思想于 2001 年被纳入我国现代水利的内涵和体系，其要求在水资源的管理、开发利用与保护中，妥善处理人文系统与水系统之间的关系，实现人水和谐。适水发展涉及水资源、经济、社会、生态等系统，所追求的正是人与自然和谐、人与水和谐。

“节水优先、空间均衡、系统治理、两手发力”。2014 年 3 月 14 日，习近平总书记在中央财经领导小组第五次会议上就保障水安全发表重要讲话，站在党和国家事业发展全局的战略高度，精辟论述了治水对民族发展和国家兴盛的重要意义，准确把握了当前水安全新老问题相互交织的严峻形势，深刻回答了我国水治理中的重大理论和现实问题，提出“节水优先、空间均衡、系统治理、两手发力”新时代治水方针，具有鲜明的时代特征，具有很强的思想性、理论性和实践性，是做好水利工作的科学指南和根本遵循。节水是解决用水方式粗放、水资源利用效率低、浪费严重问题的关键所在，可从根源上缓解水资源短缺问题；空间均衡强调水资源与经济、社会、人口的分布相协调，要“以水定地、以水定人、以水定产、以水定城、以水定绿”，在发挥人类主观能动性的基础上，充分尊重客观规律；系统治理要求改变以往“头痛医头，脚痛医脚”的治水观念，以“水系统”为核心和纽带，将水-经济-社会-生态视为一个复合的巨系统进行治理；两手发力强调同时发挥好政府和市场的作用，充分利用市场在资源配置效率、推动科技发展和技术进步方面的优势。新时期水利工作方针是适水发展需要贯彻和坚持的根本指导思想，也是实现适水发展目标的重要途径。

3. 水资源管理理论方法与技术

随着经济社会发展步入不同的阶段，人们的生产生活理念和需求均会发生变化，具体到水资源领域，不同时期水资源与经济社会发展的主要矛盾不同，采用的治水思路也随之变化。中华人民共和国成立以来，为解决工程型供水不足、水资源利用效率低、浪费严重、综合效益低等不同时代的主要矛盾，采取了相应的适水对策，第一阶段是用水利工程建设来满足用水需求；第二阶段是对地表、地下水资源进行开发和技术节水，提高用水效率；第三阶段是用综合配置进一步提高用水效益。所积累的水资源分配与调度理论、节水技术、水资源优化配置理论等经过实践检验的治水理论、方法为适水发展的形成提供了良好的基础。

水资源是一门重要的基础性学科，水资源理论是不断发展与创新的。针对水资源短缺、水生态恶化、水环境污染等新的水问题，逐步产生了一些聚焦于这些问题的水资源管理、开发利用理论。如通过调整与纠正人的行为来解决水问题的水资源需求管理理论，是为了抑制水资源需求增长所造成的用水矛盾加剧、生态系统破坏和水环境容量衰减，促进水资源的公平合理配置与高效可持续利用，综合运用法律、行政、经济、科技、宣传等一系列手段而进行的涉及水行政管理者、用水户及水经营者三大群体的综合系统性行为；水资源利用效率频谱理论为分析区域作物用水、万元 GDP 用水量、万元工业增加值用水量、管网漏损率、污水处理率等提供了一种新的研究思路；虚拟水和水足迹理论可分析不同区域之间分行业、分产品虚拟水的输入-输出关系，为通过虚拟水战略调控水资源分布不均衡问题、保障区域水安全提供了一种有效手段。

水资源也是一门具有广阔应用空间的学科，其应用领域的拓展和实践效果的提升，离不开水系统要素监测技术、水信息存储与传输技术、水利数据分析与挖掘技术、非常规水资源开发利用技术、节水技术、工农业生产技术等新技术的发展。例如，基于物联网的监测与传输技术可实现对蒸发—水汽输送—降水—植物截留—下渗—地表地下产汇流的自然水循环过程、取—供—用—耗—排的社会水循环过程、基于水足迹的虚拟水流动过程进行全过程全要素的监测、传输与存储；工业生产工艺的升级与改造可以降低单位产量和产值的水耗，提高水资源利用效率和效益，输配水管道、渠道的更新换代与护砌可以降低水资源的无效浪费；智慧水利、智慧水务系统的建设可助推水利行业强监管，实现对水系统要素全方位、全天候的空天地一体化实时连续监测，借助人工智能、机器识别、云计算、数据挖掘等新技术，构建水灾害防御、水资源保护、水生态修复、水环境治理、供用水管理的智能辅助决策系统。

通过新理论与新技术的融合、集成、创新应用，以新的水资源管理、开发利用、配置等理论为指导，以新的监测技术采集的大数据为基础，以新的生产工艺、工农业生活用水节水技术、海水淡化技术等为抓手，以智慧化的分析、决策系统为依托，开展适应新形势、面向新问题、融合新理念的区域适水发展研究，是理论与技术发展的必然结果。

4. 相关研究发展动态

截至目前，国内有关适水发展研究的重要事件主要包括郑连生（2009）在《广义水资源与适水发展》中，提出了适水发展的概念，从广义水资源的视角初步探讨了适水发展的战略措施和方法。郑连生（2012）在《适水发展与对策》中，分别论述了农业、城市生活、工业三大产业适水发展的建设对策，并研究了广义水资源在适水建设中的作用，分析了虚拟水、环境用水、生态用水等可能对适水布局产生影响的因素。2017 年，《节水型社会建设“十三五”规划》提出坚持因地制宜、适水发展。根据水资源条件、产业结构和用水水平，因地制宜确定节水目标、方向和重点。以水资源承载力为依据，进行产业结构调整、城市规模控制和功能布局优化，构建适水的产业和城镇发展格局。杜朝阳和于静洁（2018）阐述了适水发展理论的产生背景、内涵及对象与任务，对京津冀地区在适水发展方面存在的问题及战略对策进行了深入分析。

但目前，有关适水发展的理论、技术、方法等的系统性研究严重不足，截至 2020 年 7 月 31 日，直接以“适水发展”为主题词在中国知网进行检索，仅检索到 5 篇文献，以“适水发展”为主题词在当当网上书店检索，仅检索到 2 部专著。与适水发展相关度较高的研究主要集中在农业的适水种植、基于“水适应性”理念的城市规划与设计等方面。农业的适水种植研究主要集中在种植制度改革、作物最佳适水量及种植地区选择等具体的措施上，这些成果可为研究制定农业适水发展的落地措施提供基础支撑，但难以解决“灌溉效率悖论”“越节水越缺水”等农业用水的怪象。基于“水适应性”理念的城市规划与设计研究主要围绕古聚落或城镇水适应景观格局的起源、特征及驱动因素等展开，以水文水资源科学为侧重的研究相对较少。

总体而言，目前与适水发展相关的研究已经逐步显现，但存在研究碎片化、相关度低、覆盖范围小、理论缺乏的问题，虽可为适水发展的研究提供一定程度的借鉴，但远不能满足适水理论发展和实践应用的需求。

1.3.2 适水发展的概念、研究对象与任务

1. 适水发展的概念

为了探寻水资源紧缺条件下的可持续发展道路，水资源专家郑连生（2012）提出了“适水发展”这一研究命题，将水资源可持续利用与社会经济发展、科技进步联系在一起进行战略性思考，力争全面对水资源利用适应性做出分析，在科技进步和经济社会发展条件下，提出了农业、工业、城市生活用水的适水发展对策。

适水发展是指在水资源短缺约束下，依靠科技进步开发利用广义水资源、创新用水模式、提高水资源利用效率和效益，选择适宜的生产方式和生活方式，对水资源进行多层优化配置，实现人类社会的可持续发展。而在水资源充足的条件下，社会经济发展采用量水发展模式，通过开发、利用、节约、保护和优化配置地表水与地下水，解决生活、生产、生态用水需求。这种模式追求的是规模效益，当人口、经济规模发展到一定程度，水资源成为社会经济发展的瓶颈，发展是不可持续的。

中华人民共和国成立以来，适水发展作为一系列治水新思想的水资源管理理念和手段，迫切需要提出包含概念、研究对象、理论基础等的一套完整独立的适水发展理论框架，以指导适水发展实践工作，为实现区域水资源、经济社会、生态环境的协调均衡发展提供理论分析工具。适水发展理论框架如图 1-4 所示。

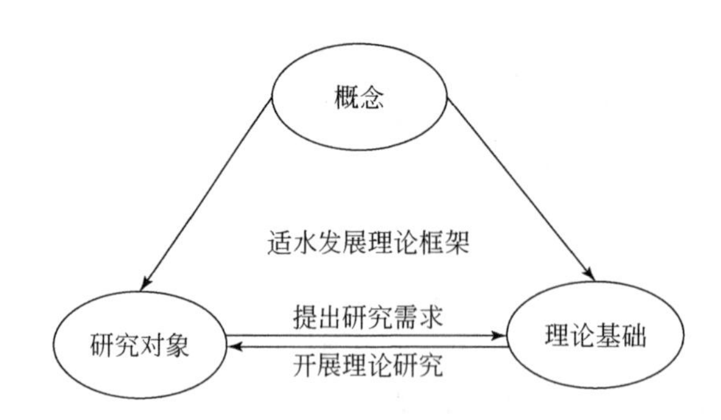

图 1-4　适水发展理论框架

2. 适水发展的研究对象与任务

适水发展坚持“以水定地、以水定人、以水定产、以水定城、以水定绿”的用水模式，这种以供定需的节水型用水模式追求的是有质量的用水效率和效益，依靠科技进步、结构调整和合理布局解决水短缺下生产、生活、生态之“三生”协调发展，提升社会经济发展适应缺水的能力，实现社会经济永续发展。其研究对象包括广义水资源、用水模式和用水效率，三者相互作用关系如图 1-5 所示。

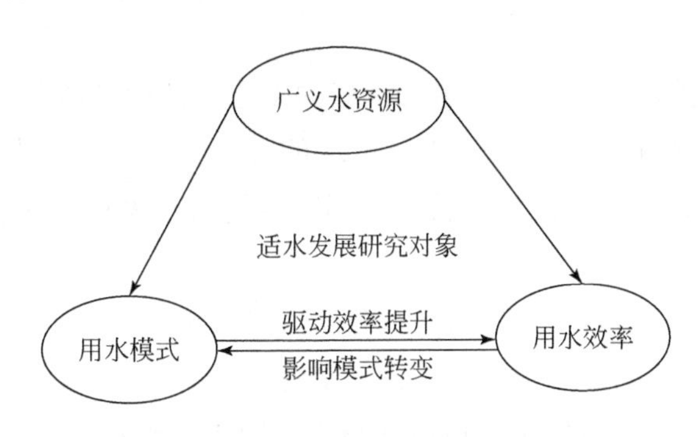

图 1-5 适水发展研究对象关系

1）广义水资源

在地表水和地下水资源紧缺的情形下，需寻求替代水资源，拓展水资源开发利用空间。随着科技水平提高和社会经济发展，非传统水资源（雨洪资源、咸水、海水淡化、虚拟水、云水、凝结水等）被纳入水资源的范畴，并逐渐显现出开发潜力和使用价值。这些可能被开发利用的潜在水资源构成了适水发展的基础。

2）用水模式

量水发展采用以需定供的用水模式，这种模式无视水资源的不确定性、周期性和有限性，导致水资源最终无法满足社会经济用水需求。需要根据水资源条件，调整用水结构，选择适宜的生产生活方式，创新用水模式。对用水模式（水资源的开发、利用、保护、配置与管理）实施战略性转变。重视生态对人类生存发展的基础性作用，转向以需水管理为基础的用水模式，转变传统水资源配置思路。

3）用水效率

水资源高效利用是提升适应缺水能力的有效途径，是更高层次水资源优化配置的约束条件，是实现可持续开发的关键。在适水发展中，由于水资源基础与用水模式的改变，用水效率的含义变得更广更深。用水效率是指广义水资源的综合高效利用和用水结构的高效，追求的是质量效益而不是规模效益。因此，用水效率是适水发展的重要内容。

适水发展作为缺水地区可持续发展的必由之路。其主要任务是依靠科技进步，实施用水模式的战略性转变，综合开发广义水资源，提高用水效率和效益，以科技换取水资源开发利用的新空间，实现缺水条件下社会、经济、生态的协调与可持续发展。

适水发展是一种可持续性发展。无论是人与自然和谐相处、生态文明，还是协同发展、治水新方针，归根结底，都是为了实现人类社会的高质量、可持续发展。适水发展思想来源于可持续发展和水资源可持续利用思想，从水资源角度出发，统筹考虑经济社会发展，兼顾人类社会的短期和长远利益，是对可持续发展的重要补充，也是实现可持续发展的有力手段。

适水发展强调尊重自然、顺应自然。良好的生态与自然环境是关系人类社会永续发展的根本，适水发展要求“生态优先”，对水的开发、利用、保护、配置要围绕“生态”开展，符合人类社会发展规律，符合我国新时期治水需求，有利于实现水资源可持续利用。

适水发展并不否定经济社会发展对水资源的需求。人类要生存、求发展离不开对水资源的开发与利用，特别是对欠发达地区而言，发展尤为重要，是关系社会、民生稳定的大事。适水发展强调经济社会对缺水的适应性与水资源需求管理，并不是片面地限制发展，而是对发展结构和模式的调整，追求可持续的、高质量的发展，调整人类行为，追求人与自然、人与水的和谐。

适水发展追求创新，是培育新的经济发展模式的有利因素。以理论创新、实践创新、制度创新、科技发展、技术进步为基础，推动产业结构与布局的改进与提升，适水发展的建设有利于绿色产业、环保产业、保健产业、节能产业等新型产业的发展。

适水发展注重系统思维，以解决水资源短缺为重点，统筹解决新老水问题。适水发展是面向水资源短缺、水生态恶化、水环境污染的治水新形势提出的，重视解决人类面临的水资源刚性约束问题，但并未忽视长期困扰人类的水旱灾害，如通过对雨洪资源的利用，推动解决洪涝问题，通过对云水、凝结水、微咸水、海水资源的利用，缓解干旱灾害的影响。

通过对适水发展的产生背景、理论内涵、概念、研究对象及主要任务的分析，可以得出，系统论理论与分析方法、自然水循环与社会水循环原理、水资源需求管理理论、用水效率管理理论、水足迹与虚拟水流通理论等可为适水发展理论的形成、发展与完善奠定基础（图 1-6）。

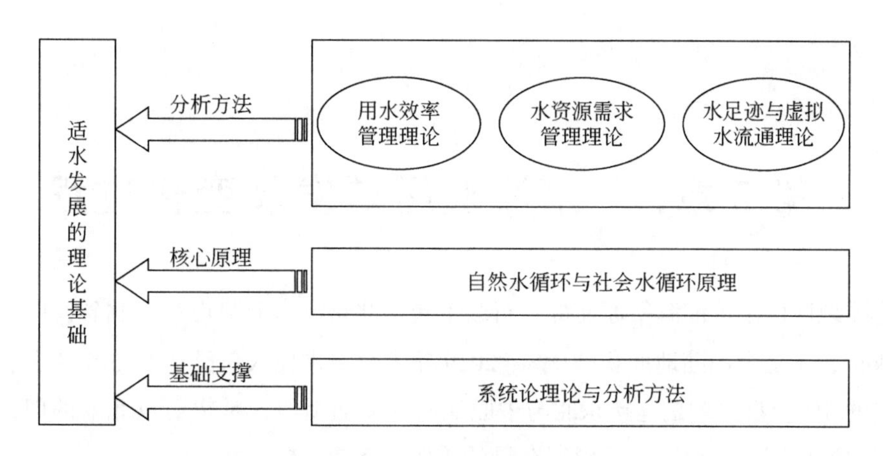

图 1-6　适水发展的理论基础

第 2 章　京津冀区域发展变化过程

京津冀地区位于黄淮海平原北部，行政上包括北京市、天津市和河北省，区域面积为 21.8 万 km^2，不足全国陆地面积的 3%。2019 年末全域常住人口已达 11 307.4 万，约占全国总人口的 8%。京津冀是连接东北与中原地区的交通枢纽，是辐射东北亚的门户，是全国智力资源高度密集的地区，是国家布局的重要经济增长极之一。

京津冀在明清时期本是一个整体，分别为北直隶和直隶省建置，其文化、经济和社会等方面联系十分紧密。民国时，三地开始行政分割，各自独立，并形成各自的发展特色。中华人民共和国成立后，北京行政区域逐渐扩张至今日范围，天津与河北经历了合分过程后形成今日范围。改革开放以前，三地各自建立了相对独立的产业体系，经济交流完全在计划体制下进行。改革开放以后，市场机制开始培育，三地产业出现了竞争，在竞争中也有了合作的迫切需求，"华北经济技术协作区""首都圈""环京经济协作区""两环开放""京津冀城市群"等体现区域合作的概念不断出现，但囿于行政分割的体制因素影响，三地协调发展的进程却一直不顺，发展差距逐渐拉大，尤其是河北省与京津之间的差距较大。

相比长三角和珠三角而言，京津冀区域经济发展中不均衡的特征更加突出。北京是全国政治、文化、国际交流和科技创新的中心，行政、金融、医疗和教育等资源集聚，吸引大量资本和人才净流入，经济已经步入发达阶段，但北京城市发展的"摊大饼"模式，导致城市规模恶性膨胀，交通拥堵、房价高企、公共资源匮乏和自然环境恶化等问题集中显现，经济社会发展中的某些领域与首都功能不相匹配。天津作为京津冀中另一个国家中心城市和北方经济中心，工业实力雄厚，工业化进程基本完成，且港口资源丰富，经济发展方面主要推行"向东看"战略，着力打造滨海新区和北方航运中心，借助"一带一路"倡议将发展重心放在对外经济合作和港口贸易上，但其依靠港口优势的外向型经济发展模式同样需要北京和河北等腹地的支撑，而天津在京津冀区域中定位并不清晰，与北京和河北的关系处于竞争大于合作的状态，且同样面临着资源和环境方面的压力，制约了其进一步发展。河北是京津冀区域腹地，地域广阔，人口众多，自然资源丰富，近年来经济依托重工业取得了快速发展，但与北京和天津相比，产业技术含量偏低，高投入、高耗能、高污染和低产出的经济增长方式超出了华北环境可承载能力范围，带来了严重的环境问题。如何更好地将京津冀协同发展战略执行下去，使其成为国家经济社会发展新的增长极，是摆在京津冀地区的一个重要挑战。

2.1 发展阶段

2.1.1 中华人民共和国成立前（1949 年以前）

元明清三代时期，京津冀本为一体，在元朝为直属中书省的河北八路，明朝为北直隶，清朝为直隶省（衣长春和李想，2017）。京师是首都所在地，明代置顺天府进行管理，顺天府辖 5 州 22 县，府辖县包括大兴、宛平、良乡、固安、永清、东安、香河。5 州为通州、霸州、涿州、昌平州、蓟州，各州领县 1 ~ 4 个，其中通州领三河、永清、漷县、宝坻 4 县，霸州领文安、大城和保定 3 县，涿州领房山县，昌平州领顺义、怀柔和密云 3 县，蓟州领玉田、丰润、遵化和平谷 4 县。京师城内分别由大兴、宛平 2 县所辖。清朝时期顺天府仍领 5 州，下辖县 19 个，后因清东陵建设，分置了遵化直隶州，领玉田、丰润、遵化 3 县。明清时期顺天府基本包括了今北京、天津的大部分区域。到清朝末年，西风东渐，以北京和天津为中心的铁路（津浦、京汉、京奉、京张线）和公路交通网基本形成，京津冀地区的区位优势和战略地位逐步突显，在国内、国际的影响力日益突显。

民国时期，首都南迁使得长三角地区成为中国的政治经济核心区，京津冀的中心地位相对弱化。北京在民国改为北平，成为文化中心和消费型城市。河北省的省会则在北平、天津、保定之间不停变换。民国初年，直隶省会设置在天津，直隶省改河北省，1928 年 10 月 ~ 1930 年 10 月省会定在北平，后迁天津，1935 年迁保定。抗日战争结束，河北省会又短暂在北平，1946 年 11 月迁回保定，解放战争时期，在 1947 年 11 月再迁回北平。天津成为直辖市，并成为北方经济中心，制造业取得较快发展。行政分割后，河北省成为典型的农业和矿业省份。

2.1.2 中华人民共和国成立至改革开放前（1949 ~ 1978 年）

中华人民共和国定都北京后，京津冀的行政区划经过了多次调整，逐步形成今天的行政区域格局。1950 ~ 1958 年，北京市行政区域不断扩展。1958 年 3 月，通县、顺义、大兴、良乡、房山五县划归北京，同年 10 月，怀柔、密云、平谷、延庆四县划归北京，最终形成今天的北京市域范围。

1958 年 2 月，河北、天津合并，河北省会由保定迁往天津。1966 年 5 月，河北为响应中央三线建设的战略部署和积极备战等因素，决定将省会再迁保定。1968 年 2 月，石家庄成为河北新省会。

1967 年，天津恢复为直辖市。在作为河北省会期间，天津为河北全省生产钢铁冶炼设备、水利排灌设备及拖拉机配件等。从 1964 年开始，河北省内也要建设二线、三线，作为一线的天津在省委的要求下，迁出了 40 多个工厂到河北，有些全迁，有些部分迁出，包括钢铁、制药和纺织行业工厂，为河北工业发展打下了一定基础，但省市一直存在的矛盾也影响到天津的发展。

从世界范围看，一个国家区域内部或多或少地存在发展不均衡的问题，但 1949 年中华人民共和国成立时面临的是区域经济发展极不平衡的局面。当时全国经济主要集中在东部沿海地区，以 1952 年的统计数据为例，66.4% 的工业集中在占土地面积不到 12% 的东部沿海区域，除武汉、重庆等几个大城市外，工业基础均极为薄弱，如新疆、西藏、内蒙古三地，工业产值仅占全国的 1.8%。

为应对这种极不平衡的发展局面，国家借鉴苏联经验，实行严格的计划经济，根据资源空间分布特点，有计划地进行了生产力重点布局，以期实现均衡发展。在“一五”计划期间，694 个限额以上的工业投资项目，有 472 个布局在内陆。苏联援建的 156 项重点建设项目，布局在内陆的有 118 项，沿海仅 32 项。

20 世纪 60 年代中后期，考虑战备的需要，中央政府决定按照一、二、三线布局工业，将经济活动迁移到大三线地区，同时在各省区建立相对独立的工业体系。1965 年 8 月召开的全国计划会议确定，按照“把国防建设放在第一位，加快三线建设，逐步改变工业布局”的方针，把国家投资重点放在大三线地区，每个省区建设的重点又要放在各自的小三线地区。在“三五”期间，内陆的基建投资占全国的 64.7%，其中用于三线地区的占 52.7%。1969 ~ 1972 年，大项目较多的四川占全国投资的 12.09%，湖北占 7.38%，而同期广东占 3.33%，上海仅占 2.38%。

在各地都建立自成体系的工业体系前提下，北京投资建设了燕山石化等大型工业企业，扩建了石景山钢铁厂等大型项目。北京、天津、河北的工业产业逐步趋于雷同。

2.1.3 改革开放至 21 世纪前（1978 ~ 2000 年）

由于经济体制改革和市场体制的确立，省、市、县成为经济发展的主体，各行政区域之间的关系更多地表现为竞争关系。区域竞争本是促进经济发展的动力，但行政分割却产生了地方保护主义。为克服这种弊端，京津冀三地政府率先开展了区域协作的尝试。

1981 年，国家计划委员会组织开展了京津唐国土规划纲要研究（1982 年 3 月 ~ 1984

年 6 月），研究了京津唐地区劳动力资源、大城市人口控制与疏导、城市性质与分工、城镇合理布局、交通运输网结构与布局、土地资源与农业开发、能源结构与能源供应、水资源的开发利用和综合治理、环境保护与生态平衡、国土资源综合利用、区域经济发展方向等方面的内容（黎福贤，1985），牵头编制了《京津唐地区国土规划》，可算是京津冀区域一体化的先声。由中国科学院地理研究所胡序威、陆大道等规划，体现的是以工业带动城市发展的观念。

1981 年 10 月，北京、天津、河北、山西、内蒙古五省（自治区、直辖市）成立了华北经济技术协作区。通过高层会商，以物资交流为主要协作内容，进行地区间的物资调剂，鼓励企业横向联合。1986 年天津投资 2900 万元在河北迁西合作建设的津西铁厂，如今已经成为上市企业。1982 年，《北京城市建设总体规划方案》中首次出现了“首都圈”的概念。首都圈分内圈和外圈两个层次，内圈包括北京、天津、唐山、秦皇岛和廊坊，外圈包括张家口、承德、保定和沧州。1988 年，环京经济协作区成立，并设立日常办公机构和市长、专员会议制度。环京经济协作区以联合为主，加强企业间联系和合作，推进了政府间协作。通过区域合作，北京在河北建立了大量农副产品生产基地，河北把依托京津、服务京津作为经济发展战略实施，大力发展农副产品生产。

1996 年，《跨世纪的抉择：北京市经济发展战略研究报告》再提首都经济圈概念，河北也提出“两环开放带动”战略。两环就是环京津、环渤海，但是环渤海经济圈因东北经济技术协作区、华东经济技术协作区和华北经济技术协作区的区域分割，各自形成了辽东半岛、京津冀、山东半岛三大相对独立的经济板块。

2.1.4 进入 21 世纪后（2000 年至今）

京津冀区域协同发展一直是社会各界的议论话题，国家为促进京津冀区域协同发展出台了一系列的方案。

2004 年 11 月，国家发展和改革委员会启动了京津冀都市圈区域规划编制，并面向社会征求规划建议。2010 年 8 月 5 日，规划上报国务院。2011 年，河北省提出打造“环首都绿色经济圈”，重点发展环首都的 13 县市，以承接北京的产业转移和经济外溢服务功能。国家“十二五”规划提出推进京津冀区域经济一体化发展，打造首都经济圈，推进河北沿海地区发展。

2014 年 2 月 26 日，京津冀协同发展上升为国家战略。2015 年 4 月 30 日，中共中央政治局审议通过《京津冀协同发展规划纲要》，将交通、生态环保、产业作为率先突破的重点领域，在公共服务、科技创新、产业空间布局等方面不断拓展。2017 年 4 月 1 日，国家决定设立雄安新区，将京津冀区域协同发展提升至新高度。

学术界和地方政府均十分关注京津冀区域协同发展的问题。首都经济贸易大学等单位从2012年开始发布京津冀发展报告蓝皮书（表2-1）。研究的主题广泛，从最初的区域一体化、区域承载力、城市群发展模式与空间优化研究，到随后的一系列关于协同发展的研究，如协同创新研究、协同发展指数、协同发展的新形势与新进展、协同发展的新机制与新模式、打造创新驱动经济增长新引擎和区域协同治理，反映了学界的持续关注。河北从2017年开始发布河北蓝皮书，从协同发展背景下的河北发展路径包括农业转型、产业承接和升级，到雄安新区背景下的河北发展机遇与对策、旅游协同、金融协同、教育协同、京津冀协同创新共同体、生态环境协同治理等领域给出河北的相关认识和意见。金融、物流、教育等领域也发布相关年度报告，研究和响应京津冀协同发展战略实施中的相关问题。

表2-1　首都经济贸易大学版京津冀蓝皮书概要

名称	主题	主要内容
《京津冀区域一体化发展报告（2012）》	区域一体化	对区域经济一体化进程进行了分析和预测。对京津冀的人口与就业、产业发展、空间演化、城镇体系、环首都贫困带、区域治理等方面进行实证分析和预测。对“十二五”首都经济圈、环首都绿色经济圈、河北沿海经济带、天津滨海新区、天津生态城市发展模式等进行了分析，并介绍了国外首都圈的经验启示等
《京津冀发展报告（2013）》	区域承载力测度与对策	探讨了区域承载力的理论与测度方法，从人口、土地、资源、水资源、生态环境、基础设施、社会等方面分析了区域承载力状况，并对北京、天津、河北的综合承载力进行了分析
《京津冀发展报告（2014）》	城市群	探讨了京津冀城市群质量提升与结构化问题。对京津冀城市群空间分布、发展质量与空间优化进行了分析、研究和评价
《京津冀发展报告（2015）》	区域协同创新	探讨了区域协同创新的理论。从交通、生态保护、科技创新、产业发展、公共服务、体制等方面论述了区域协同创新的问题、能力和路径
《京津冀发展报告（2016）》	协同发展指数	以支撑力、驱动力、创新力、凝聚力和辐射力为基本框架，构建了京津冀区域协同发展测度指标体系和协同指数，并进行了评价。从城乡协同、城际协同、城域协同发展三个方面构建了协同指标体系，评价论述了区域协同发展的现状，还进行了不同城市的生态文明指数、人口发展指数、企业发展指数的比较评价。对三地综合发展状况进行了评价分析，提出了相应问题的对策

续表

名称	主题	主要内容
《京津冀发展报告（2017）》	协同发展的形势与进展	以发展、协同、生态文明、人口发展和企业发展五大指数梳理了区域协同发展战略实施以来的效果
《京津冀发展报告（2018）》	协同发展的机制与模式	开展了区域创新驱动的机制与模式、产业协同发展的问题成因与对策、生态协同发展模式与机制、财税制度创新机制与模式、北京疏解整治提升机制与模式、雄安新区发展机制与模式、中国（天津）自由贸易试验区发展机制与模式等研究
《京津冀发展报告（2019）》	打造创新驱动经济增长新引擎	构建了京津冀区域协同创新监测指标体系，分析评价了区域协同创新指数变化。对企业创新能力进行了比较研究，对协同创新的财税制度保障进行了研究。对北京的高质量发展和绿色发展进行了测度分析与评价
《京津冀发展报告（2020）》	区域协同治理	对京津冀区域协同治理的进展与趋势进行了分析。从产业、交通、生态环境、公共服务、地方政府等方面进行了区域协同治理的现状分析，并对区域协同治理的理论、模式与路径进行了分析探讨

从研究的角度看，武占江等（2021）通过文献计量分析，认为京津冀协同发展存在九个方面的热点。第一，最大的热点是协同发展的战略规划和顶层设计研究，其中协同发展的战略演进、影响因素、重点任务、动力机制、协同发展途径和措施，区域协同的思路、重点和路径是战略类研究的重要内容，而顶层设计，如首都功能疏解、城市副中心建设、大城市病治理也是主要关注内容。第二，产业协同发展与转移升级，是京津冀协同发展中的主要实体内容和重要支撑。第三，生态环境协同治理和保护，是京津冀协同发展中率先取得重要突破的领域，相关的协调治理模式、参与机制、立法保障、利益协调、生态补偿等研究也十分活跃。第四，区域交通一体化发展，主要涉及京津冀区域交通网络发展规划与模式、法律体系建设、资金统筹渠道、与旅游的关系都有持续的研究。第五，区域经济协同发展，主要涉及区域均衡发展和资源环境承载力的协调发展，区域协调发展的影响因素、协同发展的度量和评价，协同发展的路径、资源的空间配置等。第六，京津冀城市群建设，包括首都功能疏解、雄安新区建设、城乡规划、城镇化度量、资源的流动和空间合理配置、新型城镇体系规划，京津冀城市群空间结构特征及空间开发秩序、京津冀城市群与长三角、珠三角城市群的比较分析等。第七，区域市场一体化，包括从项目合作、实体建设到金融、人才市场合作，以及从休闲农业、文化产业和体育产业等旅游产业合理配置开展旅游市场一体化的研究。第八，公共服务协同发展，包括公共服务一体化水平指标体系研究，公共服务涉及的相关领域评价，涉及就业、教育、医疗、养老、体育、保险、住

房、公共文化多个方面。第九，雄安新区建设，雄安新区自身的发展路径与发展模式及其与京津冀城市群、京津冀协同发展的关系是其主要内容。

2.2 人口状况

人口是社会发展的基础条件，人口的规模和结构对区域经济社会发展具有重要影响。京津冀地区人口规模大，分布集中，总人口持续增长，流动人口规模大且增加快，老龄化趋势加速发展，区内人口教育水平不均衡是其人口现状的基本特征。2007 年，作为国家人口发展战略研究的一项重要主题，《京津冀人口发展战略报告》一书出版，就当时京津冀的人口现状、产业与就业、城市群发展、人口资源承载力进行了系统梳理（赵新等，2007）。本书将人口数据从 1949 年开始分析，给出其演变过程。

2.2.1 人口规模

根据国家统计局人口数据，对京津冀人口规模的演变进行分析。1949 ~ 2019 年，京津冀人口总量呈持续增加态势，年增长率则呈波动式变化（图 2-1）。

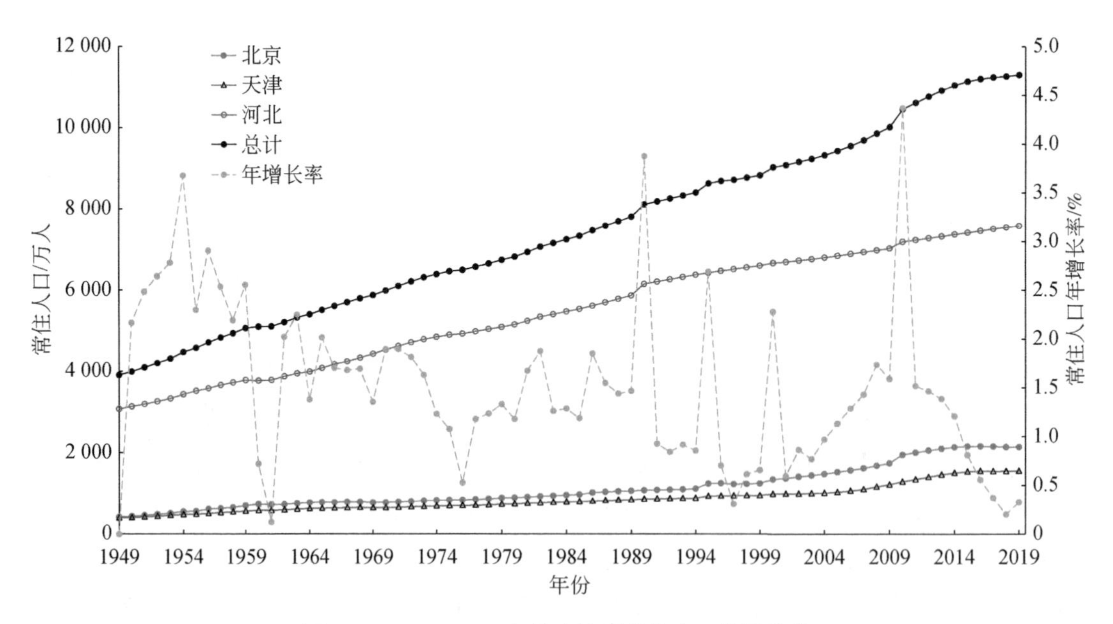

图 2-1　1949 ~ 2019 年的京津冀常住人口发展趋势

1949 年，京津冀人口总数为 3908.6 万人，其中北京 420.1 万（按现有行政区划统计，下同），天津 402.5 万，河北 3086.0 万。中华人民共和国成立后，社会安定，经济恢复发展，京津冀人口进入快速增长阶段。

20 世纪 50 年代，京津冀人口处于快速增长阶段，全区年均增长率达到 2.63%，其中北京高达 5.37%，天津为 3.50%，河北为 2.07%，10 年间人口增长到 5065.42 万，比 1949 年增加 1156.82 万。1958 年“大跃进”后，人口增长放缓。

20 世纪 60 年代，京津冀人口发展处于波动状态，全区年均增长率为 1.49%，其中北京为 1.00%，天津为 1.38%，河北为 1.61%，10 年间人口达到 5875.35 万。1960 年河北人口增长 -0.31%，北京在 1961 年、1966 年、1968 年、1969 年均为负增长（闫萍等，2019），天津和河北分别在 1969 年、1960 年人口总量绝对下降。对北京而言，1961 年人口绝对下降与三年困难时期城市人口精简相关，1968 年人口下降与知识青年上山下乡有关，1969 年人口下降与战备大疏散有关。河北 1960 年人口总量下降，主要是经济遭遇严重困难，人口外迁达到 29.76 万人（张同乐，2007）。相比 1959 年，京津冀增加人口 809.93 万。

20 世纪 70 年代，京津冀人口继续保持波动性增长，全区年均增长率 1.38%，其中北京为 1.42%，天津为 1.28%，河北为 1.40%，10 年间人口达到 6741.52 万。相比 1969 年，京津冀增加人口 866.17 万。

20 世纪 80 年代，京津冀人口比 70 年代稍高，全区年均增长率为 1.48%，其中北京为 1.83%，天津和河北均为 1.43%，10 年间人口达到 7808.35 万。相比 1979 年，京津冀增加人口 1066.83 万。

20 世纪 90 年代，京津冀人口年均增长率为 1.24%，其中北京为 1.62%，天津和河北均为 1.19%，10 年间人口达到 8830.0 万。相比 1989 年，京津冀增加人口 1021.65 万。

21 世纪初，京津冀人口年均增长率为 1.27%，其中北京为 3.41%，天津为 2.52%，河北为 0.61%，10 年间人口首次过亿，于 2009 年达到 10 017.0 万。相比 1999 年，京津冀增加人口 1187 万。

21 世纪 10 年代，京津冀人口年均增长率为 1.23%，其中北京为 2.12%，天津为 2.46%，河北为 0.76%，10 年间人口达到 11 307.4 万。相比 2009 年，京津冀增加人口 1290.4 万。从人口年均增长率变化看，人口增长进入了减速阶段。

1980 ~ 2019 年，京津冀每 10 年人口增加超千万。2009 年 11 月，国务院批准设立天津滨海新区，这是重要的刺激人口增长的因素之一，2009 ~ 2013 年，天津常住人口增量每年都超过 50 万。

2.2.2 人口结构

按照户籍人口统计（河北无户籍人口连续统计资料），1960 年北京户籍人口为 732.1 万，天津为 583.5 万，2019 年北京为 1397.4 万，天津为 1108.2 万。50 年间，各自增长了

90.9%和89.9%。户籍人口年增长除20世纪60年代波动较大外，均维持在较低水平（图2-2）。60年代北京和天津户籍人口年增长率处于波动状态，70～80年代年增长率在1.0%～2.0%，进入90年代年增长率低于1%。21世纪前期有所增长，后期仍处于下降状态。2010年后在低水平下存在较大波动。

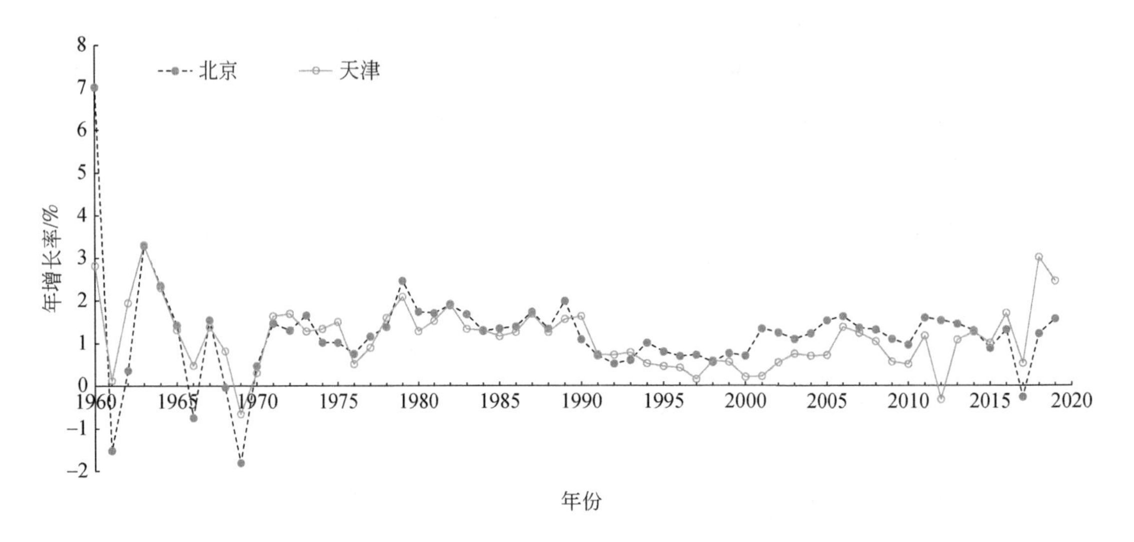

图2-2　1960～2019年北京和天津户籍人口年增长率动态

2000年以来，京津两地常住外来人口有较大增长（图2-3）。1999年北京常住外来人口占常住人口总数的12.5%、天津为5.1%，此后外来人口迅速增加，到2015年，北京常住外来人口占常住人口总数的38.02%，天津也达到33.6%，自2015年疏解非首都功能以来，北京常住外来人口规模不断下降，已经由2015年的最高峰825.3万下降至2019年的756.2万。天津也由2015年的最高峰520.0万下降至2019年的453.7万。

北京常住外来人口变化可分为以下几个阶段（图2-4）：1949～1957年的缓慢增加阶段，1958～1960年的快速下降阶段，1961～1984年的平稳阶段，1985～1994年的缓慢增加阶段，1995～2015年的快速增加阶段，2016年以来的缓慢下降阶段。

按照联合国对人口老龄化的定义，以一个地区65岁以上人口比率为标准，超过7%即为老龄化社会，超过14%即为老龄社会。京津冀人口老龄化趋势都在发展（图2-5）。2015年，京津冀65岁以上人口比率均超过10%。2018年，北京为11.2%，天津为10.9%，河北为12.8%。河北2019年达到了13.4%，其人口老龄化快速发展，尤其值得关注。京津冀都已经处于老龄化社会阶段，正在向老龄社会逼近，需要制定实施多样的应对策略和措施。就户籍人口而言，2018年，60岁以上户籍人口占户籍总人口比例，北京为25.4%，天津为23.97%，两大城市均面临严峻的养老压力。

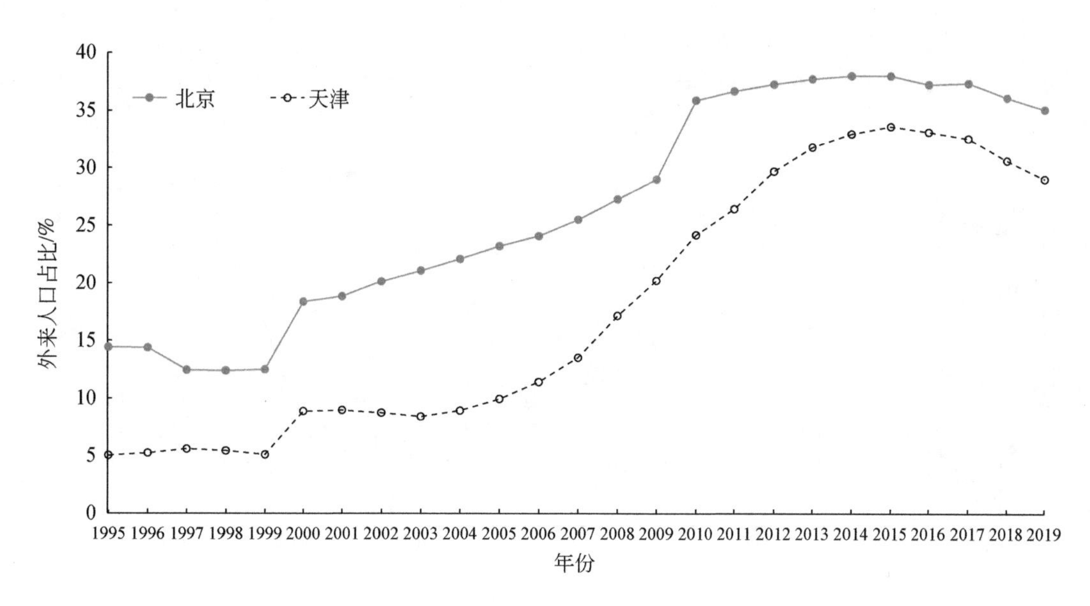

图 2-3 1995～2019 年北京和天津常住外来人口占比变化

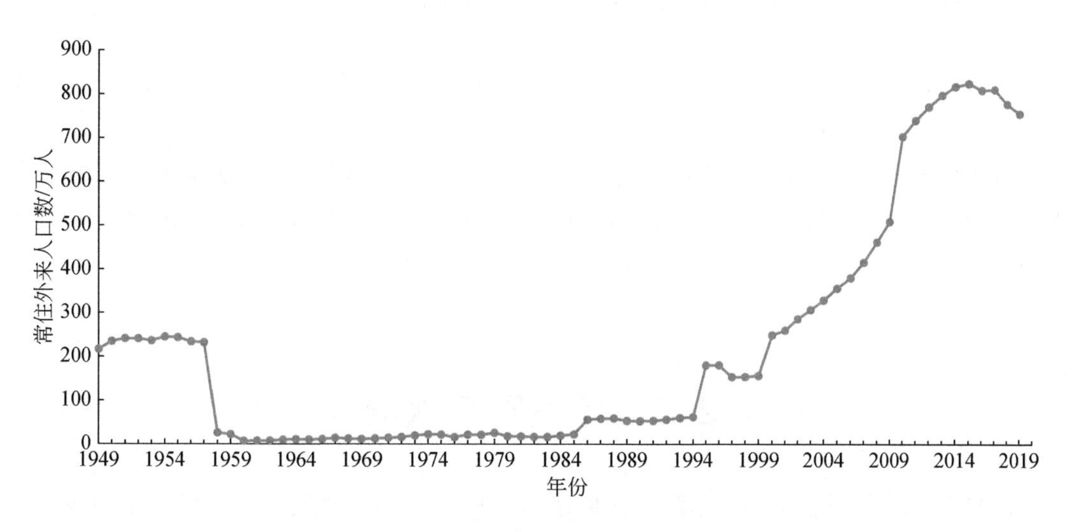

图 2-4 1949～2019 年北京市常住外来人口变化

2.2.3 人口与水资源的矛盾

京津冀人口发展与资源承载力的矛盾集中在水资源上。京津冀位于中纬度地区，属于温带大陆性季风气候区，降水集中在汛期，尤其是 7～8 月，汛期降水占全年降水量的 80%左右，且具有时空分布不均的特点。京津冀多年平均降水量不足 600 mm，降水总量

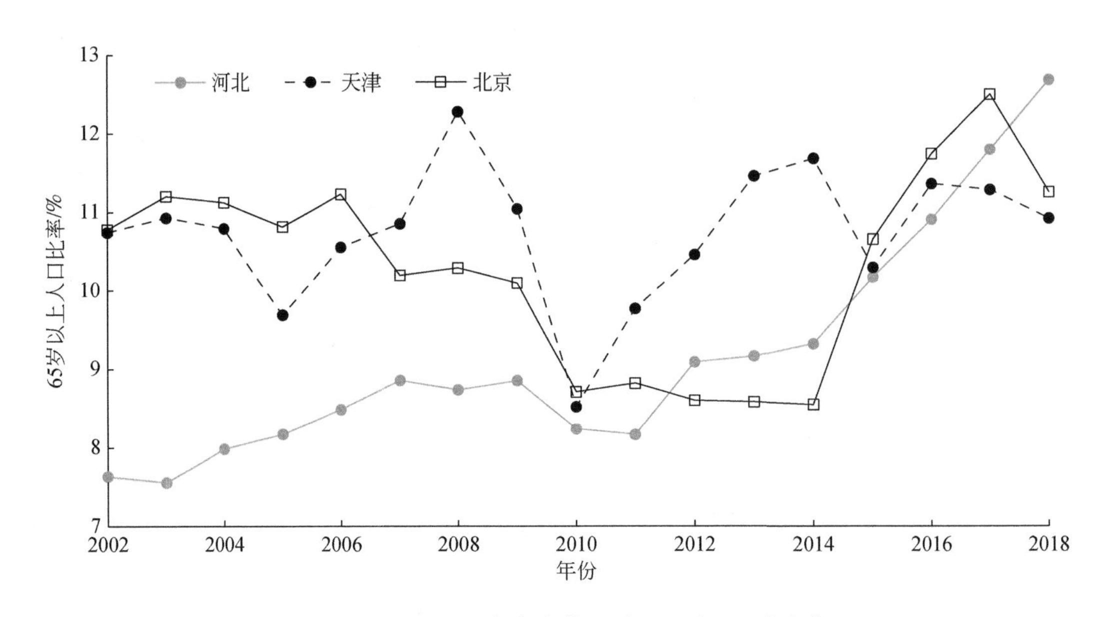

图 2-5　2002 ~ 2018 年京津冀 65 岁以上人口比率变化

2005 年、2015 年为 1% 抽样调查结果，其他年份为 1‰抽样调查结果，2010 年为人口普查数据

年际波动大，丰枯交替发生，如 1993 年全区年降水量仅 344 mm，1973 年达到最高值 662 mm（路洁等，2020）。

京津冀人均水资源量仅为全国平均水平的 1/9。近几十年来，降水总体呈下降趋势与人口持续增长、经济快速发展对水资源需求增高的趋势加剧了区域水资源的供需矛盾。水资源时空波动大使得区域用水保障率低，地下水超采严重，导致以水为中心的生态和环境问题突出。

2.3　环境质量状况

2008 年北京奥运会期间，京津冀区域诸多工厂停工，为“奥运蓝”做出了贡献。奥运会结束后，工业开始恢复增长，烟尘排放量迅速增加。2013 年环境保护部正式将细颗粒物（particulate matter 2. 5，$PM_{2.5}$）列入空气监测指标中。2013 年 1 月，北京频繁出现空气极端污染现象，1 月中有 16 天 $PM_{2.5}$ 日均浓度超过 150 μg/m³，严重污染使北京意识到空气污染的严重性。2013 年 9 月 10 日，国务院印发了《大气污染防治行动计划》（简称大气十条），要求京津冀 $PM_{2.5}$ 浓度到 2017 年下降 25%，北京年均浓度控制在 60 μg/m³。大气十条激发了京津冀的大气污染治理行动。

2014 年 3 月 25 日，环境保护部发布了京津冀、长三角、珠三角区域及直辖市、省会城市和计划单列市等 74 个城市 2013 年的空气质量状况报告，京津冀区域污染最重。监测的 13 个地级及以上城市，有 11 个城市排在污染最重的前 20 位，7 个排在前 10 位，均在河北。全区域空气质量平均达标天数比例为 37.5%，比 74 个城市平均达标天数比例低 23 个百分点，有 10 个城市达标天数比例低于 50%，首要污染物为 $PM_{2.5}$，其次是 PM_{10} 和臭氧。京津冀区域所有城市 $PM_{2.5}$ 和 PM_{10} 年平均浓度均超标，区域内 $PM_{2.5}$ 年平均浓度为 106 $\mu g/m^3$，PM_{10} 年平均浓度为 181 $\mu g/m^3$。

京津冀的大气污染一度成为公众关注的热点问题。北京、天津、河北相继出台了一系列的措施治理大气污染。以春节燃放烟花爆竹为例，1993 年 10 月 12 日，北京市第十届人民代表大会常务委员会第六次会议通过了《北京市关于禁止燃放烟花爆竹的规定》，规定东城区、西城区、朝阳区、海淀区、丰台区、石景山区为禁止燃放烟花爆竹地区。朝阳区、海淀区、丰台区、石景山区远离市区的农村地区，经区人民政府报请市人民政府批准，可以暂不列为禁止燃放烟花爆竹地区。但这个禁放决定执行效果并不好。2005 年 9 月 9 日《北京市烟花爆竹安全管理规定》通过，将五环路以内列为限制燃放烟花爆竹地区，规定了春节期间燃放时间，五环路以外由区县自行划定限制燃放区。2010 年进行了修正，2017 年 12 月 1 日再次修改发布了《北京市烟花爆竹安全管理规定》，将五环路以内（含五环路）区域列为禁止燃放烟花爆竹的区域。

赵辉等（2020）根据中国空气质量在线监测分析平台发布的京津冀地区 80 个环境空气质量监测国控点的 $PM_{2.5}$、PM_{10}、SO_2、CO、NO_2 和 O_3_8h_max 数据，分析了 2014 ~ 2018 年京津冀地区大气质量变化情况。除 O_3_8h_max 外，所有污染物排放均呈下降趋势，$PM_{2.5}$、PM_{10}、SO_2、CO、NO_2 年均浓度下降 8.66 $\mu g/m^3$、12.77 $\mu g/m^3$、7.86 $\mu g/m^3$、0.11 $\mu g/m^3$ 和 1.66 $\mu g/m^3$。而 O_3_8h_max 呈整体上升趋势，年均浓度上升 4.90 $\mu g/m^3$。

2.4 经济发展状况

2.4.1 经济发展总体特征

京津冀地区 GDP 从 20 世纪 80 年代起开始了年增长率达到两位数的快速增长（图 2-6），虽有波动，但总体快速上升的趋势明显（图 2-7）。1992 年后开始进入快速增长，经济体量开始增大。2011 年开始增长率降至个位数，但经济总量持续增加的趋势仍然明显。

1978 ~ 2019 年，京津冀 GDP 占全国比例经历了下降—回升—下降三个主要阶段（图 2-8）。1978 ~ 1995 年为下降阶段，GDP 占全国比例从 10.2% 下降到 8.6%。1996 ~ 2005 年为回升阶段，恢复到 11.3%。此后又开始下滑，持续降至 2018 年的新低点 8.3%，2019 年稍有增长，为 8.5%。京津冀 GDP 占全国比例的升降主要与第二产业增加值所占比

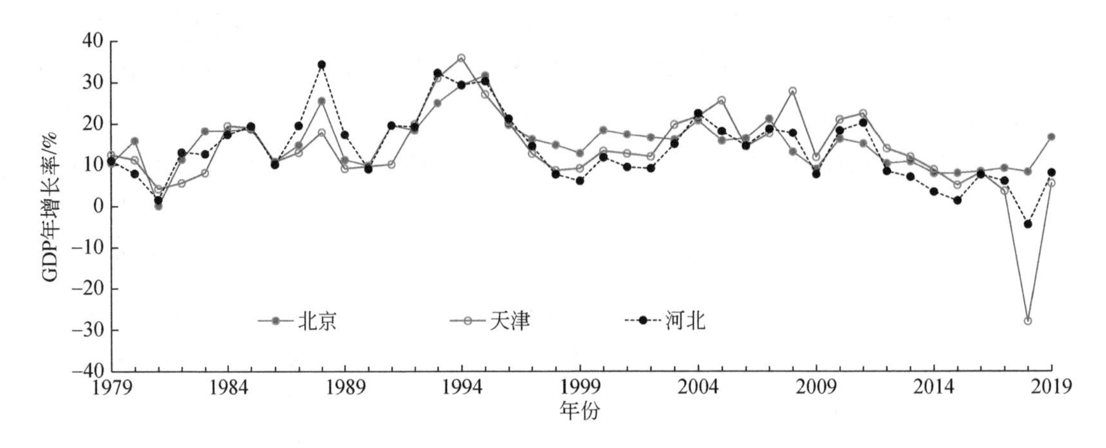

图 2-6 京津冀 1979 ~ 2019 年 GDP 年增长率波动状况

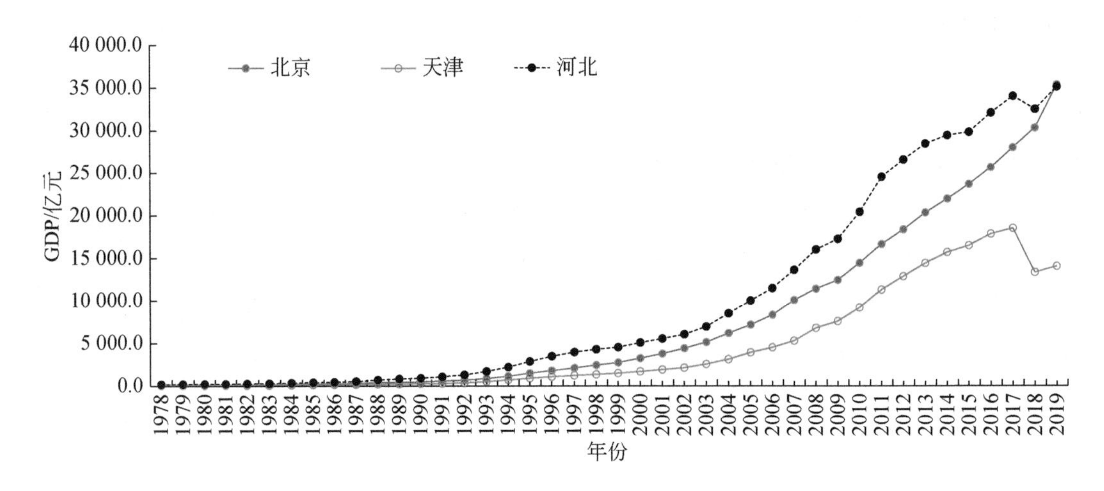

图 2-7 京津冀 1978 ~ 2019 年 GDP 增长曲线

例的升降紧密联系。

京津冀三地中，北京 GDP 持续稳定增长，其总量在 2019 年已经基本超过河北。天津 GDP 总量自 1994 年后与北京呈现差距逐步拉大的趋势。国家统计局根据 2019 年第四次全国经济普查结果，对 2018 年全国 31 个省（自治区、直辖市）的 GDP 进行了调整，其中天津 GDP 下调幅度居山东之后，为第二位，从 18 809 亿元调整为 13 362 亿元，下调 5447 亿元，调整幅度高达 28.96%。因天津过去的 GDP 数据也有待调整，其 GDP 年增速、三大产业结构比例都会有所调整，对整个京津冀 GDP 占全国比例也会有影响。

京津冀三大产业增加值占全国比例表现为第一产业相对稳定，第二产业总体下降，第三产业持续上升的态势（图 2-8）。其中，第一产业比例相对稳定，1978 ~ 2019 年平均为 6.4%，1996 年以前基本在 6% 上下浮动，此后进入一个增长期，最高达 7.3%，2010 年

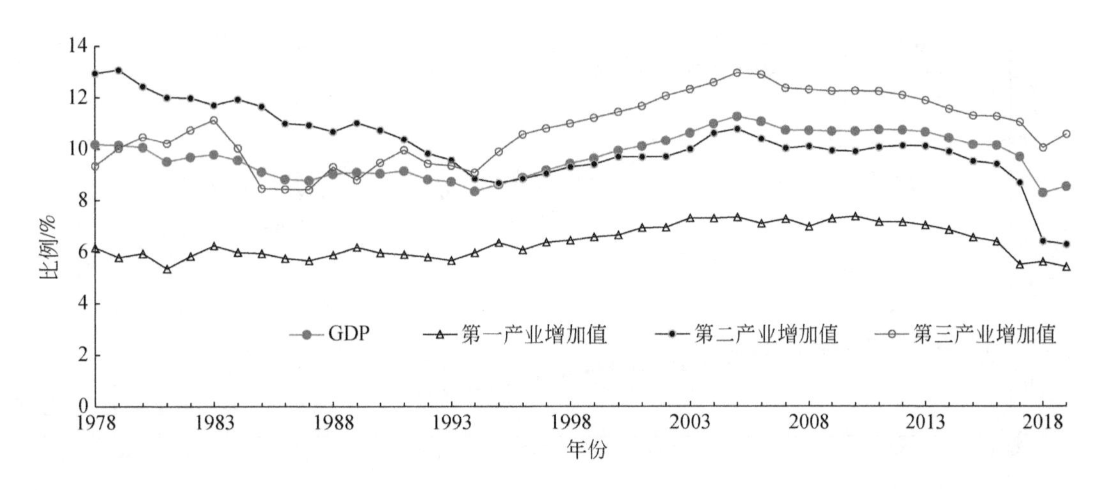

图 2-8　京津冀 1978 ~ 2019 年 GDP 及三大产业增加值占全国比例的变化

后持续下降，2017 年降至 6% 以下，2019 年降至 5.4%，接近 1981 年的最低值 5.3%。第二产业增加值占全国比例的下降—上升—下降趋势整体决定了京津冀 GDP 占全国比例的升降趋势，1978 ~ 1995 年第二产业增加值占全国的比例从 12.9% 持续下降至 8.7%，1996 ~ 2005 年处于上升阶段，回升至 10.8%，此后再次下降，由于京津冀严重的环境污染，2013 年后第二产业内部结构调整，第二产业比例迅速下降，2019 年降至 6.4%。与第一、第二产业不同，京津冀第三产业增加值占全国比例在 1994 年前波动较大，经历了上升—下降—上升—下降四个比较明显的阶段，从 9.2% 上升到 11.0%，之后下降至 1994 年的 9.0%，此后经历了 10 年的持续上升，到 2005 年占 12.9%，此后逐步小幅回落，2019 年降至 10.6%。

京津冀产业结构变化经历了第一、第二产业持续下降，第三产业持续上升的变化（图 2-9）。其中，第一产业比例经历了 1978 ~ 1983 年的增长过程后开始持续走低。从 1978 年的 16.8% 升至 1983 年的最高点 20.8%，与农村实行包产到户承包责任制释放农民的生产积极性有关，此后持续下降至 2019 年的 4.5%。第二产业比例也呈持续下降态势，相对第一产业，波动性稍大，2013 年后下降速度较快，与产业结构大调整有关。第三产业比例呈持续提升的态势，2000 年首次超过第二产业，成为京津冀的主导产业，2013 年后增速加快，显示出产业结构优化调整的有效性。

2.4.2　产业结构状况

北京的产业结构变化可以总结为第一产业先增后减，第二产业持续下降，第三产业持续提升，由工业主导转变为第三产业主导（图 2-10）。第一产业比例由 1978 年的 5.1% 升

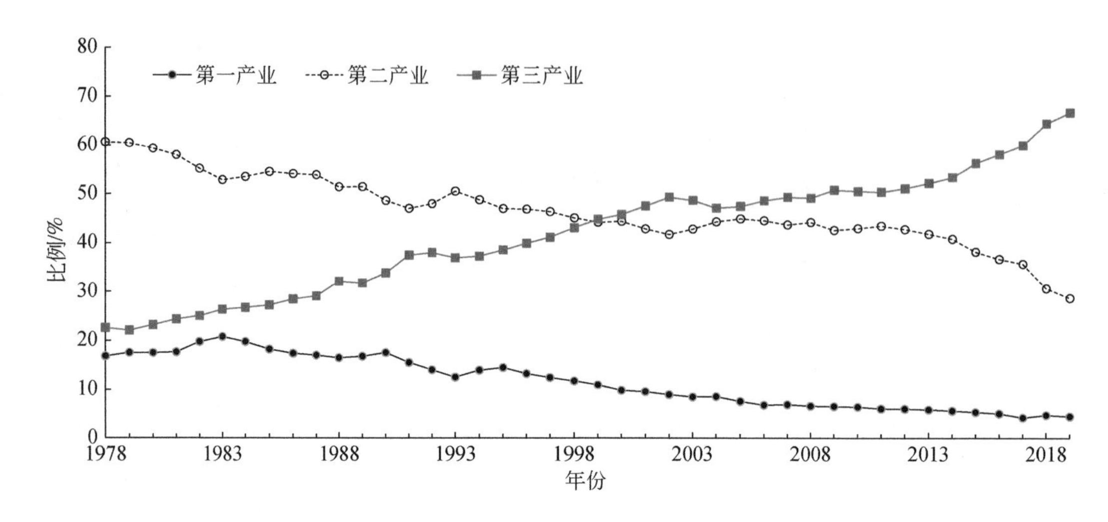

图 2-9　1978～2019 年京津冀三大产业比例变化

资料来源：国家统计局，由京津冀三地数据合并统计

至 1983 年的历史高点 6.9%，此后保持平稳增长，创 1988 年的历史高点 9.0%，从 1990 年开始进入持续下降阶段，降至 2019 年的 0.3%。第二产业基本是持续下降态势，从 1978 年的 71.0% 的绝对主导地位，降至 1994 年的 45.1%，并被第三产业比例 49.1% 超过，2019 年已经降至 16.2%。第三产业比例 1978 年为 23.9%，在经历了 1979～1989 年平均递增 19.5% 的增长后，1994 年开始占据半壁江山，在经历了 1990～2009 年平均递增 22.6% 的快速增长后，进入较慢的平稳增长期，2019 年以 83.5% 的份额稳居北京经济主导产业。

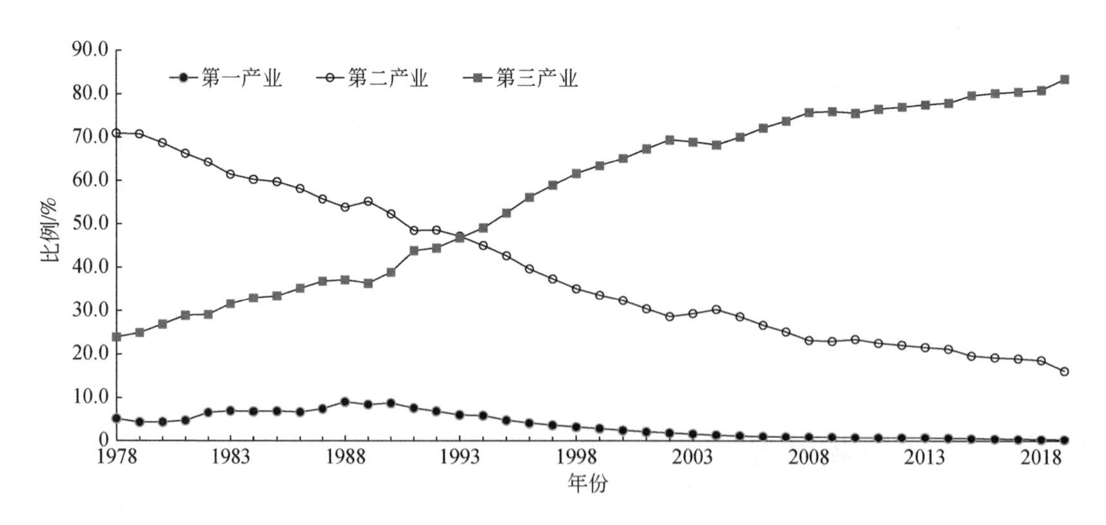

图 2-10　1978～2019 年北京三大产业比例变化

天津的产业结构变化经历了第一产业先增后减，第二产业持续下降，第三产业稳步提升的过程，经济从第二产业和第三产业共同主导转向第三产业主导的趋势（图 2-11）。其第一产业比例变化曲线与北京极其相似，从 1978 年的 6.1% 波动增长至 1988 年的历史高点 10.1% 后，开始进入持续下降的态势，降至 2019 年的 1.3%。第二产业比例从 1978 年的 69.6% 小幅升至 1981 年的 71.3%，此后开始持续下降，1998 年降至 50.0%，2003 ~ 2013 年再度小幅回升，最高至 2008 年的 55.5%，此后回落至 2013 年的 50.4%，因京津冀产业结构调整，进入持续下调阶段，2019 年降至 35.2%，仍占 GDP 的 1/3 强。天津第三产业相比北京的增速要慢，从 1978 年的 24.3% 增长至占据半壁江山的 2014 年的 49.6%，用时达 35 年。此后第三产业增速较快，2019 年比例达到 63.5%。

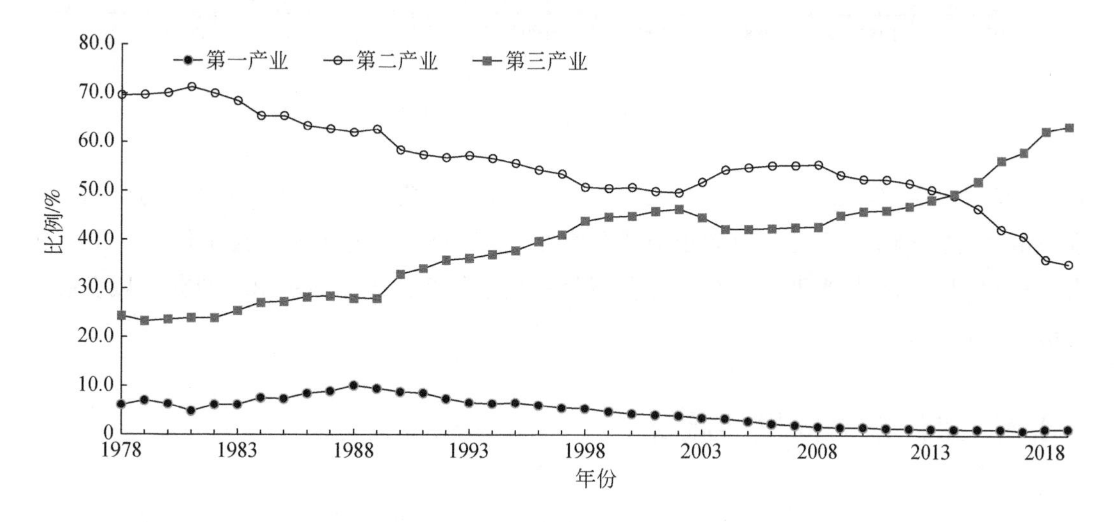

图 2-11　1978 ~ 2019 年天津三大产业比例变化

河北产业结构变化经历了第一产业先升后降、第二产业波动发展、第三产业缓慢上升的过程（图 2-12）。第一产业比例从 1978 年的 28.5% 持续升至 1983 年的历史高位 36.1%，占 GDP 的 1/3 强，是名副其实的农业大省，此后开始波动下降至 1993 年的历史低点 17.8%，回升至 1995 年的 22.2% 后，进入持续下降，2019 年降至 10.0%。第二产业从 1978 年的 50.5% 下降至 1983 年的历史低点 40.6%，此后回升至 1987 年的 49.0%，经过约 5% 的波动下降 1993 年再次回升至 50.2%，此后经过 2% 左右的波动下降 2004 年再度回升至 50.7%，在 50% ~54% 波动 10 年，2014 年开始进入第二产业内部结构大调整，快速下降至 2019 年的 38.7%。在 40 多年的发展中，第二产业绝大多数时间都稳居半壁江山的地位。河北的第三产业发展相比京津两地要差，从 1978 年的 21.02% 升至居半壁江山地位的 2018 年的 50.0%，用时近 40 年。

从人均 GDP 看，北京和天津从 20 世纪 90 年代开始与全国平均水平逐步拉开差距。2019 年，北京人均 GDP 达到 164 220 元，约是全国平均水平 70 892 万元的 2.3 倍，天津

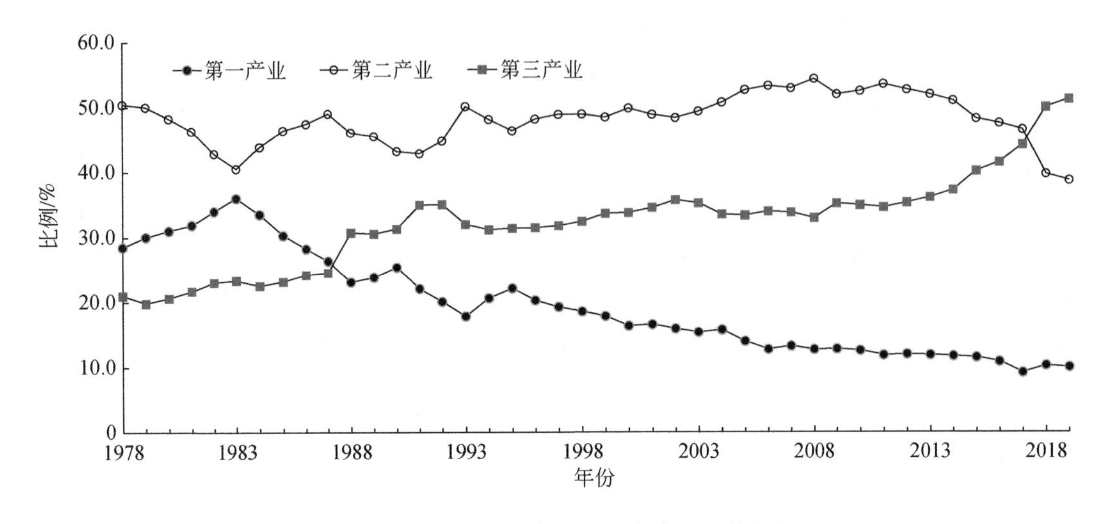

图 2-12　1978～2019 年河北三大产业比例变化

人均 GDP 为 90 371 元，约是全国平均水平的 1.3 倍。河北人均 GDP 多年基本与全国平均水平相近，从 2007 年开始，落后于全国平均水平，2011 年开始差距在逐渐拉大，2019 年人均 GDP 是全国平均水平的 65%，更是远远落后于京津两地，显示出京津冀区域发展不平衡问题呈加大趋势。

2.4.3　京津冀协同发展状况

2014 年 2 月 26 日，中共中央总书记、国家主席、中央军委主席习近平在北京主持召开座谈会，专题听取京津冀协同发展工作汇报并作重要讲话，就推进京津冀协同发展提出七点要求。此后，京津冀协同发展问题成为全社会特别是京津冀三地地方政府关注的焦点。2015 年 4 月 30 日，中共中央政治局会议审议通过《京津冀协同发展规划纲要》，该纲要的出台标志着国家对京津冀的功能定位进行了重构，天津的“去中心化”（一基地三区定位）与北京的“去功能化”（四个中心）特征凸显。京津冀协同发展当前工作主要集中在三个方面：①加快三地之间交通基础设施互通互联建设，特别是强化三地中心城市之间的快速路网建设，以及三地之间公路的断头路联通；②区域环境联防联治，除了河北省自身积极调整重工业、高污染的产业结构外，京津两地在物质和技术上对河北省进行帮扶；③产业功能的协同（主要是北京非首都核心功能的有效疏解）。《京津冀协同发展规划纲要》提出打造世界级城市群的京津冀协同发展目标。打造世界级城市群，必须实现如下目标，一是区域目标，即把京津冀打造成中国的政治、文化、科教、国际交往中心，中国北方最具发展活力的经济增长极；二是产业目标，即把京津冀建设成为中国高端制造业和现代服务业的集聚区，引领中国科技创新和技术进步的示范区；三是协同目标，即把京津冀建设成为辐射带动环渤海地区乃至整个北方经济发展的核心区，成为带动中国北方向东北亚、西亚、中亚、欧洲全方位开放的门户区。明确了京津冀的目标定位、空间布局、推进思路、战略重点、时间表和路线图，标志着顶层设计完成，进入全面推进、重点突破的操作阶段。

1. 农业绿色发展状况

2014 年，国家发展和改革委员会、农业部、环境保护部联合发布了《京津冀及周边地区秸秆综合利用和禁烧工作方案（2014—2015 年)》，专门针对京津冀区域及其周边省市秸秆综合利用问题进行了部署。

北京为了推进农业节水工作，出台了《关于调结构转方式发展高效节水农业的意见》。天津出台了《关于推进现代都市型农业绿色发展的实施意见》，从减少投入品使用、废弃物资源化利用、农业养护 3 个方面推进农业绿色发展。河北出台了《关于加快推进农业绿色发展的实施意见》，提出了一系列的实施意见。

2. 城市群发展状况

京津冀城市群包括北京、天津，河北的石家庄、唐山等 13 个地级及以上城市，以及任丘、涿州等 20 个县级城市（表 2-2），区域面积占全国陆地面积的 2.3%，人口占全国的 7.23%，形成了包括特大城市、大城市、中等城市和小城市在内的较为完整的城市群网络体系。2015 年中央城市工作会议从国家层面考虑，强调了发展城市群的政策取向，“十三五”规划确定将京津冀、长三角、珠三角建设成世界级城市群的战略目标。

表 2-2 京津冀城市群的城市行政等级构成

行政等级	个数	名称
直辖市	2	北京、天津
副省级市	1	石家庄
地级市	10	唐山、邯郸、保定、张家口、秦皇岛、廊坊、邢台、承德、沧州、衡水
县级市	20	任丘、涿州、迁安、三河、定州、高碑店、霸州、泊头、武安、河间、黄骅、新乐、遵化、辛集、南宫、沙河、安国、冀州、深州、晋州

王振坡等（2016）对京津冀城市群规模的演进进行了研究。他们采用等级钟理论、城市规模分布的齐普夫指数、城市首位度指数等分析了 1993 ~ 2013 年京津冀城市群的演进特征。结果表明，京津冀城市群不同等级的城市发展速度差异较大，超大城市数量增加，而特大城市和小城市数量有所减少，2006 年以后城市群大中小城市位次趋于稳

定，城市体系基本形成。在分析石家庄、唐山、邯郸三个城市的发展进程中，特别指出了唐山作为典型的资源型城市受制于传统产业结构而被石家庄赶超，而邯郸属于工业资源型城市，在电力、冶金、钢铁和白色家电生产上发展迅速，但由于高污染高能耗的特点经济发展趋缓。资源型小城市也都面临资源衰竭而带来的发展位次显著下降的特点。京津冀城市群内人口规模分布的不均衡，超大城市和特大城市发展明显快于中小城市，虹吸现象明显，两极分化相对严重，中小城市数量偏少且发展缓慢，表明城市体系的发育并不成熟。

从城市群规模演进动力看，以资源禀赋、区位条件和历史文化为表征的自然生长力在城市演进中起到重要作用。例如，迁安富含铁矿、钢铁产业聚集，城市规模扩大显著，位次上升迅速。而唐山、邯郸、邢台等历史性资源型城市则存在衰退的趋势，产业结构调整和优化势在必行。

以生活成本、公共服务、知识溢出、产业转型等表征的内生推动力也对城市发展起着重要作用。劳动密集型产业向区域内相对落后城市转移，资本密集型企业向交通便利的沿海港口城市及新兴矿业资源城市转移。

政府调控力作为外部动力，也对区域城市发展演进起到重要作用。例如，京津冀协同发展、首都功能疏解、天津滨海新区、自由贸易区、自主创新示范区等战略性政策实施，对天津的产业发展和转型升级的作用。

董微微和谌琦（2019）基于熵权法和变异系数，分析了 2013 ~ 2017 年京津冀 13 个地级以上城市发展的差距。虽然从整体上看，差距呈现下降趋势，但从人均 GDP、人均财政支出、万人卫生机构床位数等指标上看，京津冀城市群内的差距有扩大趋势。绿色发展和开放发展指数是推动京津冀区域城市群差距综合指数下降的主要动力，而城市群间协调发展、创新发展和共享发展差距呈扩大的趋势。

3. 京津冀协同发展的主要问题

京津冀地区产业结构趋同特征明显，其中京津两地产业同构性最强，津冀两地在制造业方面也存在一定的同构性。一方面是与地理位置邻近，资源禀赋相近有关，有一定的必然性和合理性；另一方面则是三地政府在经济规划中对区域协同发展考虑得不够，导致产能过剩和地区资源浪费，加剧地区间的竞争，影响区域协同发展。

北京的科技研发、商业、零售及相关服务业对整体经济发展影响较大，这与其国际级大都市及全国科技研发中心的地位相符；天津依托港口优势，其高端制造、物流仓储以及租赁商务处于网络的中心位置，奠定了其全国重要制造业基地和北方经济中心的地位；与前两个超大城市相比，河北的产业异构网络中能源生产与供应、金属制造等发挥着更大的支撑作用，体现出目前河北经济更多地依靠工业发展。

天津的化工业上下关联产业众多，波及范围最广，是天津经济发展的强力支撑。能源化工和制造业是其传统优势产业，发展速度放缓，对经济增长贡献呈下降趋势。天津经济发展的两大引擎是现代工业和服务业。其中，现代工业以能源化工和高端设备制造为代表。相比北京，天津的工业对经济发展发挥着更大的作用，其比例一直维持在50%左右，以专用设备制造业和电气机械制造业为代表的高端制造业对前端和后端产业的拉动作用强，对地区发展的带动效应明显。石油开采和化学工业等产业具有较强的纵深性，对下游产业支撑作用强。天津的服务业整体结构与北京相似，但科技服务业等方面落后于北京。

河北的钢铁冶炼与机械制造相关产业是其首要支柱产业。其装备制造业也在快速发展，2014 年首次突破万亿元大关，成为位居钢铁冶炼业之后位居第二的关键产业，但河北农业产业科技水平与附加值都较低，还处于农业大省而非农业强省的地位。

制造业方面，刘作丽和贺灿飞（2007）利用第一次全国经济普查数据分析京津冀各地的工业同构性，研究表明北京—天津—廊坊和唐山—邯郸—邢台的工业同构性比较严重，前者同构比较严重的产业市场潜力较大，且细分行业已经形成一定程度的分工；后者同构比较严重的产业则主要集中在资源密集型产业上，且细分行业的同构性也较为严重。孙久文和姚鹏（2015）利用专业化指数、SP 指数来计算京津冀一体化对制造业空间结构的影响，研究发现京津冀制造业形成了不同的制造业格局，北京正逐步将劳动密集型、资源密集型产业转移到河北与天津，逐步形成高新技术为主的制造业格局。鲁金萍等（2015）利用改进后的产业梯度系数对京津冀 30 个制造业的空间布局进行分析，认为受限于河北制造业发展水平较低，京津冀区域制造业的转移规模有限，未来需要结合自身定位与优势产业分布情况，采用产业联合转移和分工合作带动制造业结构调整与协同发展。

服务业方面，北京的服务业是其关键产业，包括批发零售、交通物流、住宿餐饮、金融、房地产、租赁商务和科技研发与服务等方面。金融、租赁商务和科技研发与服务成为其关键产业，表明北京服务业具有高科技、高资金和高人力资本特征，已经发展成为现代服务业。交通仓储的发达对保障现代服务业的发展提供了强力支撑。张旺和申玉铭（2012）运用基尼系数、主成分分析、区位熵等方法探讨京津冀生产性服务业空间集聚和行业特征，研究发现各地内部行业呈现集聚态势，专业化分工也较为明显。邱灵和方创琳（2013）运用空间基尼系数、赫芬达尔（Herfindahl）系数和空间自相关等方法对北京生产性服务业集聚情况进行了研究，发现生产性服务业就业人数在空间上呈现显著的相关性，地区间差异明显且不断扩大。席强敏和李国平（2015）利用 2003 ~ 2012 年京津冀面板数据测算了地区生产性服务业分工的空间特征和外溢效应，研究发现科技服务业和房地产业的外溢效应较为显著。周孝和冯中越（2016）对北京生产性服务业的集聚水平和资源禀赋等进行了探讨，进而基于投入产出表数据研究生产性服务业的产业关联程度，并提出推动生产性服务业差异化发展建议。

天津的批发零售、金融和租赁商务成为地区关键产业，表明天津已经从传统的人口密集型产业向资本密集型高端产业发展过渡。河北的服务业中交通物流成为关键产业，其承担的多是工业原料和制品的运输，与系统化、信息化、仓储现代化为一体的现代物流业发展目标还有较大差距。

河北的关键产业集中在采掘冶金和能源化工领域，其制造业尚未成为地区经济发展的关键推动力量。

制造业与生产性服务业的耦合协调对提高区域制造业竞争力具有显著影响。杜传忠等（2013）比较分析了2006～2011年京津冀与长三角的制造业与生产性服务业的耦合协调度，京津冀的耦合协调度水平总体低于长三角，且圈内耦合协调度不均衡性也较长三角高，导致制造业的竞争力明显低于长三角。在京津冀内部，北京协调度相对较高，天津次之，河北处于落后地位，仅处于勉强协调的阶段。

|第 3 章|　京津冀用水效率

3.1　各产业用水量

京津冀地区近 16 年用水量变化与用水比例变化情况如图 3-1 所示。2001 年以来，京津冀农业用水量和工业用水量都出现了显著下降，农业用水量下降了 42 亿 m^3，下降速度约为 2.6 亿 m^3/a，工业用水量下降了 9 亿 m^3，下降速度约为 0.56 亿 m^3/a。从用水结构上看，农业用水量仍是京津冀用水的主要部分，占总用水量的 60% 以上，农业用水量和工业用水量之和超过了总用水量的 80%。随着京津冀城镇化的快速发展，2001 年以来京津冀生活用水量显著上升了约 10 亿 m^3，上升速度约为 0.63 亿 m^3/a，在用水结构上，生活用水正在取代工业用水。工业用水比例下降的原因可能是工业结构从水资源密集型向水资源较少型转变，以及新水使用减少和循环利用技术的改进。随着我国对环境和可持续发展的关注越来越多，生态环境用水量以约 1.43 亿 m^3/a 的速度快速增长，从 0.3 亿 m^3 增长到 23.2 亿 m^3，在 16 年内增长了近 77 倍。京津冀总用水量下降的主要原因可能是耕地面积的减少、作物形态的转变或水分利用效率（water use efficiency，WUE）的提高导致农业生产耗水量减少，农业用水量的下降弥补了其他用水需求，如生活用水和生态环境用水。

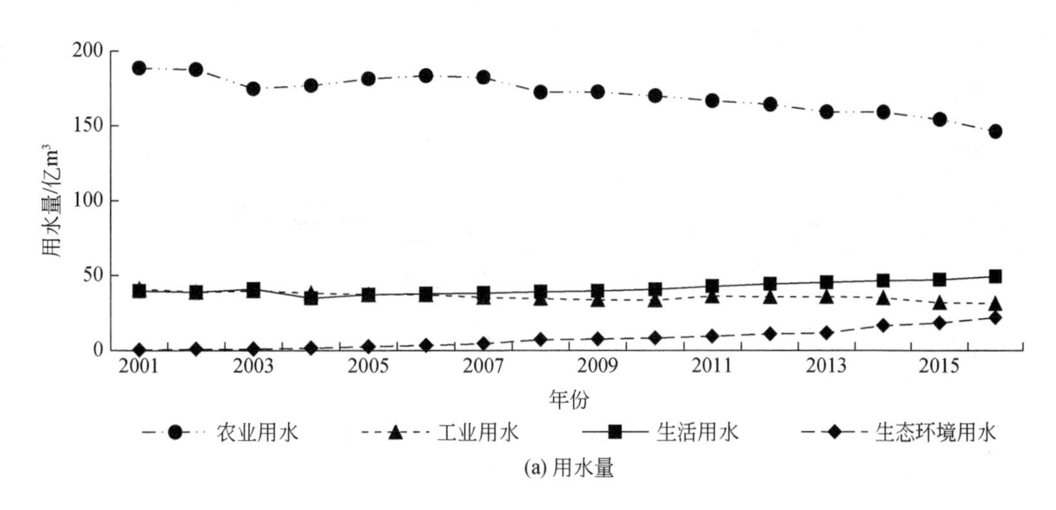

(a) 用水量

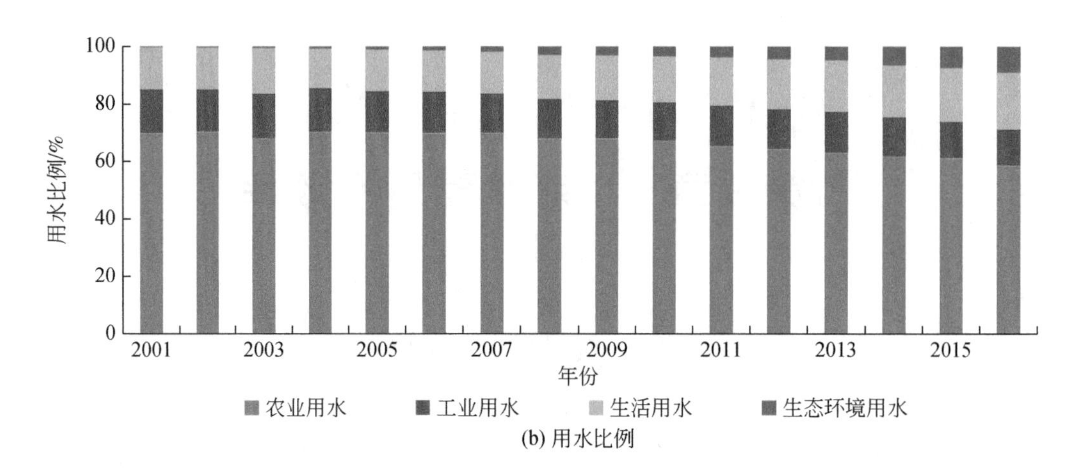

(b) 用水比例

图 3-1　京津冀用水量变化与用水比例变化

京津冀三地的城市发展模式不同，导致其具有不同的用水结构。北京作为首都城市，是我国政治、文化、教育中心，也是我国城镇化发展速度最快的城市。图 3-2 为北京 2001 ~ 2016 年总用水量的变化情况，可见北京总用水量有明显的增长，增长速度约为 0.15 亿 m^3/a。图 3-3 为北京 4 个主要产业部门用水量变化与用水比例变化情况，可见北京农业用水量在近 16 年间下降了 11 亿 m^3，下降趋势最明显，下降速度约为 0.69 亿 m^3/a，工业用水量也有明显的下降。北京是中国人口最多的城市，生活用水需求很大，逐渐成为主要的用水部门。随着人们对环境和可持续发展的重视，自 2012 年生态环境用水量开始超过工业用水量，用水结构发生明显的变化。在 21 世纪初，农业是主要的用水部门，自 2005 年以来逐渐被生活用水取代，2015 年之后生态环境用水也超过农业用水。目前，生活用水和生态环境用水占北京总用水量的 70% 以上，北京以可持续的方式集中发展先进工业和服务业，用水结构的变化与发展模式是一致的。

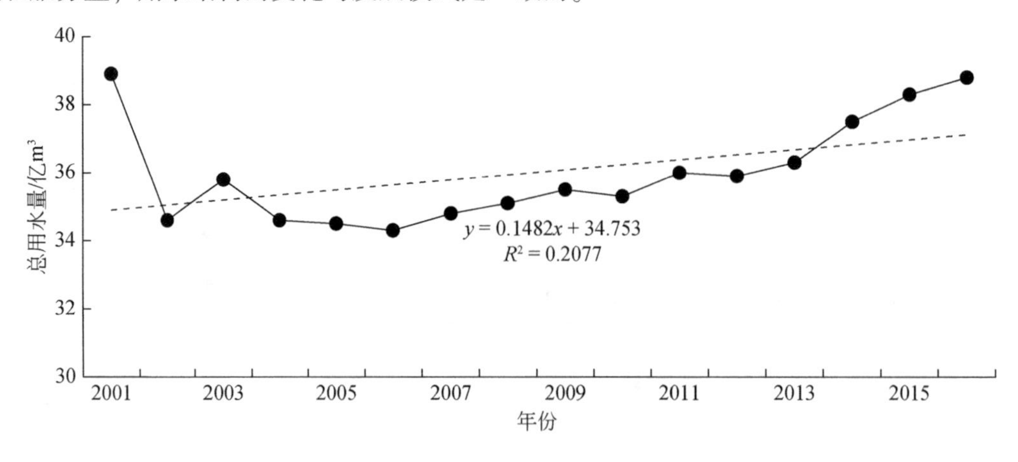

图 3-2　2001 ~ 2016 年北京总用水量

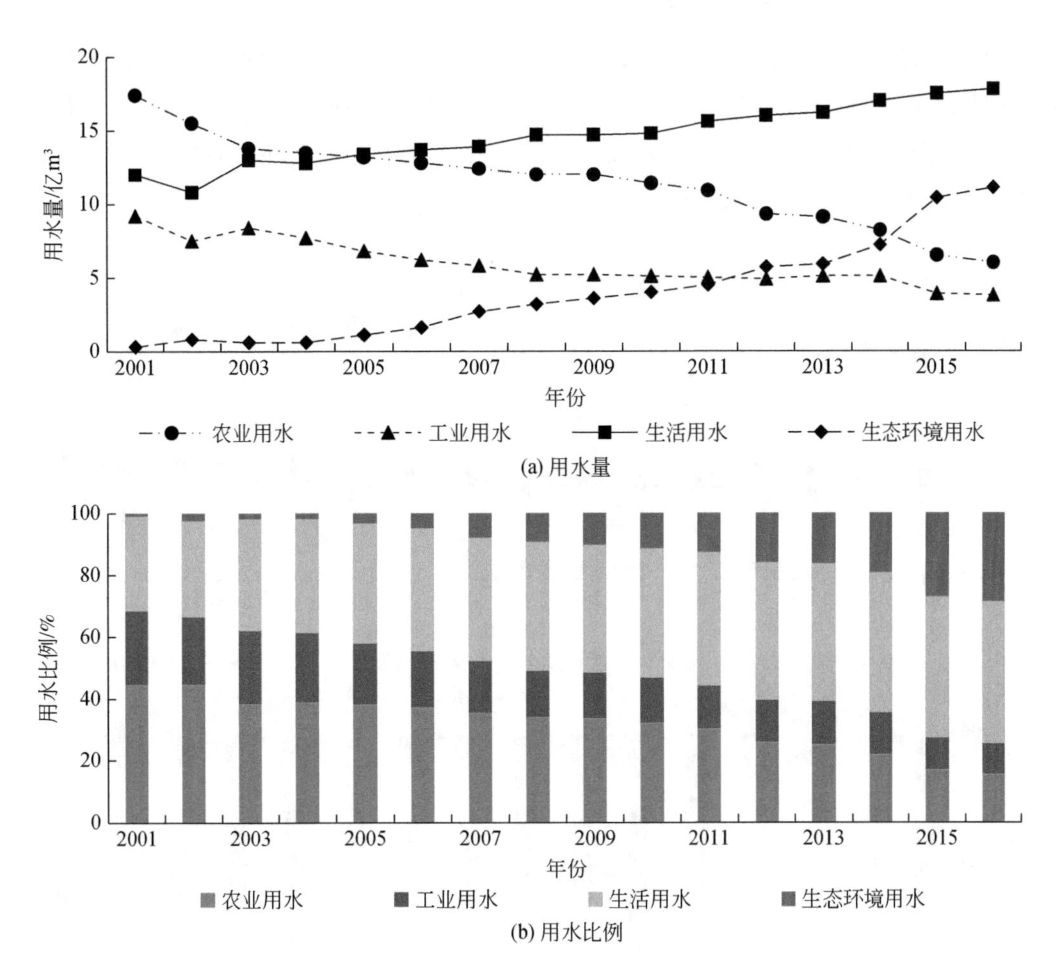

图 3-3　北京用水量变化与用水比例变化

如图 3-4 所示，天津总用水量呈现出明显的增长趋势。从天津 4 个主要产业部门用水

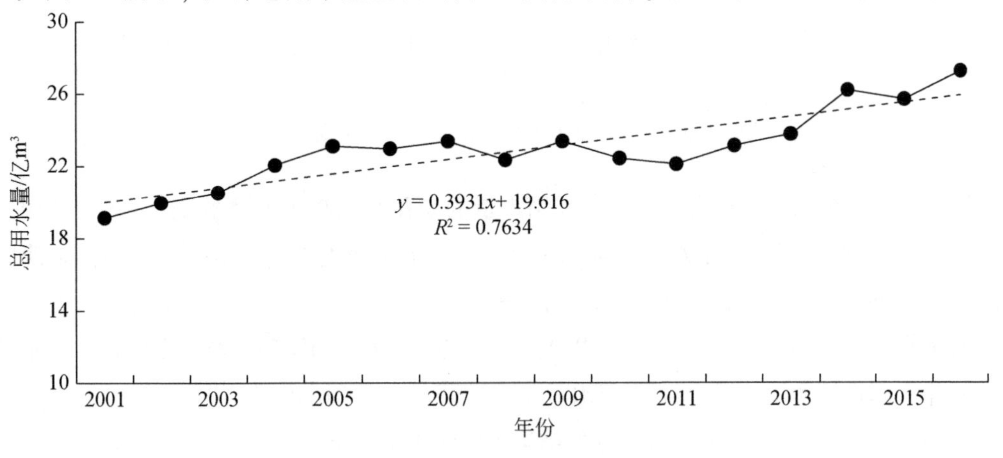

图 3-4　2001 ~ 2016 年天津总用水量

量与用水比例变化来看（图 3-5），农业、工业、生活和生态环境用水量在过去 16 年里呈现出增长趋势，与北京和河北相比，天津是唯一农业用水增加的地区。天津农业仍是用水大户，农业用水约占总用水量的 50%，工业是仅次于生活和生态环境的第二大用水大户，这也与其经济发展模式密切相关。

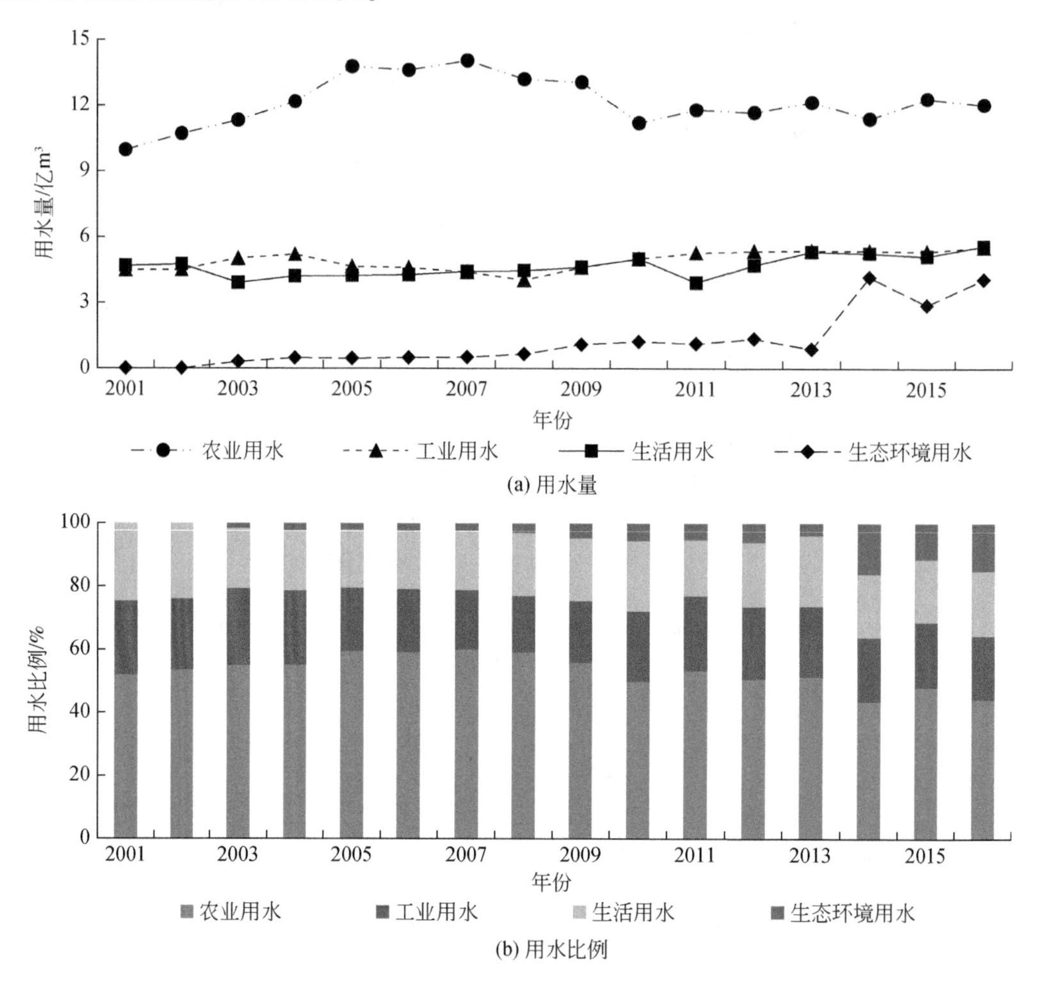

图 3-5　天津用水量变化与用水比例变化

河北是京津冀用水量最大的地区，其用水量的变化与京津冀整体的变化相似。如图 3-6 所示，近 16 年来，河北总用水量下降约 30 亿 m^3，下降速度约为 1.88 亿 m^3/a，京津冀地区总用水量下降的主要原因是河北的总用水量下降。如图 3-7 所示，农业用水一直是河北主要的用水大户，占总用水量的 70% 以上，但在过去 16 年里河北农业用水量有明显的下降，弥补了其他用水的需求。工业用水量也有下降趋势，但与农业用水量相比下降幅度较小，这可能是工业升级或工业模式转变的结果。生活用水量小幅上升，约为 0.19 亿 m^3/a，这符合河北城镇化进程相对慢于北京、天津的情况。

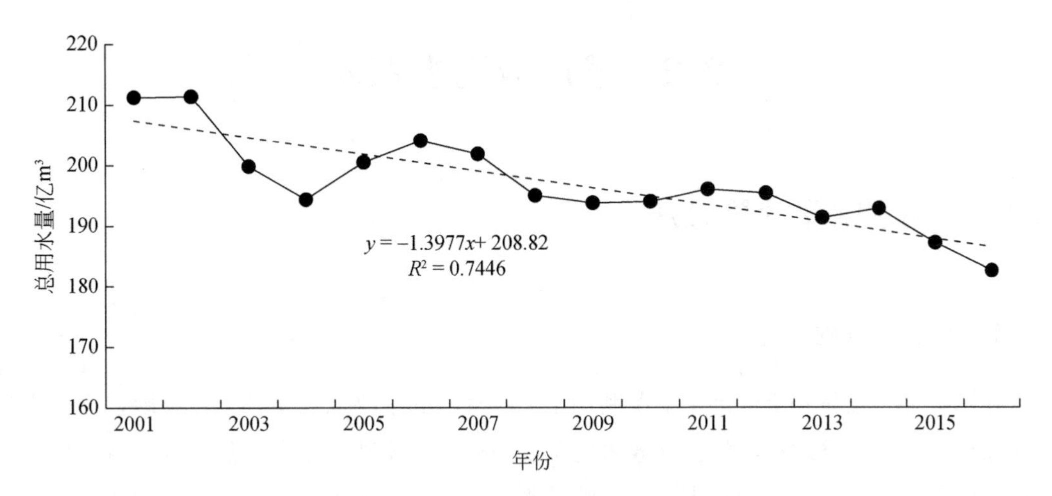

图 3-6　2001 ~ 2016 年河北总用水量

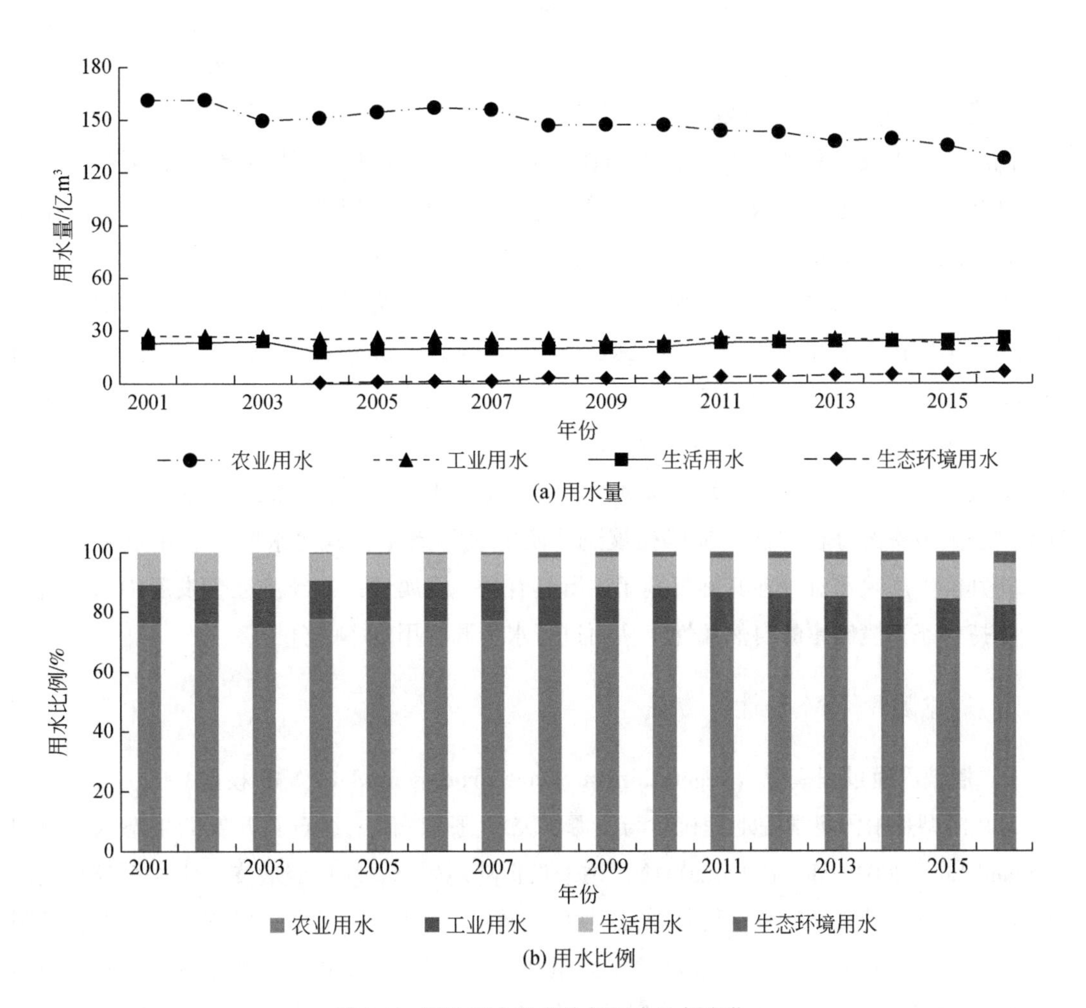

图 3-7　河北用水量变化与用水比例变化

3.2 各产业用水效率

3.2.1 用水效率计算方法

1. 用水效率的概念

用水效率是衡量一个地区水资源利用水平和管理的重要综合指标，是反映社会生产过程中水资源的规划管理和经济活动效果的重要指标，也体现了水资源价值的实现程度。现有的工业和农业水资源利用效率通常能够分别反映水资源利用的技术效率和配置效率。水资源利用的技术效率是指水资源利用的最大能力，即在一定的投入成本条件下所能创造的最大产出效益的能力；配置效率是指在一定的技术水平条件下，为实现效益最大化各投入要素最优配置的能力。用水效率受社会发展体系和生态环境体系的共同作用，它既是一个经济问题，追求投入和产出的最大价值比，同时也是一个生态环境问题，必须对经济效益、社会效益及生态环境效益进行综合考虑，必须把所有的因素考虑到并且在实践中做好，只有这样才能真正地提高用水效率，获得效益与产能的长足发展。

可以简单地将用水效率理解为在一定的技术条件下和给定投入要素条件下水资源利用投入与产出的比率。经济学相关理论提出了生产函数（production function）或生产前沿（production frontier）的概念，其建立起一个行业或部门在一定时期某种技术可能性下多种投入（如劳动力、生产资料）与多种产出之间的关系，结合计量经济学和运筹学等方法，实现对效率和生产率的分析。水资源利用也可以综合工业、农业、能源产业及商业等领域对不同要素效率的分析方法，加以拓展到水资源利用效率，构建水资源利用效率集合指标，使其能够反映水资源在其开发利用中所具有的多重属性，如经济社会发展中的价值属性和维持生态环境健康的自然属性，从而进行水资源利用效率的分析。

2. 京津冀用水效率计算方法

1）植被界面过程模型（vegetation interface process model，VIP 模型）

VIP 模型是中国科学院地理科学与资源研究所莫兴国研究组自主开发的生态水文模型（Mo and Liu，2001；Mo et al.，2004），用来模拟陆地生态系统能量收支、水文循环和碳氮循环的生态水文动力学过程，已从单点尺度扩展到流域及区域尺度。以降水、气温、日照时数、相对湿度和大气压等气象要素作为驱动数据，利用 DEM、土壤类型、土地利用类型和植被类型等数据，采用 VIP 模型模拟华北平原1980～2013 年的净初级生产力（net primary productivity, NPP）和实际蒸散发（actual evapotran-spiration, ET_a），经涡度相关数据和作物产量统计数据的验证，模拟精度较好，详细的模型设置和模拟验证参见文献 Mo 等（2017）。

据此，获得基于 VIP 模型的作物水分利用效率（WUE），即作物净初级生产力（NPP）和实际蒸散发（ET_a）的比值。

$$WUE = \frac{NPP}{ET_a} \tag{3-1}$$

2）数据包络分析（data envelopment analysis, DEA）模型

DEA 是一种用于评价同类可比对象间技术效率的无参数分析方法。水资源利用的技术效率可以从投入和产出两个方面进行衡量：在既定水资源投入下，产出越高则效率越高；或在既定的产出水平下，水资源的投入越小效率越高。因此，在现有的农业、工业的用水效率评价中，常以产出与水资源的投入比值作为衡量水资源利用效率的指标，表征单位水资源投入下的产出或单位产出下的水资源投入。若将其标准化，即可得到介于 0 ~ 1 的无量纲数值，便于进行比较。

设一共有 n 个评价单元，称为决策单元（decision making unit, DMU），每个 DMU 有 m 种投入和 q 种产出，分别表示为 x_i（$i=1, 2, \cdots, m$）和 y_r（$r=1, 2, \cdots, q$），则基于投入导向的规模报酬不变（constant return to scale, CRS）的 DEA 模型可表示为

$$\begin{aligned} &\min\theta \\ &\text{s. t. } \sum_{j=1}^{n} \lambda_j x_{ij} \leqslant \theta x_i \\ &\sum_{j=1}^{n} \lambda_j y_{rj} \geqslant y_r \\ &\lambda \geqslant 0 \\ &i=1,2,\cdots,m; r=1,2,\cdots,q; j=1,2,\cdots,n \end{aligned} \tag{3-2}$$

式中，θ 为效率值，介于 0 ~ 1，若 $\theta=1$，则该决策单元技术有效。

DEA 模型可以确定生产前沿面，位于生产前沿面上方的决策单元为技术有效，位于生产前沿面下方的决策单元则需对包含水资源在内的各种投入要素进行调整。DEA 模型得出的用水效率是在投入产出概念下，以地区产业用水高效单元所构成的生产前沿面为参考，比较各城市实际产业用水与最优产业用水得出的效率（龙学智等，2019）。

3.2.2 用水效率变化特征

1. 趋势变化特征

京津冀长期以来面临着严重的缺水问题，严重的水资源浪费和污染现象使得缺水问题

更加严峻，提高用水效率是解决水资源短缺问题的关键（杜朝阳和于静洁，2018）。选取万元 GDP 用水量、万元工业增加值用水量、管网漏损率、人均日生活用水量、污水处理率、WUE 六项用水效率指标，分别从综合、工业、生活、生态、农业五个方面分析京津冀水资源利用效率的时空变化特征，研究时段统一为 2002 ~ 2017 年。姚亭亭和刘苏峡（2021）对京津冀万元 GDP 用水量、万元工业增加值用水量、管网漏损率、人均日生活用水量、污水处理率和 WUE 六项用水效率指标进行了 Mann- Kendall 突变点检验（图 3-8），结果显示，仅天津万元 GDP 用水量、北京管网漏损率、河北人均日生活用水量在 0.05 显著性水平内存在突变点，突变年份分别为 2007 年、2005 年、2006 年。可以看出，天津万元 GDP 用水量在突变后呈现上升趋势，北京管网漏损率在突变前后均呈现增长趋势，但突变发生后增长趋势开始显著，河北人均日生活用水量在突变前后均呈现下降趋势，但突变发生后下降趋势开始显著。其他指标在 0.05 显著性水平内未检测到突变点。在 2013 年左右天津 GDP 上升的同时，总用水量大幅增加，导致万元 GDP 用水量显著上升，用水效率显著下降。整个北京自来水管网老化情况非常严重，随着使用年限的增加，管道老化漏水现象更加严重，2011 年以后北京对城市管线进行了改造，并在城市核心区、重要部位的供水管线上安装了电子漏水监测记录仪，管网漏损率的上升趋势有所缓解，但是漏损水量仍在增加。河北在 2016 年发布了新的用水定额标准，规定城镇居民生活用水定额 50 ~ 140L/(人 · d)，农村居民生活用水定额 40 ~ 60L/(人 · d)。

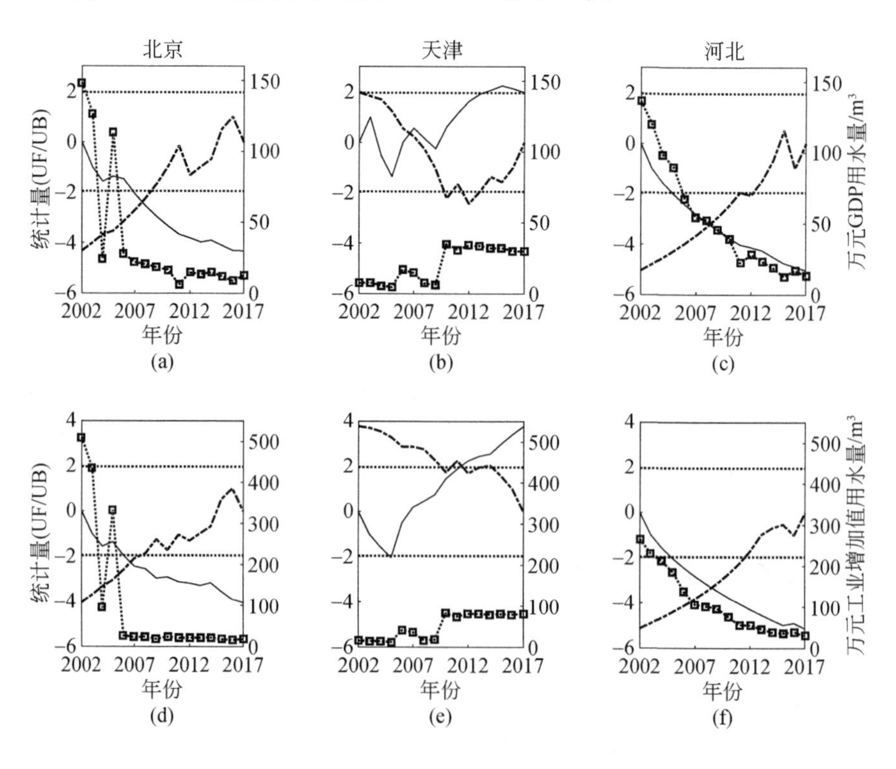

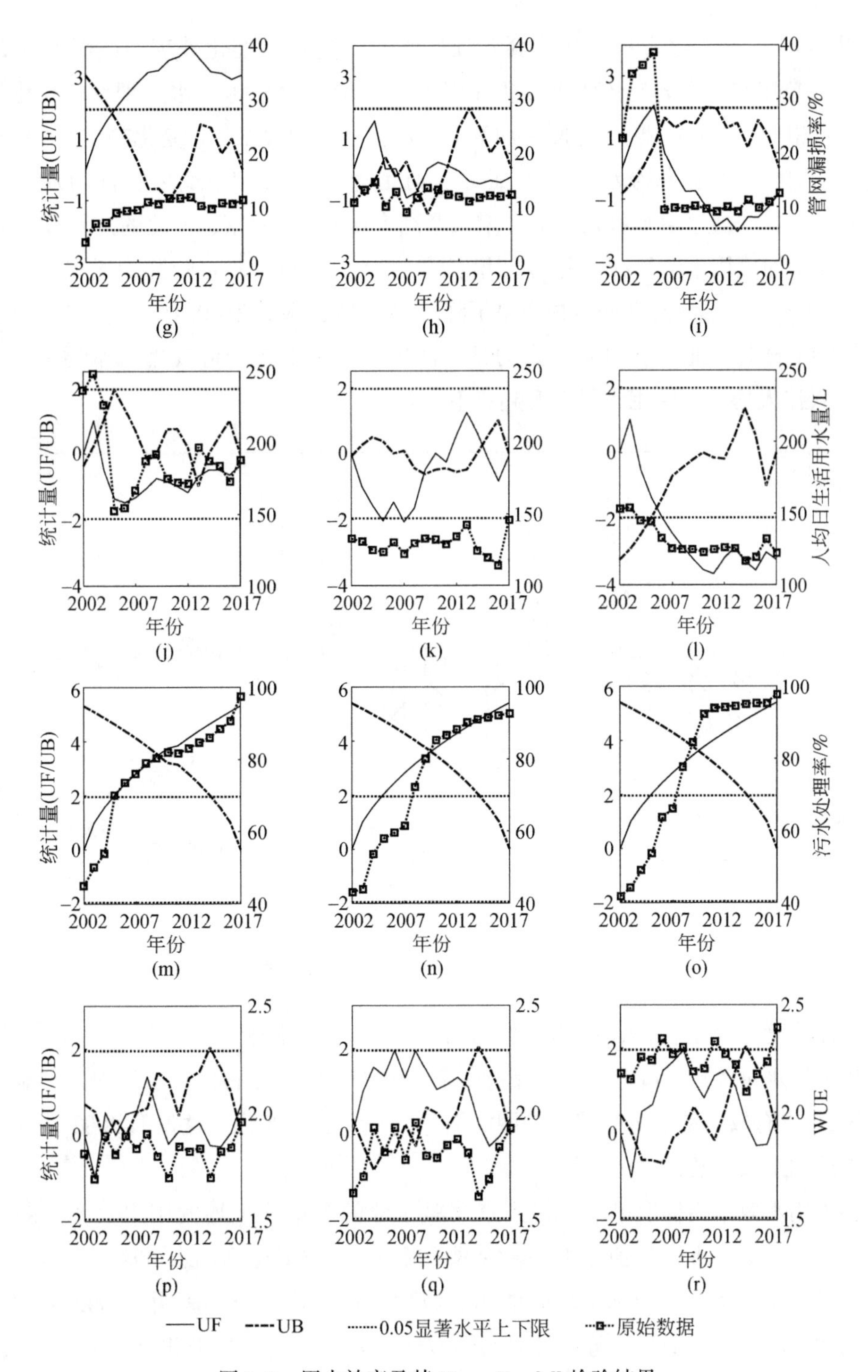

图 3-8　用水效率及其 Mann-Kendall 检验结果

从上到下每行分别对应万元 GDP 用水量、万元工业增加值用水量、管网漏损率、人均日生活用水量、污水处理率、WUE；从左到右每列分别为北京、天津、河北的用水效率及其 Mann-Kendall 检验结果

采用 Z-score 标准化方法对京津冀各项用水效率进行标准化处理，进而得到 2002 ~ 2017 年京津冀用水效率的趋势变化特征（图 3-9）。京津冀三地污水处理率的变化趋势很接近，有着相近的增长趋势（增长率约为 0.20）；京津冀 WUE 的变化趋势也比较接近，都有小幅的增长（增长率约为 0.02），北京、河北增长率略大于天津；天津的万元 GDP 用水量、万元工业增加值用水量在增加（增长率约为 0.18），北京、河北的万元 GDP 用水量和万元工业增加值用水量呈减少趋势（增长率约为-0.20）；北京管网漏损率呈上升趋势（增长率约为 0.15），河北管网漏损率呈下降趋势（增长率约为-0.15），天津管网漏损率的下降趋势不显著；北京、河北的人均日生活用水量呈下降趋势（增长率约为-0.09 和-0.17），天津人均日生活用水量上升趋势不显著。

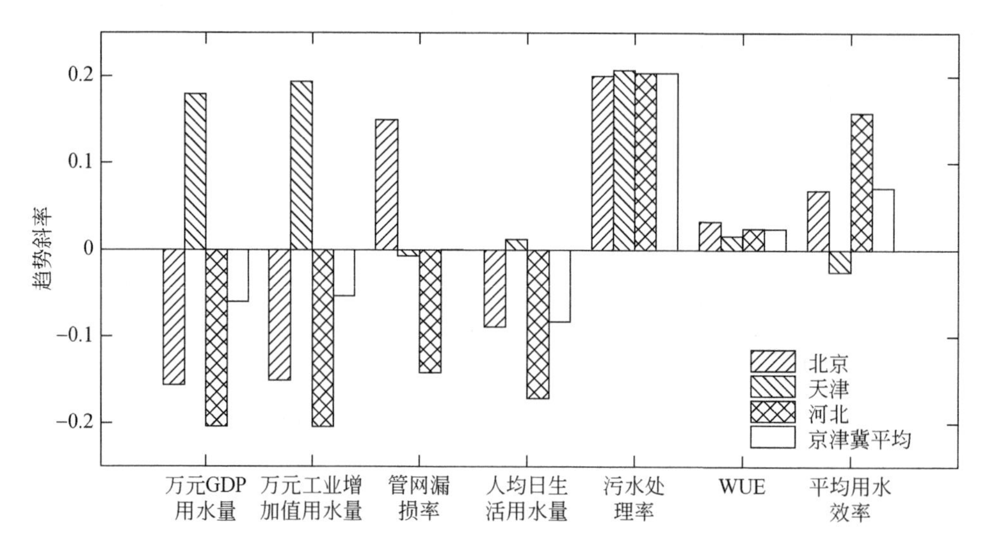

图 3-9　2002 ~ 2017 年京津冀用水效率的趋势变化

将京津冀看作一个整体，京津冀平均的万元 GDP 用水量、万元工业增加值用水量、人均日生活用水量都有下降趋势，且下降的斜率都在-0.05 左右，污水处理率有显著上升趋势，WUE 也有较小的上升趋势，管网漏损率几乎无趋势变化。这说明 2002 ~ 2017 年京津冀整体的用水效率总体呈上升趋势。

将各项用水效率指标取平均，得到京津冀三地的多指标平均的用水效率。由于万元 GDP 用水量、万元工业增加值用水量、管网漏损率、人均日生活用水量这四个指标与用水效率之间是反向关系，在指标平均时取相反数后进行平均。结果表明，2002 ~ 2017 年北京、河北的用水效率呈增长趋势，且河北的增长（0.16）明显高于北京（0.07），天津的用水效率呈下降趋势（-0.03）。天津用水效率的下降主要体现在万元 GDP 用水量和万元工业增加值用水量的显著增长，2010 年前天津万元 GDP 用水量与万元工业增加值用水量都处于较低的水平，但是 2010 年后由于总用水量大幅增加，用水效率出现上升趋势。北京用水效率增长趋势比河北小，主要是因为管网漏损率呈相反的变化趋势，北京城市管网老化严重，使得北京管网漏损率呈上升趋势，而河北管网漏损率呈不断下降趋势。

2. 空间变化特征

京津冀万元 GDP 用水量、万元工业增加值用水量、管网漏损率、人均日生活用水量、污水处理率和 WUE 6 项用水效率指标表征了不同行业部门的用水效率，如图 3-10 所示，各效率指标在空间上存在较大的差异。河北万元 GDP 用水量较高的地区分布在秦皇岛、唐山、保定、邢台、邯郸等地区，沧州、衡水地区万元 GDP 用水量最低，北京、天津及河北北部等大部分地区万元 GDP 用水量集中分布在 8.6 ~23.6m³。万元工业增加值用水量较高的地区分布在秦皇岛、唐山、保定、邢台等地区，北京、沧州、衡水地区万元工业增加值用水量较低，天津、石家庄及河北北部地区万元工业增加值用水量主要集中分布在

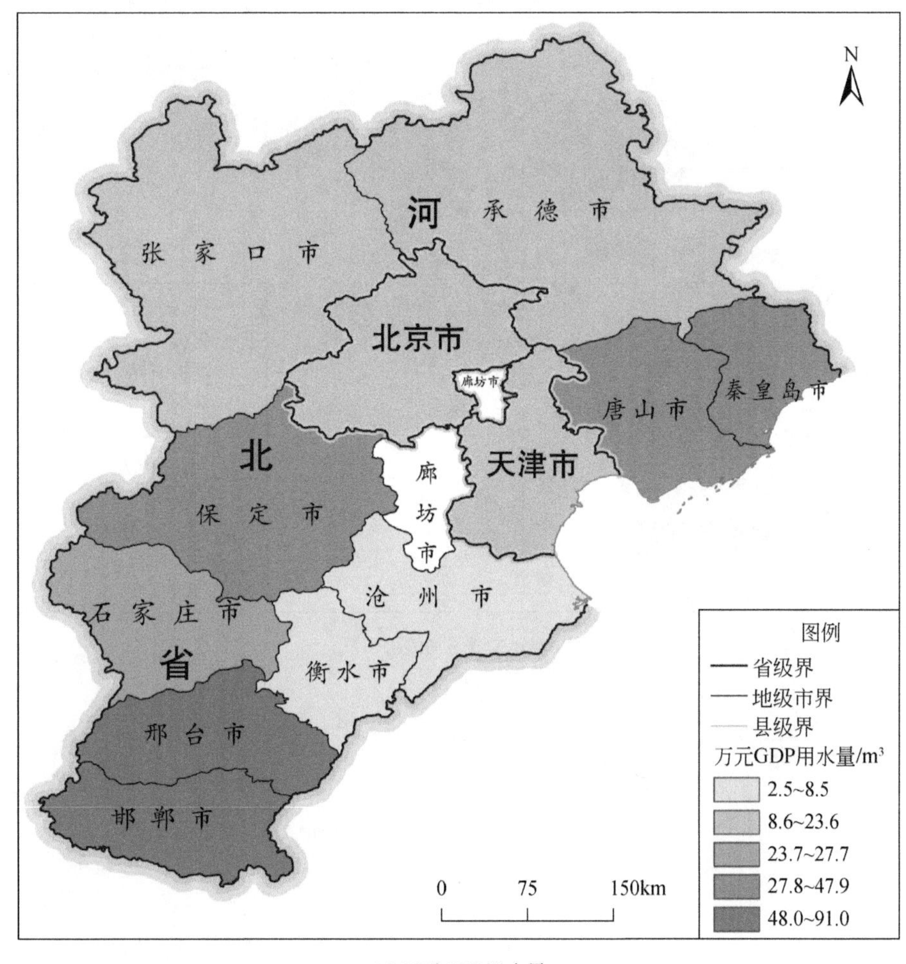

(a) 万元GDP用水量

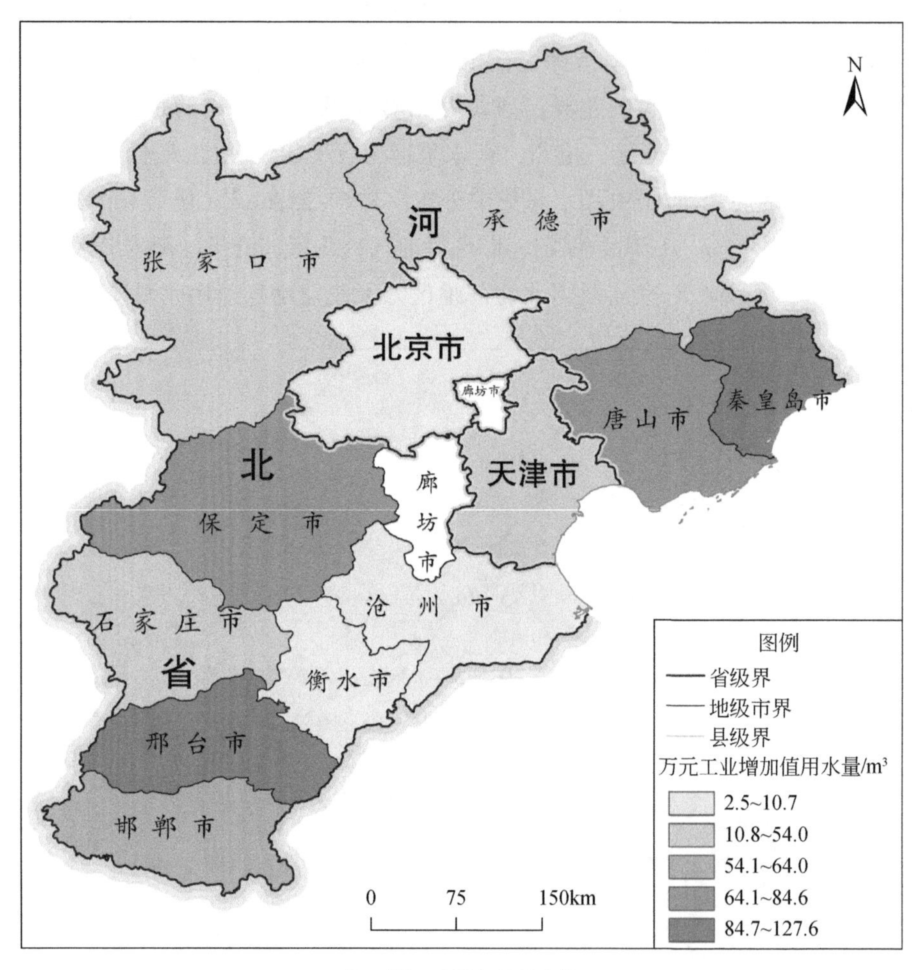

(b) 万元工业增加值用水量

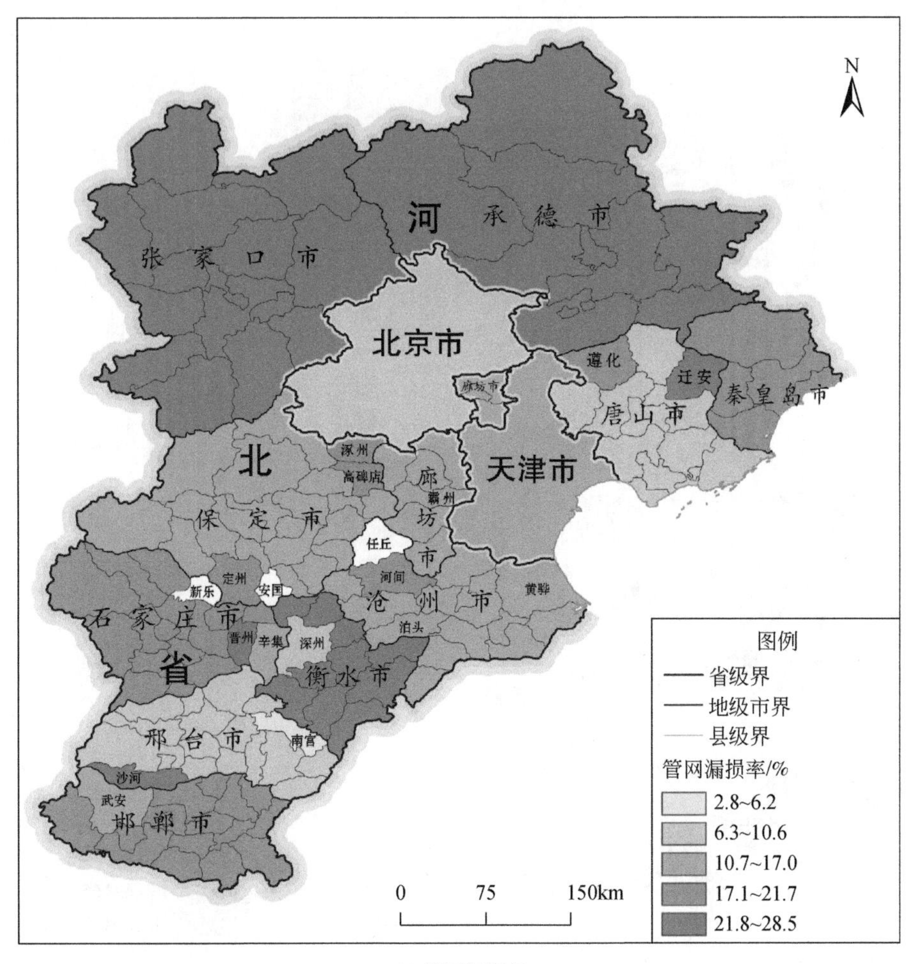
N
河
承 德 市
张 家 口 市
北京市
遵化
迁安
廊坊市
秦皇岛市
唐山市
北
涿州
高碑店
廊
天津市
霸州
保 定 市
坊
任丘
市
定州
河间
新乐
安国
黄骅
沧 州 市
石 家 庄 市
晋州
辛集
深州
泊头
省
衡 水 市
邢 台 市
南宫
沙河
武安
邯 郸 市
0
75
150km
图例
省级界
地级市界
县级界
管网漏损率/%
2.8~6.2
6.3~10.6
10.7~17.0
17.1~21.7
21.8~28.5
(c) 管网漏损率

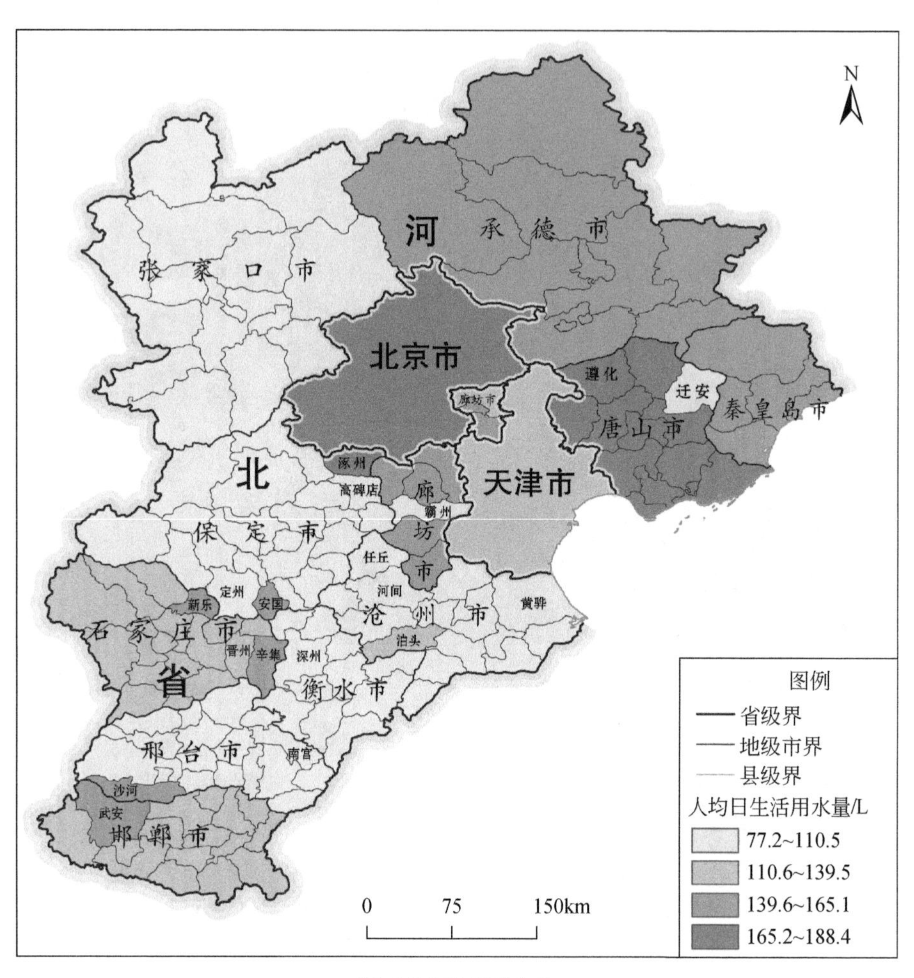

N
河
承德市
张家口市
北京市
遵化
迁安
廊坊市
唐山市
秦皇岛市
涿州
北
高碑店
廊
天津市
霸州
保定市
坊
任丘
市
定州
河间
新乐
安国
黄骅
石家庄市
沧州市
晋州
辛集
泊头
深州
省
衡水市
邢台市
南宫
沙河
武安
邯郸市
0
75
150km
图例
省级界
地级市界
县级界
人均日生活用水量/L
77.2~110.5
110.6~139.5
139.6~165.1
165.2~188.4

(d) 人均日生活用水量

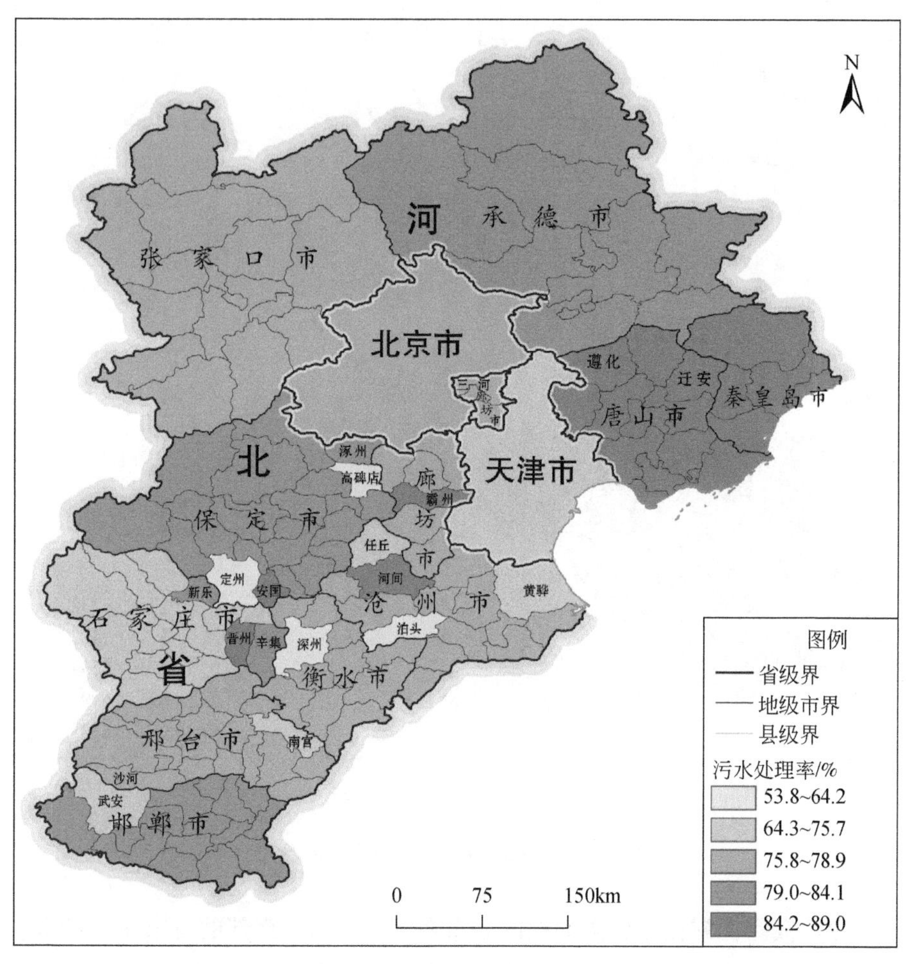
N
河
承德市
张家口市
北京市
三河
燕郊
坊市
遵化
迁安
秦皇岛市
唐山市
涿州
高碑店
天津市
北
廊
霸州
保定市
坊
任丘
市
定州
新乐
安国
河间
沧州市
黄骅
石家庄市
泊头
晋州
辛集
深州
省
衡水市
邢台市
南宫
沙河
武安
邯郸市
0
75
150km
图例
省级界
地级市界
县级界
污水处理率/%
53.8~64.2
64.3~75.7
75.8~78.9
79.0~84.1
84.2~89.0

(e) 污水处理率

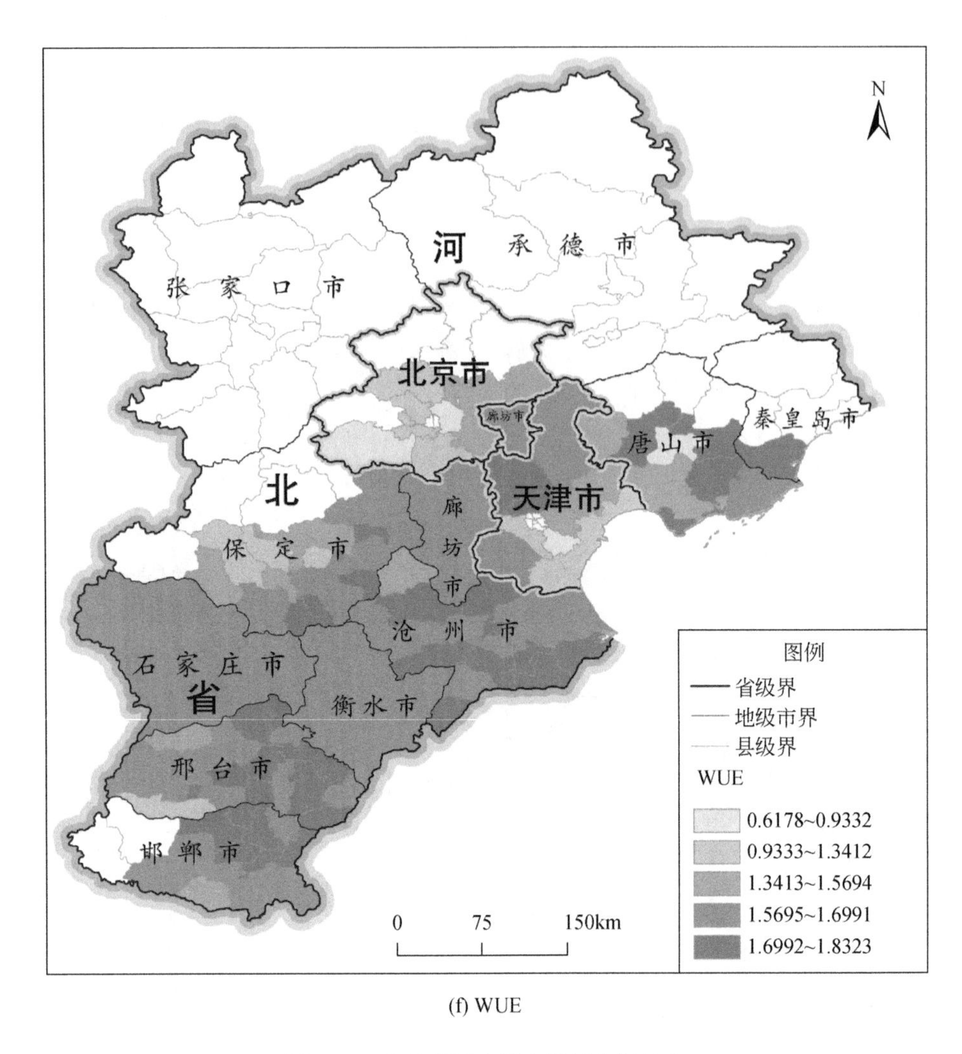

(f) WUE

图 3-10　京津冀用水效率指标空间分布

20 ~ 30m³。京津冀管网漏损率较高的地区分布在河北北部、南部的石家庄、衡水、邯郸等地区，其中张家口、承德、衡水等地区管网漏损率均大于21%，管网漏损率较低的地区分布在北京、唐山、任丘、新乐、南宫等中部地区，均小于12%。京津冀人均日生活用水量较高的地区集中分布在东北地区，其中北京、唐山、涿州人均日生活用水量最高，人均日生活用水量较低的地区主要分布在西北部、中部地区。京津冀全区污水处理率处于较高的水平，污水处理率较高的地区大多分布在北部地区，高碑店、定州、深州、泊头地区污水处理率较低。京津冀 WUE 90% 的区域集中在 1. 3413 ~ 1. 8323，空间分布较为散乱，较大值出现在天津武清区和北辰区、邯郸、滦州、深州等地区，较小值出现在北京、天津津南区和塘沽区、保定南部、唐山东部等地区。

3.3 水资源利用效率的影响因素

应用 Copula 函数理论分别建立作物水分利用效率（water use efficiency，WUE）与作物净初级生产力（net primary productivity，NPP）、作物实际蒸散发（actual evapotranspiration，ET_a）、年平均气温（annual mean temperature，T_{mean}）、年降水量（annual precipitation，P_{re}）、年日照时数（sunshine duration，Sun）5 个驱动因子的 5 组联合分布，采用条件概率分析研究 WUE 与 NPP、ET_a、T_{mean}、P_{re}、Sun 5 个驱动因子的关系，建立 WUE 相对于上述各因子的 Copula 谱系，探索 WUE 的驱动关系。

对 WUE、NPP、ET_a、T_{mean}、Sun 和 P_{re} 6 个随机变量 34 年时间序列数据，分别以正态分布、Gamma 分布、GEV 分布、EV 分布和 Logistic 分布对 6 个随机变量进行边缘分布拟合。对于每一个随机变量而言，5 种备选边缘分布函数拟合结果的 K-S 检验统计量 D_n 均小于 $D_{34,0.01}$，在 1% 显著性水平下通过 K-S 检验，表明 5 种备选边缘分布函数均能用于拟合 WUE 等 6 个随机变量的分布（表 3-1）。以均方根误差（root mean square error，RMSE）作为评价边缘分布拟合情况的依据，RMSE 越小则拟合结果越好。不难发现 WUE、NPP 和 ET_a 3 个 VIP 模型模拟的变量分别用 EV 分布、正态分布和 Logistic 分布能够较好地拟合其边缘分布，而 T_{mean}、Sun 和 P_{re} 3 个气象要素则均能通过 GEV 分布实现较好的边缘分布拟合。WUE、NPP、ET_a、T_{mean}、P_{re}、Sun 6 个随机变量的边缘分布函数的拟合情况如图 3-11 所示，相应的边缘分布函数及参数见表 3-2。柱状图为各随机变量观测样本的概率密度，表示为区间内样本量与样本总量的比值再除以区间长度，柱状图面积的总和等于 1；点划线是根据 RMSE 最小准则所选定的边缘分布函数计算的概率密度函数，不难发现，概率密度函数能够较好地反映各随机变量的概率分布情况。图 3-11 中虚线表示各随机变量的经验频率，实线则表示边缘分布函数拟合的理论累积概率，结果表明根据 RMSE 最小准则所选定的边缘分布函数拟合情况较好，参数估计合理，因此，WUE、NPP 和 ET_a 分布服从 EV 分布、正态分布和 Logistic 分布，T_{mean}、Sun 和 P_{re} 服从 GEV 分布。

表 3-1　1980～2013 年作物水分利用效率及相关变量边缘分布假设检验

变量名称	正态分布		Gamma 分布		GEV 分布		EV 分布		Logistic 分布	
	D_n	RMSE	D_n	RMSE	D_n	RMSE	D_n	RMSE	D_n	RMSE
作物水分利用效率	0.105***	0.052	0.111***	0.055	0.073***	0.033	0.058***	**0.027**	0.086***	0.046
作物净初级生产力	0.058***	**0.031**	0.065***	0.032	0.086***	0.036	0.105***	0.045	0.062***	0.031

续表

变量名称	正态分布		Gamma 分布		GEV 分布		EV 分布		Logistic 分布	
	D_n	RMSE	D_n	RMSE	D_n	RMSE	D_n	RMSE	D_n	RMSE
作物实际蒸散发	0. 110 ***	0. 044	0. 110 ***	0. 044	0. 087 ***	0. 047	0. 094 ***	0. 050	0. 107 ***	**0. 043**
年平均气温	0. 056 ***	0. 028	0. 056 ***	0. 029	0. 079 ***	**0. 025**	0. 095 ***	0. 034	0. 081 ***	0. 028
年日照时数	0. 073 ***	0. 030	0. 078 ***	0. 030	0. 064 ***	**0. 030**	0. 112 ***	0. 046	0. 083 ***	0. 033
年降水量	0. 051 ***	0. 024	0. 060 ***	0. 030	0. 042 ***	**0. 021**	0. 082 ***	0. 033	0. 057 ***	0. 031

注：针对每个变量，5 个备选边缘分布函数的拟合结果中 RMSE 最小的加粗表示，表明拟合结果最优，相应的边缘分布函数用于描述变量的概率分布情况。

*** 表示在 1% 的显著性水平下通过 K-S 检验。

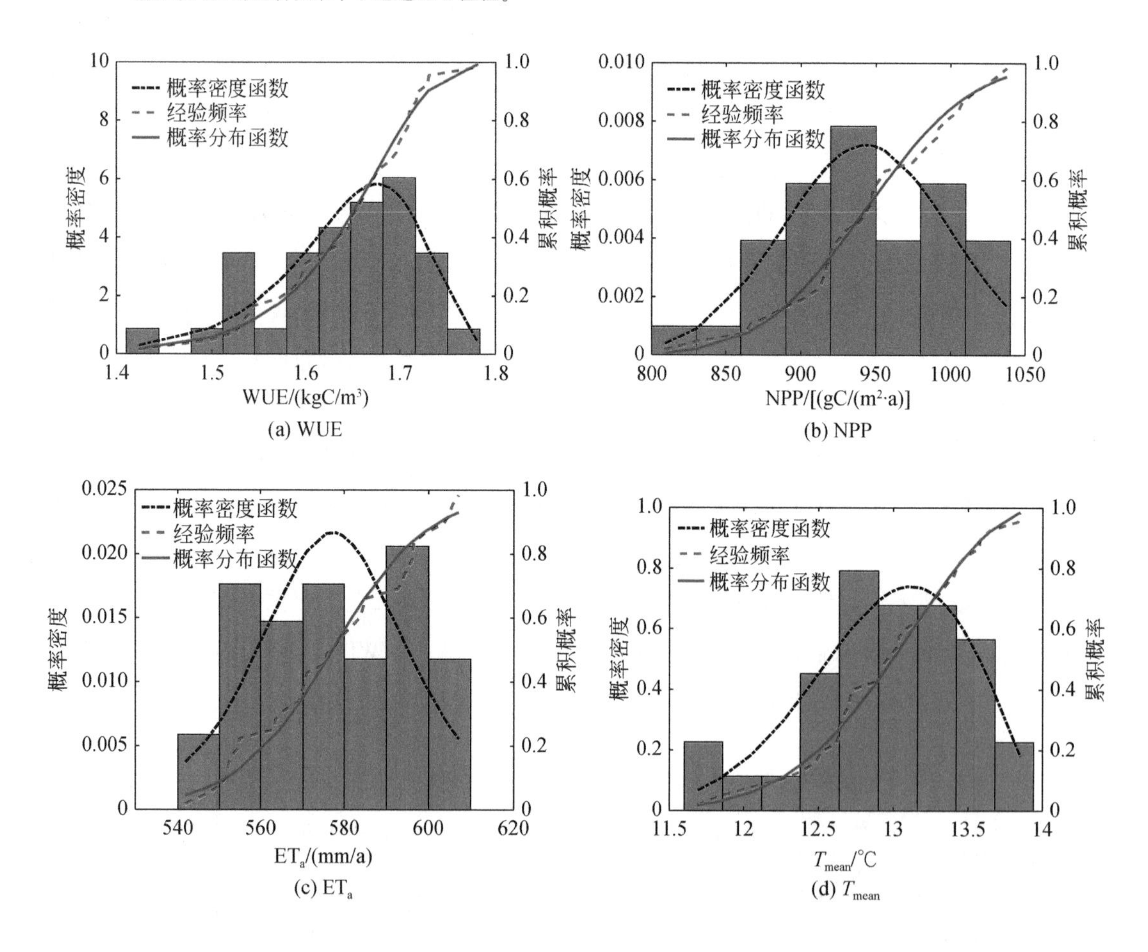

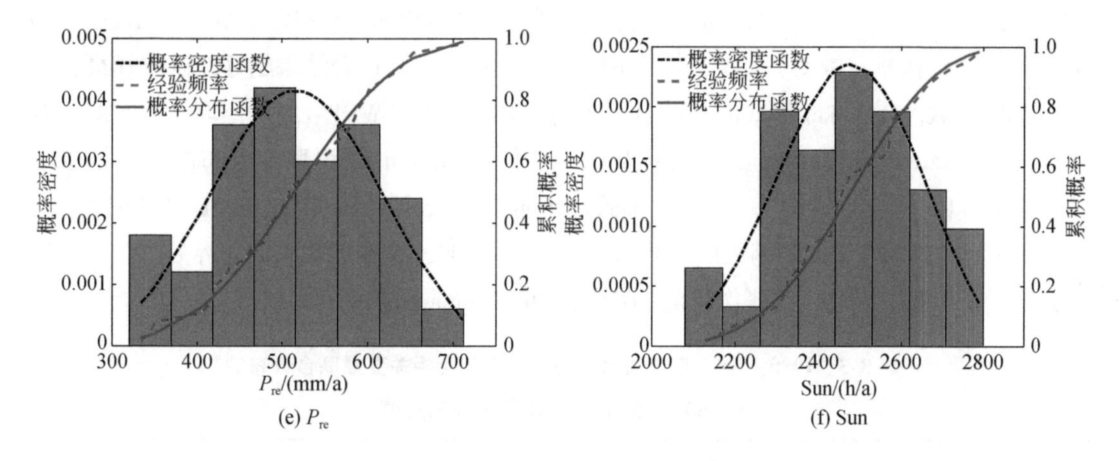

图 3-11 各影响因素的概率分布拟合

表 3-2 1980～2013 年作物水分利用效率及相关变量边缘分布函数

变量名称	概率密度函数	参数估计值
作物水分利用效率	$f(x)=\sigma^{-1}\exp\left(\frac{x-\mu}{\sigma}\right)\exp\left[-\exp\left(\frac{x-\mu}{\sigma}\right)\right]$	$\mu=1.68$，$\sigma=0.063$
作物净初级生产力	$f(x)=\frac{1}{\sigma\sqrt{2\pi}}\exp\left[\frac{-(x-\mu)^2}{2\sigma^2}\right]$	$\mu=943.34$，$\sigma=55.45$
作物实际蒸散发	$f(x)=\frac{\exp\left(\frac{x-\mu}{\sigma}\right)}{\sigma\left[1+\exp\left(\frac{x-\mu}{\sigma}\right)^2\right]}$	$\mu=577.15$，$\sigma=11.53$
年平均气温	$f(x)=\frac{1}{\sigma}\exp\left[-\left(1+k\frac{x-\mu}{\sigma}\right)^{\frac{-1}{k}}\right]\left[1+\left(k\frac{x-\mu}{\sigma}\right)^{-1-\frac{1}{k}}\right]$	$k=-0.47$，$\sigma=0.57$，$\mu=12.81$
年日照时数	$f(x)=\frac{1}{\sigma}\exp\left[-\left(1+k\frac{x-\mu}{\sigma}\right)^{\frac{-1}{k}}\right]\left[1+\left(k\frac{x-\mu}{\sigma}\right)^{-1-\frac{1}{k}}\right]$	$k=-0.34$，$\sigma=166.58$，$\mu=2414.43$
年降水量	$f(x)=\frac{1}{\sigma}\exp\left[-\left(1+k\frac{x-\mu}{\sigma}\right)^{\frac{-1}{k}}\right]\left[1+\left(k\frac{x-\mu}{\sigma}\right)^{-1-\frac{1}{k}}\right]$	$k=-0.32$，$\sigma=92.76$，$\mu=481.95$

Copula 函数能够连接两个随机变量的边缘分布函数，从而构建两变量联合分布函数。选用 Gaussian、Frank、AMH（Ali-Mikhail-Haq）、FGM（Farlie-Gumbel-Morgenstern）、Cubic 5 种形式的 Copula 函数，构建 WUE-NPP、WUE-ET_a、WUE-T_{mean}、WUE-P_{re}、WUE-Sun 5 组两变量联合分布函数。采用 MvCAT 工具箱的 MCMC 方法估计 Copula 函数待定参数 θ，并进行 K-S 检验，结果见表 3-3。对于WUE-NPP 等 5 组联合分布而言，在 1% 的显著性水平下，Gaussian、Frank、AMH、FGM、Cubic 形式的 Copula 函数拟合结果的 D_n 值均小于 $D_{34,0.01}$，通过 K-S 检验，表明上述 5 种形式的 Copula 函数均可用于拟合 WUE-NPP、WUE-ET_a、WUE-T_{mean}、WUE-P_{re}、WUE-Sun 联合分布，进一步比较拟合 WUE-NPP、WUE-ET_a、

WUE-T_{mean}、WUE-P_{re}、WUE-Sun 5 组联合分布的 RMSE 和 AIC（Akaike information criterion，赤池信息量准则）（表3-4），RMSE 和 AIC 越小则拟合结果越好，以选择最合适的 Copula 函数。Gaussian 形式的 Copula 函数对 WUE-NPP 和 WUE-ET_a两组联合分布的拟合结果最优；AMH 形式的 Copula 函数对 WUE-P_{re}和 WUE-Sun 两组联合分布的拟合结果最优；对于 WUE-T_{mean}联合分布，Cubic 形式的 Copula 函数拟合结果的 RMSE 和 AIC 最小，但表3-3 所给出的该 Cubic 函数的参数估计值 θ 为-1.00，在取值范围的边界处收敛，可能会引起不确定性，因此，选择次优的 FGM 形式的 Copula 函数更合适。

表3-3　1980～2013 年作物水分利用效率与各相关变量联合分布的 Copula 函数 K-S 检验及参数估计值

联合分布	Gaussian		Frank		AMH		FGM		Cubic	
	D_n	θ	D_n	θ	D_n	θ	D_n	θ	D_n	θ
WUE-NPP	0.060***	0.85	0.065***	9.06	0.093***	1.00	0.121***	1.00	0.173***	2.00
WUE-ET_a	0.098***	0.16	0.097***	0.88	0.098***	0.44	0.098***	0.45	0.082***	-1.00
WUE-T_{mean}	0.123***	-0.04	0.124***	-0.36	0.123***	-0.16	0.125***	-0.19	0.120***	-1.00
WUE-P_{re}	0.082***	-0.14	0.083***	-0.75	0.079***	-0.48	0.082***	-0.39	0.085***	-1.00
WUE-Sun	0.056***	0.23	0.058***	1.30	0.058***	0.60	0.058***	0.66	0.067***	-0.47

注：WUE-NPP 作物水分利用效率和作物净初级生产力的联合分布，WUE-ET_a 作物水分利用效率和作物实际蒸散发的联合分布，WUE-T_{mean}作物水分利用效率和年平均气温的联合分布，WUE-P_{re}作物水分利用效率和年降水量的联合分布，WUE-Sun 作物水分利用效率和年日照时数的联合分布。

***表示在1%的显著性水平下通过 K-S 检验。

表3-4　1980～2013 年作物水分利用效率与各相关变量联合分布的 Copula 函数 RMSE 和 AIC 值

联合分布	Gaussian		Frank		AMH		FGM		Cubic	
	RMSE	AIC	RMSE	AIC	RMSE	AIC	RMSE	AIC	RMSE	AIC
WUE-NPP	0.023	-255.06	0.024	-250.48	0.050	-201.88	0.065	-184.12	0.094	-159.08
WUE-ET_a	0.036	-222.92	0.037	-222.18	0.037	-222.84	0.037	-222.37	0.038	-220.31
WUE-T_{mean}	0.046	-208.07	0.045	-208.41	0.045	-208.30	0.045	-208.44	0.045	-209.55
WUE-P_{re}	0.032	-232.02	0.032	-231.95	0.031	-232.82	0.032	-232.15	0.033	-230.09
WUE-Sun	0.025	-248.38	0.025	-248.19	0.024	-251.00	0.025	-248.65	0.032	-232.31

图 3-12 为 Gaussian 形式 Copula 函数对 WUE-NPP 和 WUE-ET_a 联合分布的拟合情况［图 3-12（a）和（b）］，FGM 形式 Copula 函数对 WUE-T_{mean} 联合分布的拟合情况［图 3-12（c）］，以及 AMH 形式 Copula 函数对 WUE-P_{re} 和 WUE-Sun 联合分布的拟合情况［图 3-12（d）和（e）］。横轴为 Copula 联合分布函数计算的理论概率，纵轴为经验频率，图 3-12 中由经验频率与理论概率构成的点分布在 45°斜线附近，且 R^2 均在 0.97 以上，表明选取的 Copula 函数对各联合分布的拟合情况较好，能够反映 WUE-NPP 等 5 组概率分布情况。

聚焦 WUE 受 NPP、ET_a、T_{mean}、P_{re}、Sun 等变量大小的影响，根据各变量边缘分布函数上 33% 和 67% 两个分位点，将 NPP、ET_a、T_{mean}、P_{re}、Sun 划分为低、中、高三种取值情形，使各变量为低、中、高取值的可能性均为 33% 左右，见表 3-5，并在此基础上建立 WUE 条件概率分布，即在变量 X（NPP、ET_a、T_{mean}、P_{re}、Sun）特定取值条件下，WUE 大于某一数值 y 的可能性。

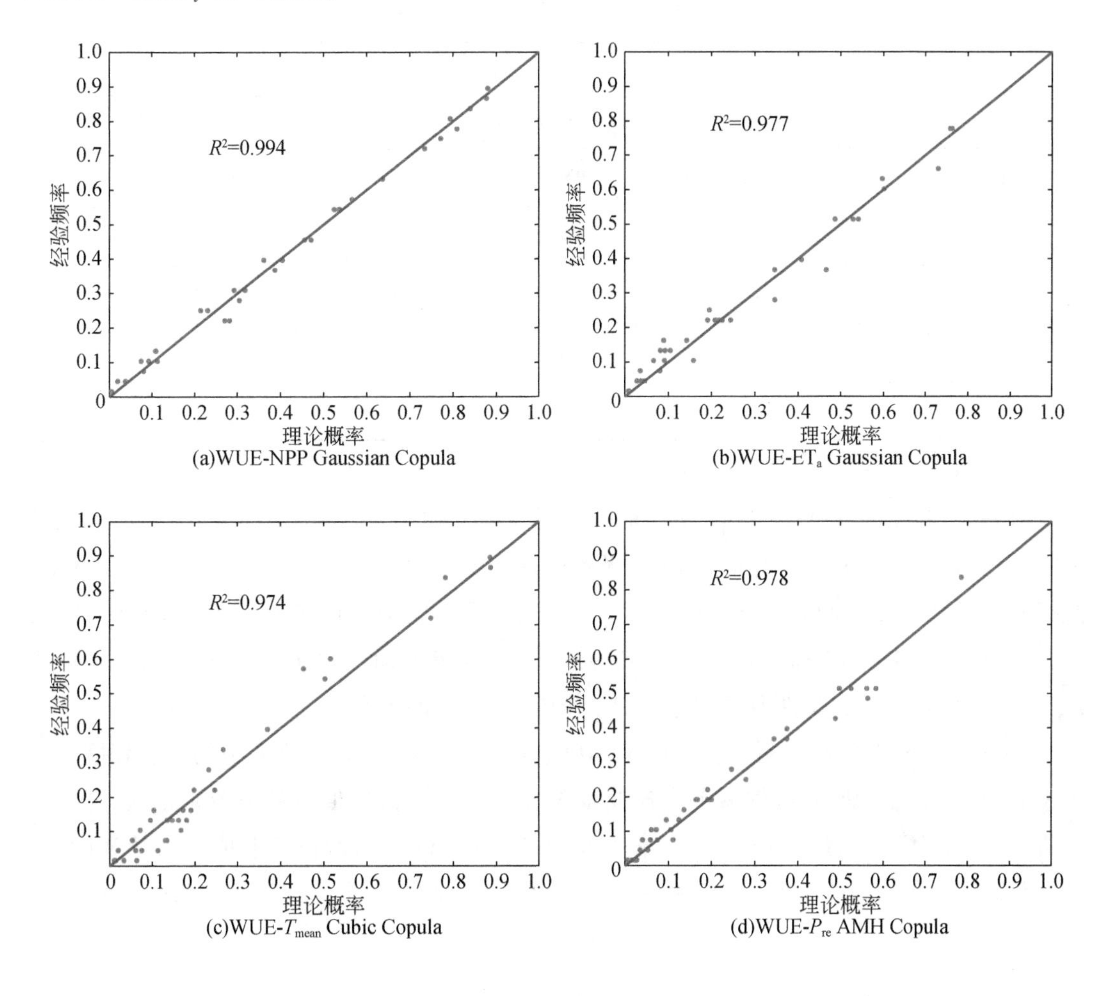

(a)WUE-NPP Gaussian Copula

(b)WUE-ET_a Gaussian Copula

(c)WUE-T_{mean} Cubic Copula

(d)WUE-P_{re} AMH Copula

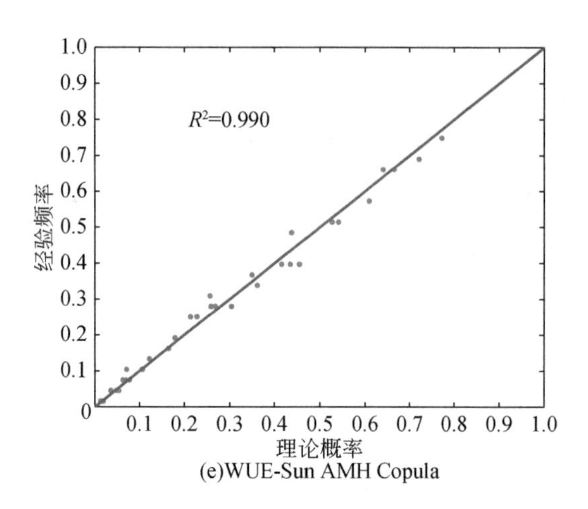

图 3-12　作物水分利用效率与影响因素的联合分布

表 3-5　研究区作物水分利用效率的相关变量的取值条件

变量名称	取值范围		
	低（$X \leqslant x_{\alpha=0.33}$）	中（$x_{\alpha=0.33} < X \leqslant x_{\alpha=0.67}$）	高（$x_{\alpha=0.67} < X$）
NPP	NPP≤918.95	918.95<NPP≤967.73	967.73<NPP
ET_a	$ET_a \leqslant 568.99$	$568.99 < ET_a \leqslant 585.31$	$585.31 < ET_a$
T_{mean}	$T_{mean} \leqslant 12.75$	$12.75 < T_{mean} \leqslant 13.23$	$13.23 < T_{mean}$
P_{re}	$P_{re} \leqslant 472.12$	$472.12 < P_{re} \leqslant 556.31$	$556.31 < P_{re}$
Sun	Sun≤2396.94	2396.94<Sun≤2545.67	2545.67<Sun

图 3-13 为 NPP、ET_a、T_{mean}、P_{re}和 Sun 分别在低（L）、中（M）、高（H）取值条件下的 WUE 条件概率分布，所有的 WUE 条件概率均随 WUE 取值的增大而减小，符合 WUE 概率分布规律。对于 NPP、ET_a 和 Sun 而言，WUE 条件概率均存在 $P_{X|H} > P_{X|M} > P_{X|L}$的关系，说明 NPP、$ET_a$ 和 Sun 越大则 WUE 大于任一特定取值的可能性越高；相反，对于 T_{mean}和 P_{re}而言，WUE 条件概率则存在 $P_{X|H} < P_{X|M} < P_{X|L}$的关系。

进一步分析京津冀平原作物 WUE 对 NPP、ET_a、T_{mean}、Sun 取值大小的敏感程度，从图 3-14 不难发现，WUE 条件概率在各变量 X 分别为高、低取值条件下差别最大，因此，本研究通过计算各变量 X 分别在高、低取值条件下的 WUE 条件概率差值来衡量 WUE 对各变量取值大小的敏感程度，即 $\Delta P_X = |P_{X|H} - P_{X|L}|$，结果如图 3-14 所示。$\Delta P_{NPP} > \Delta P_{Sun} >$

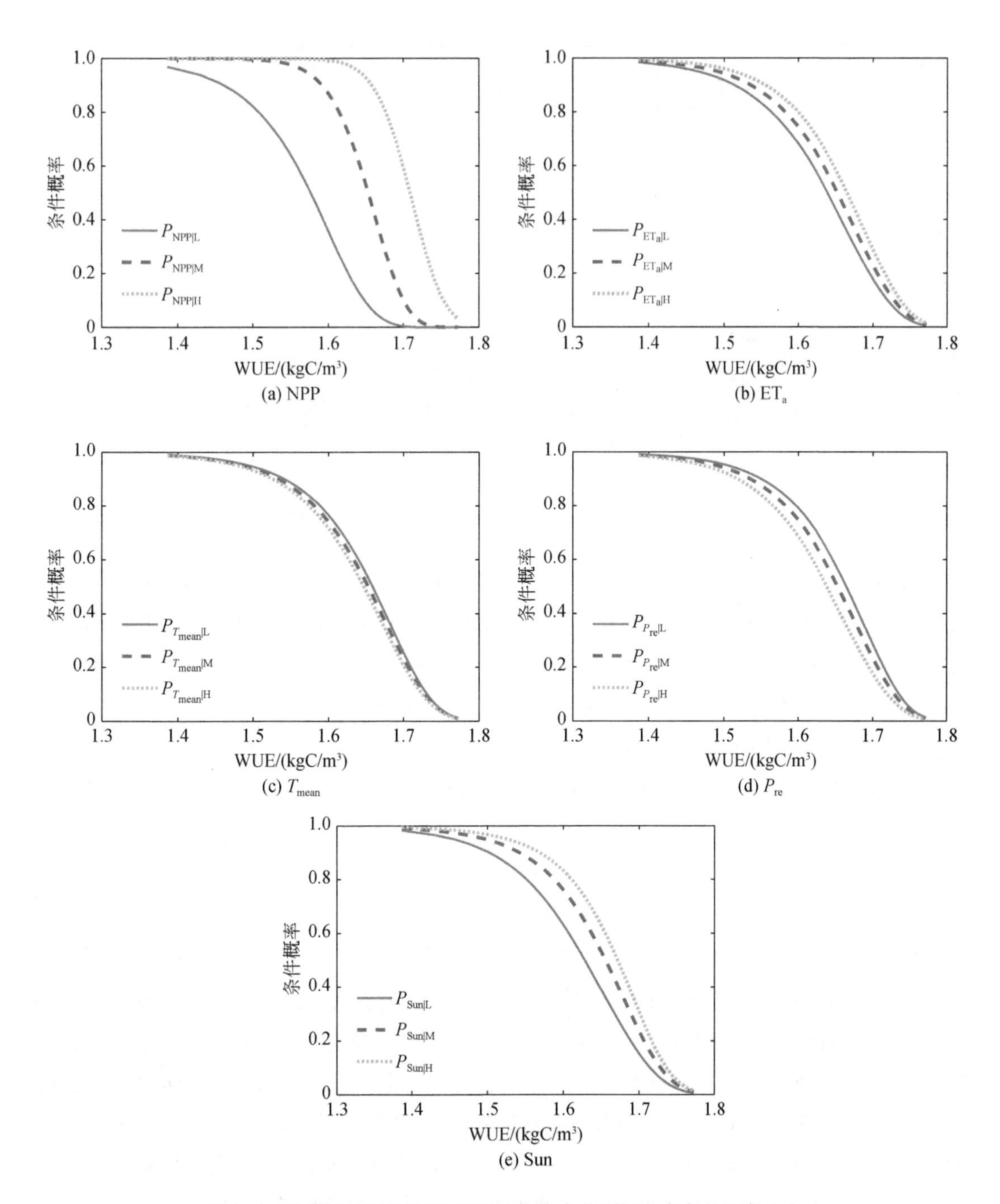

图 3-13　各影响因素不同取值下的作物水分利用效率条件概率分布

$\Delta P_{ET_a} \approx \Delta P_{P_{re}} > \Delta P_{T_{mean}}$，其中 ΔP_{NPP}远大于其他几个变量相应的 ΔP_X，说明京津冀平原耕地 WUE 对 NPP 大小最为敏感，对 T_{mean}大小的敏感程度最弱。

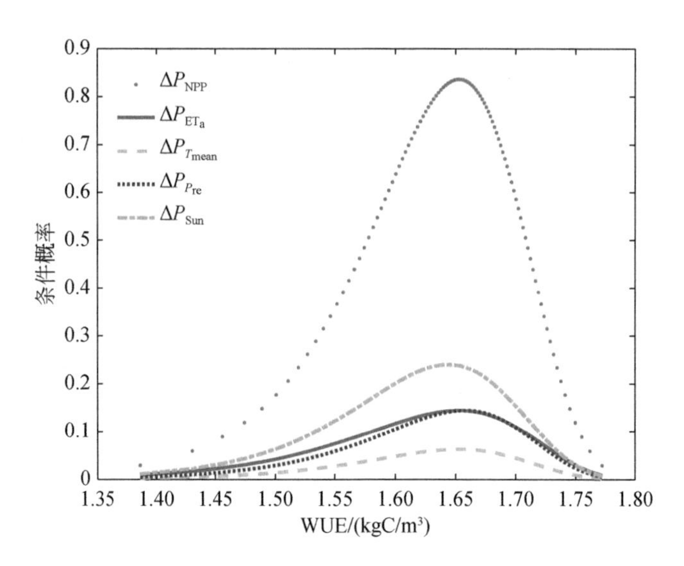

图 3-14　作物水分利用效率对影响因素的敏感性

图 3-15 为 WUE 相关变量分别为低、中、高 3 种取值条件下比较 NPP、ET_a、T_{mean}、P_{re}、Sun 对 WUE 的影响。当各相关变量为较低取值条件时，$P_{NPP|L}$明显小于 ET_a、T_{mean}、P_{re}和 Sun 为较低取值条件的 WUE 条件概率 $P_{X|L}$（X=ET_a，T_{mean}，P_{re}，Sun），具体考察 WUE 大于多年平均值 1.64 kgC/m³的条件概率，P（WUE>1.64 | NPP≤$x_{\alpha=0.67}$）仅为 0.13，而其他 4 个变量对应的 WUE 条件概率 $P_{X|L}$在 0.44 以上，且 WUE 取值大于 1.70 kgC/m³时 $P_{NPP|L}$迅速衰减为 0，说明较低的 NPP 会明显抑制 WUE 的大小。将 WUE 相关变量的大小提高至中等取值范围，如图 3-15 所示，$P_{ET_a|M} \approx P_{T_{mean}|M} \approx P_{P_{re}|M} \approx P_{Sun|M}$，说明中等取值大小的 ET_a、T_{mean}、P_{re}、Sun 对 WUE 的影响无显著差异，而中等取值大小的 NPP 对 WUE 的影响则表现出明显的差异，当 WUE 取值小于 1.65 kgC/m³时，$P_{NPP|M}$高于 $P_{X|M}$（X=ET_a，T_{mean}，P_{re}，Sun），且 $P_{NPP|M}$较 $P_{NPP|L}$有了显著提升，但 NPP 在 WUE 高值区域（WUE>1.70 kgC/m³）仍表现出异于其他 4 个变量的抑制作用。进一步将相关变量大小提高至较高取值范围，如图 3-15（c）所示，$P_{NPP|H}$在 WUE 所有取值范围内均明显大于其他 4 个 WUE 条件概率 $P_{X|H}$（X=ET_a，T_{mean}，P_{re}，Sun），且 $P_{NPP|H}$在较大范围接近于 1，进一步说明提高 NPP 对 WUE 的大小有明显的保障作用。综上分析结果表明，在 5 个相关变量中，NPP 对 WUE 的影响最大，京津冀平原采用在控制耗水的条件下提高 NPP 来提高 WUE 的相应策略可能比采用在控制产量的条件下减少耗水的策略更有效。

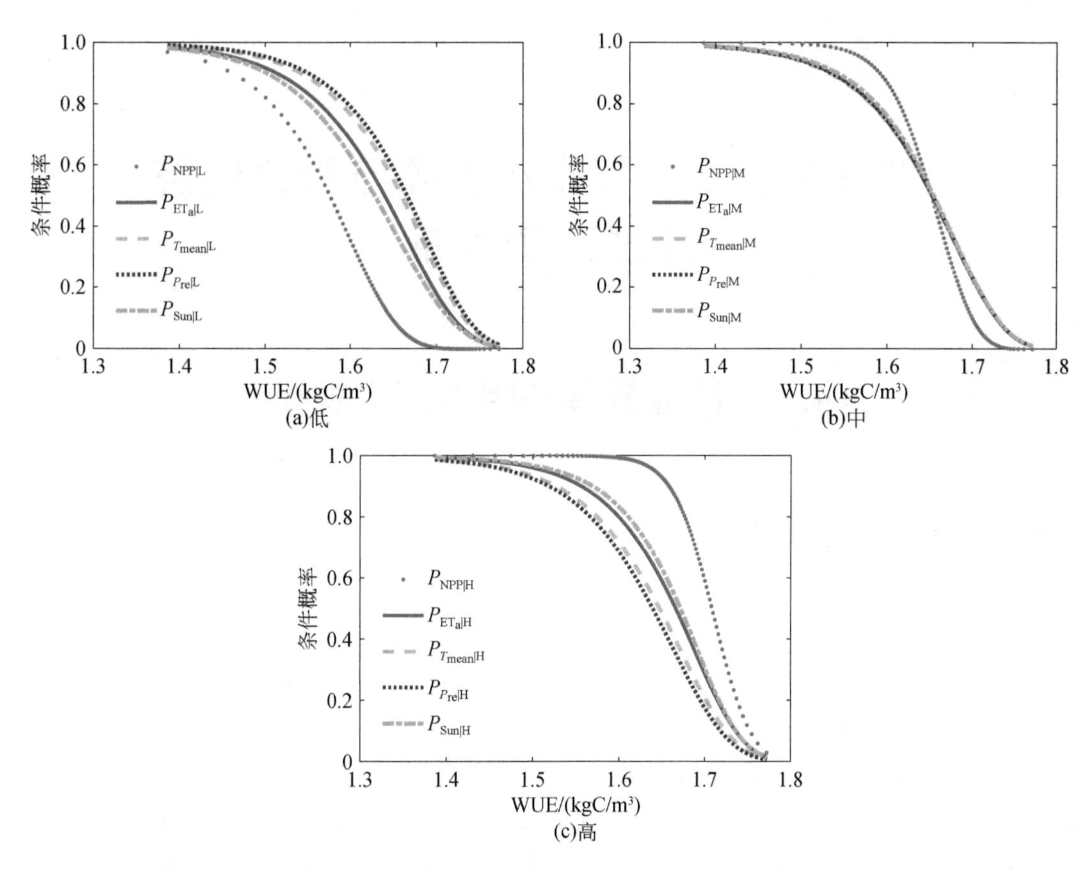

图 3-15　作物水分利用效率受各因素低、中、高取值的影响

第4章　京津冀水资源与社会经济发展互馈关系

4.1　产业发展与用水历史规律

4.1.1　产业发展规律

1. 产业发展评价方法

1）三角形图表法

三角形图表是一种特殊的三轴统计图，其原理为等边三角形中任一点到三条边的垂直距离之和相等，用于内部组成为三项结构的对象，反映对象的结构特征和演变规律。将同一行政单元不同时期的三次产业比例值用不同的点位标注其中，根据点位的移动可以看出产业结构演变的特征和趋势（武江民等，2011）；将同一时期不同行政单元的三次产业比例值用不同的点位标注其中，根据点位的分布可以看出地区间产业结构的差异。由于三角形图表中的点位可以同时表达三次产业的比例，相比于其他图表方式，具有直观明确的优点。

2）产业结构熵

熵是物理学概念，后来在信息学中被借以衡量组成要素之间的无序和离散程度等（刘刚和沈镭，2007）。产业结构分析中借用产业结构熵 H 来描述产业结构演进的均衡、有序的状态。计算公式如下：

$$H = -\sum_{i=1}^{n} X_i \cdot \ln X_i \tag{4-1}$$

式中，X_i 为 i 产业部门在区域产业结构中所占的比例；n 为产业部门数量。

3）产业结构相似系数

相似系数由联合国工业发展组织（United Nations Industrial Development Organization，UNIDO）提出，并推荐用于衡量地区产业结构的趋同化程度或差异程度。以某一经济区域的产业结构作为标准，通过计算相似系数 S_{ij}，将两地产业结构进行比较，相似系数越大，表明两地产业结构越相似，产业趋同现象越严重。

$$S_{ij} = \sum_{k=1}^{n} X_{ik} \cdot X_{ik} / \left(\sum_{k=1}^{n} X_{ik}^{2} \cdot \sum_{k=1}^{n} X_{jk}^{2} \right)^{\frac{1}{2}} \tag{4-2}$$

式中，X_{ik}、X_{jk}分别为 k 产业部门在 i 区域和 j 区域产业结构中所占的比例。

4）就业-产业结构偏离度和偏离系数

就业结构随着产业结构的变化而变化，劳动力由生产率较低的部门向较高的部门转移。运用就业-产业结构偏离度 φ_1 衡量区域三次产业的就业-产业结构均衡程度，就业-产业结构偏离系数 φ_2 用于衡量区域的整体偏离程度。

$$\varphi_1 = \frac{\mathrm{GDP}_k/\mathrm{GDP}}{Y_k/Y} - 1, \varphi_2 = \sum_{k=1}^{n} \left| \frac{\mathrm{GDP}_k}{\mathrm{GDP}} - \frac{Y_k}{Y} \right| \tag{4-3}$$

式中，$\mathrm{GDP}_k/\mathrm{GDP}$ 为 k 产业所占比例；Y_k/Y 为区域 k 产业就业人员所占比例。

5）产业结构转换速度系数和方向系数

根据罗托斯提出的主导产业扩散效应论，区域内部各产业的增长速度差异越大，产业结构转换越快；若各产业增加速度相当，则转换速度较慢（罗吉，2004）。用区域各产业增长速度的差异作为衡量区域产业结构转换速度 V 的指标，并用产业结构转换方向系数确定产业结构的转换方向。

$$V = \sqrt{\sum_{k=1}^{n} \frac{(A_k - A)^2 X_k}{A}}, \theta_k = \frac{1 + A_k}{1 + A} \tag{4-4}$$

式中，A_k、A 分别表示 k 产业和 GDP 的年均增速；X_k 为 k 产业所占比例。

2. 产业发展总体历程

将北京、天津、河北、京津冀地区（整体）1978～2016 年的产业结构比例数据标注在三角形图表（图 4-1）中，根据图表中的点位移动轨迹，可以直观地看出产业结构演变的特征和趋势。选择 1985 年、1995 年、2005 年、2015 年京津冀地区 13 市的产业结构比例数据，分别制作成三角形图表（图 4-2），结合图表中点位分布及地图表达不同时期京津冀地区的产业结构差异和发展变化。

1）产业结构高级化

根据 1978～2016 年京津冀地区产业结构演变（图 4-1），北京、天津、河北及京津冀地区的产业结构皆不断优化，向着高级化的方向发展，但发展速度及发展过程存在明显不同。改革开放以来，北京产业结构保持平稳高速发展，第一产业比例较低，产业重心由第二产业向第三产业转移，三次产业比例从 1978 年的 5∶71∶24 转变到 2016 年的1∶19∶80。北京总体趋势大致可以分为两个阶段：①1978～1990 年，第一产业比例波动增长，第

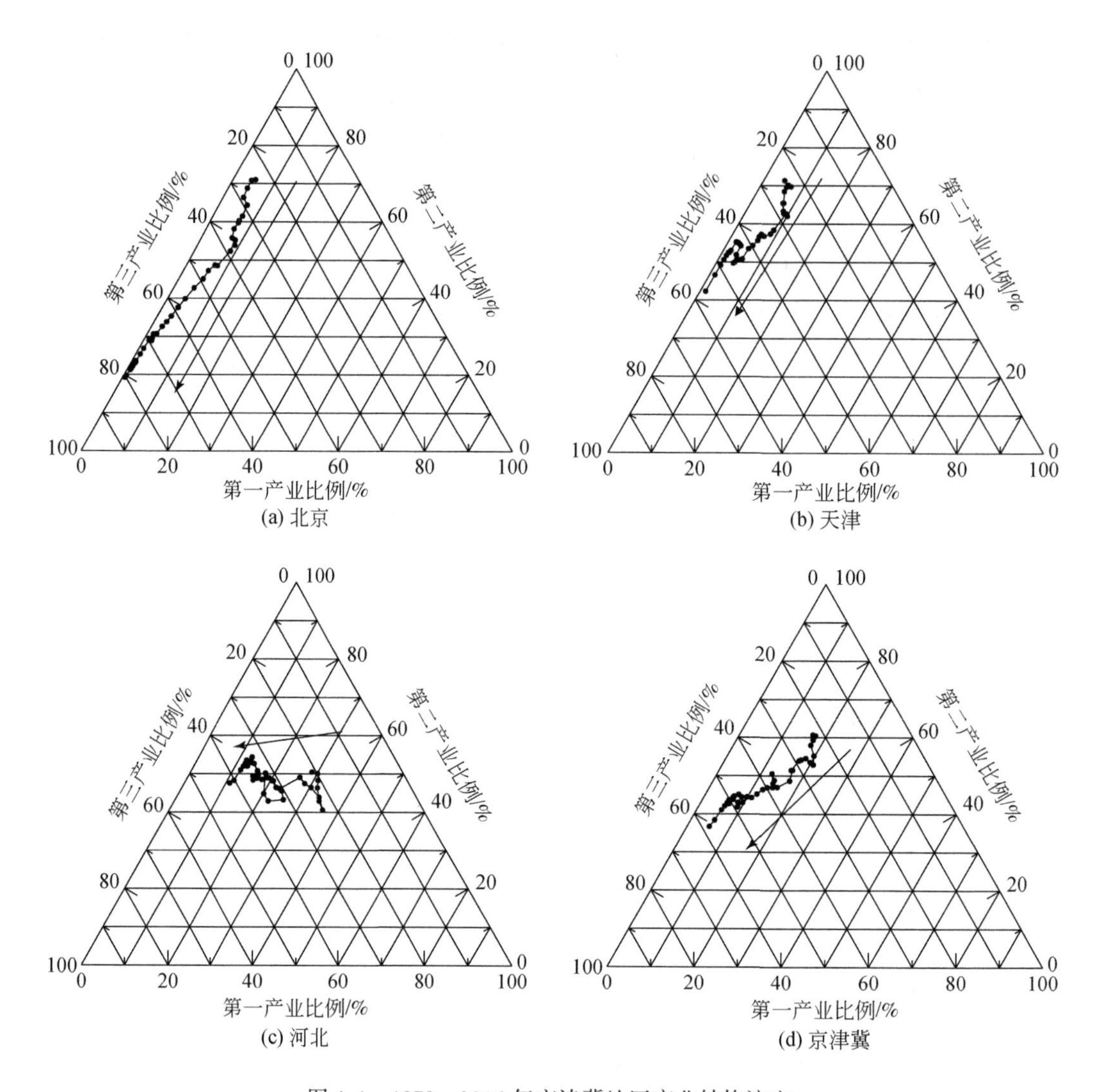

图 4-1　1978～2016 年京津冀地区产业结构演变

二产业比例快速降低，第三产业比例逐渐增长；②1991～2016 年，第一产业比例逐渐降低，第二产业比例逐渐降低，第三产业比例快速增长。

天津产业结构总体发展趋势与北京市类似，第一产业比例较低，产业重心由第二产业向第三产业转移，但转移速度明显慢于北京，2014 年第三产业比例才超过第二产业，比北京市晚了 20 年，三次产业结构由 1978 年的 6∶70∶24 转变到 2016 年的 1∶42∶57，第二产业仍占有相当的比例。天津市总体趋势大致可分为四个阶段：①1978～1988 年，第一产业比例逐渐增长，第二产业比例快速降低，第三产业比例逐渐增长；②1989～2002 年，第一产业比例逐渐降低，第二产业比例逐渐降低，第三产业比例快速增长；③2003～2009 年，第一产业比例逐渐降低，第二产业比例一反降低趋势逐渐增长，第三产业比例相应降低；④2010～2016 年，第一产业比例缓慢降低，第二产业比例快速降低，第三产业比例快速增长。

河北省产业结构呈优化趋势，体现在第一产业向第三产业的转移，第二产业比例一直在 40%～55% 波动，仍是河北省的产业重心，三次产业结构由 1978 年的 29：50：21 转变到 2016 年的 11：48：41。尽管如此，与北京、天津相比，河北仍显落后，是京津冀一体化发展的短板。

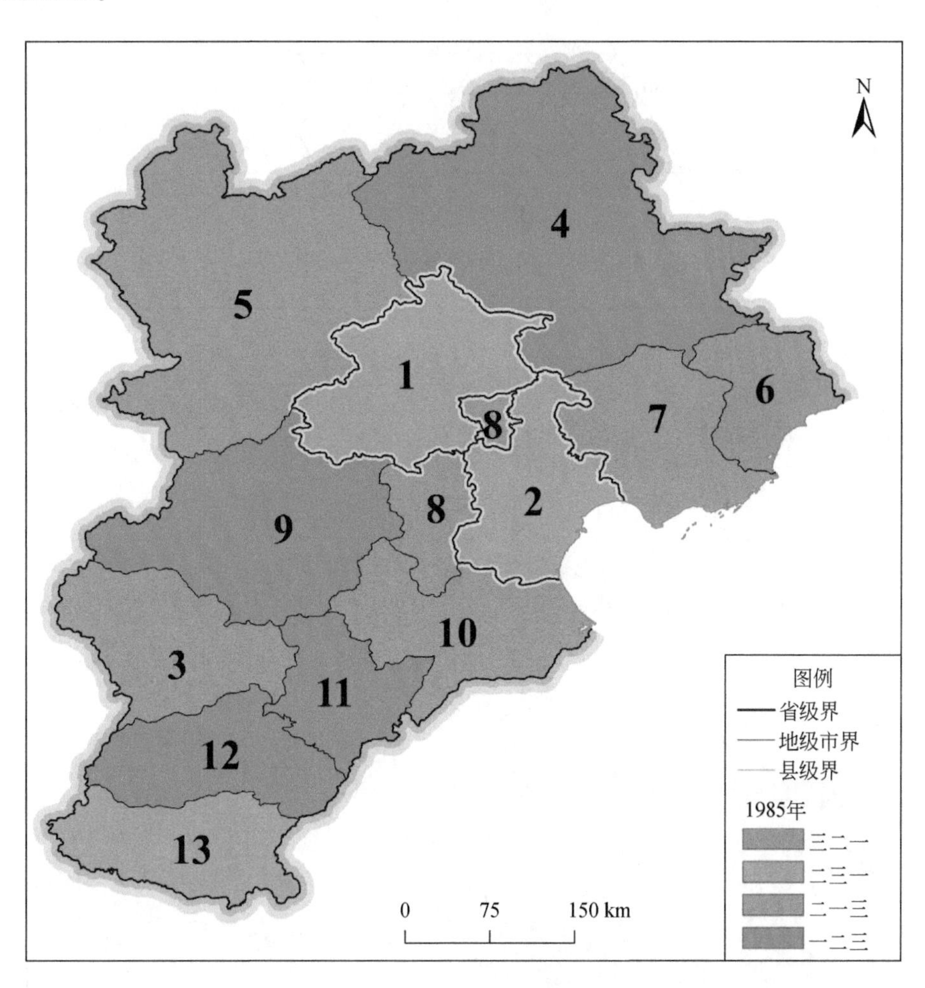

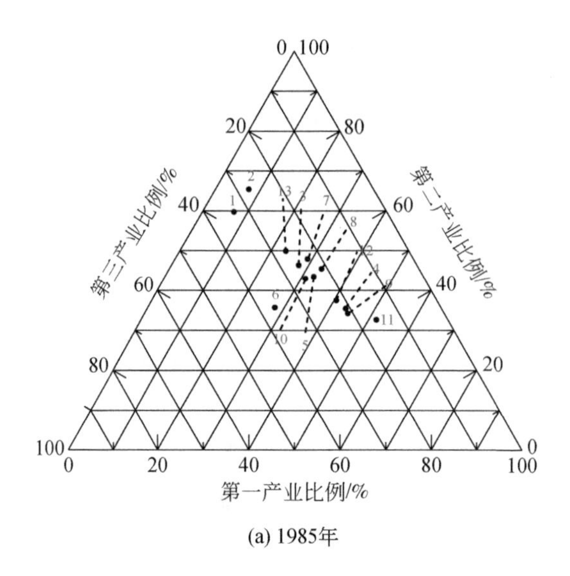

第一产业比例/%
第二产业比例/%
第三产业比例/%

(a) 1985年

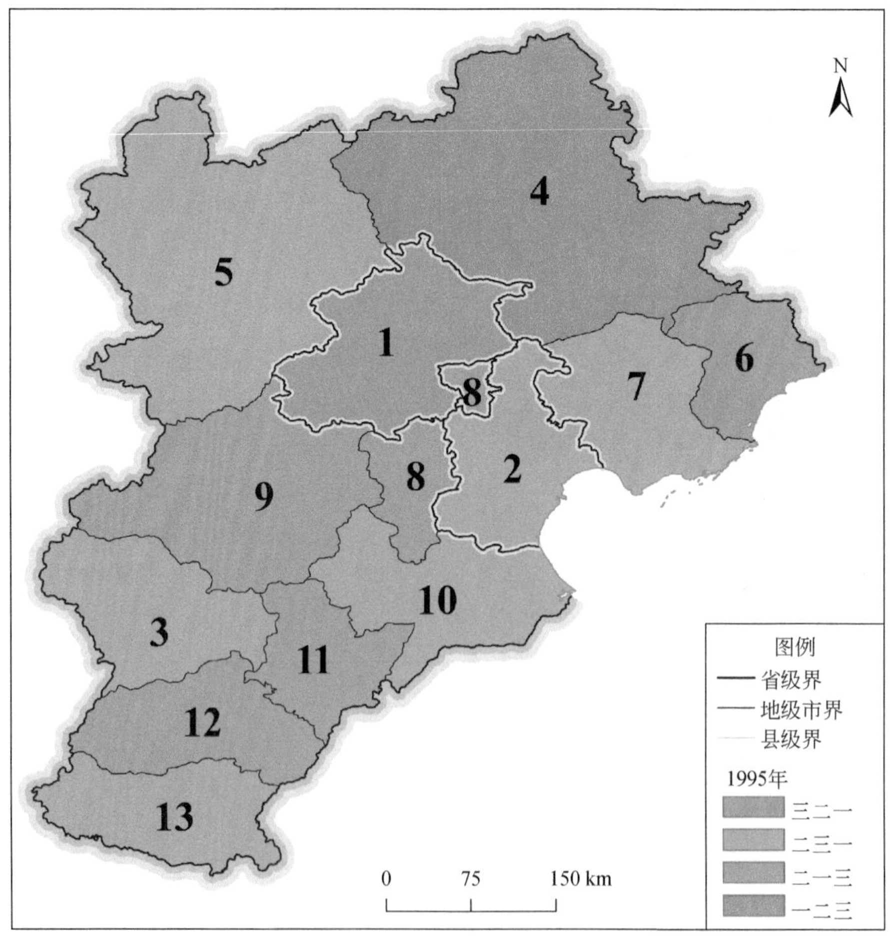

图例
省级界
地级市界
县级界
1995年
三二一
二三一
二一三
一二三
0 75 150 km
N

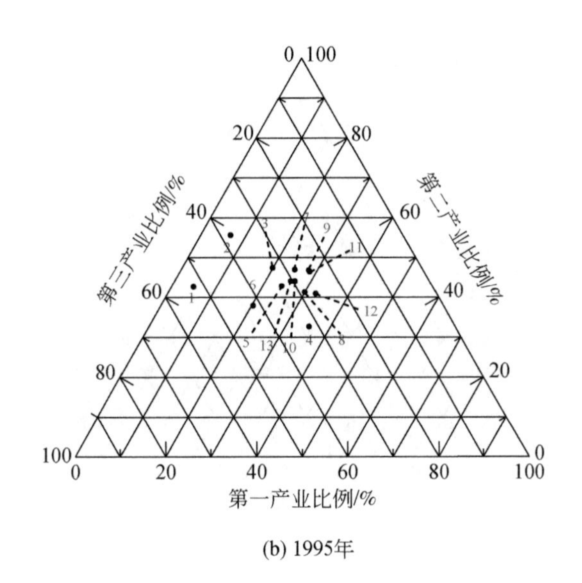
第三产业比例/%
第二产业比例/%
第一产业比例/%
0
20
40
60
80
100

(b) 1995年

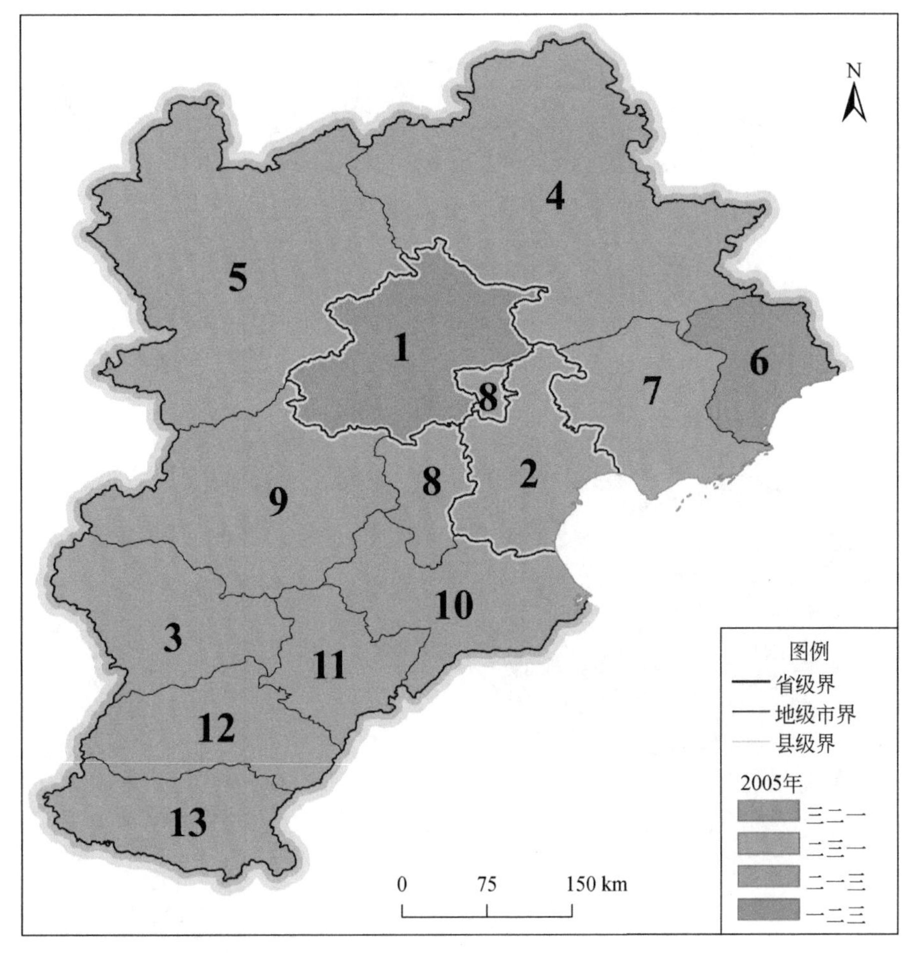
N
1
2
3
4
5
6
7
8
9
10
11
12
13
图例
省级界
地级市界
县级界
2005年
三二一
二三一
二一三
一二三
0
75
150 km

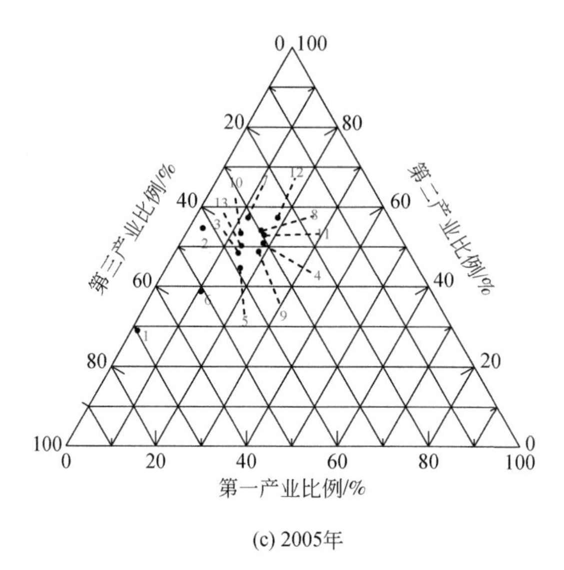

0
100
20
80
40
60
60
40
80
20
100
0
0
20
40
60
80
100
第二产业比例/%
第三产业比例/%
第一产业比例/%

(c) 2005年

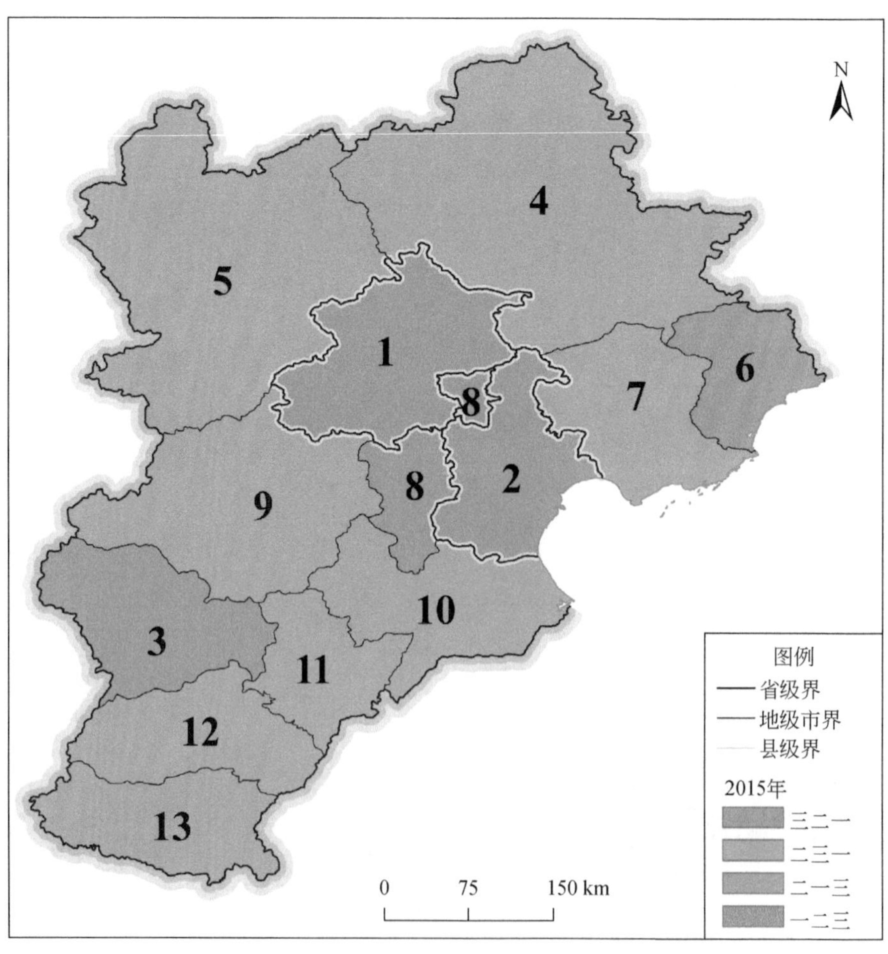

N
1
2
3
4
5
6
7
8
9
10
11
12
13
图例
省级界
地级市界
县级界
2015年
三二一
二三一
二一三
一二三
0
75
150 km

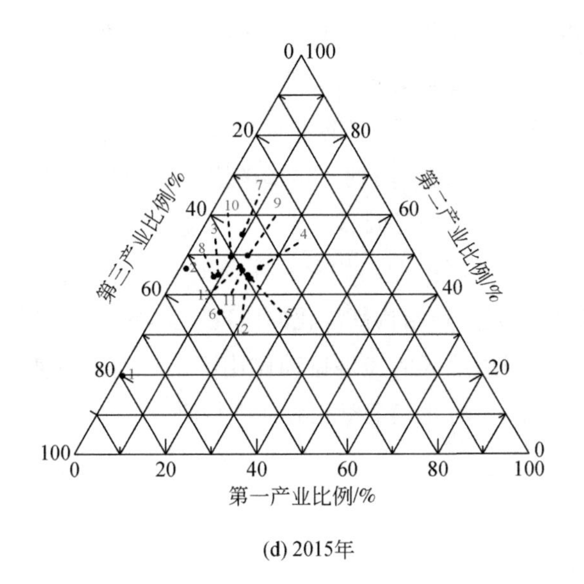

(d) 2015年

图 4-2 不同时期京津冀 13 市产业结构分类

1. 北京市，2. 天津市，3. 石家庄市，4. 承德市，5. 张家口市，6. 秦皇岛市，
7. 唐山市，8. 廊坊市，9. 保定市，10. 沧州市，11. 衡水市，12. 邢台市，13. 邯郸市

根据赛尔奎因-钱纳里的标准模式（陈佳贵等，2007）判断地区发展阶段，从三次产业结构角度看，2016 年北京市和天津市处于后工业化阶段，河北省处于工业化中期。从就业角度看，产业结构高级化，京津冀地区从事第一产业的劳动力比例不断降低，第二、第三产业劳动力稳步上升，符合配第-克拉克定理（胡迺武，2017）。

2）空间发展差异化

根据不同时期京津冀 13 市产业结构分类（图 4-2），可以看出 1985 年、1995 年、2005 年和 2015 年四个时期京津冀 13 市的产业结构差异及发展变化。1985 年，13 市中产业结构为“三二一”型的只有秦皇岛，“二三一”型 3 个（北京、天津、邯郸），“二一三”型 5 个（石家庄、张家口、唐山、廊坊、沧州），“一二三”型 4 个（承德、保定、衡水、邢台）。这一时期第三产业没有得到充分发展，三角形图表中各市的第三产业比例集中于 20% ~40%，第一产业比例和第二产业比例的跨度较大，尤其是北京和天津与其他市之间的差异较为明显。

1995 年，产业结构为“三二一”型的 2 个（秦皇岛、北京），“二三一”型 6 个（天津、邯郸、石家庄、张家口、唐山、沧州），“二一三”型 4 个（廊坊、保定、衡水、邢台），“一二三”型只有承德。这一时期三角形图表中的点位更为集中，整体发生左移，表明第一产业比例降低，北京和天津的第三产业得到发展。

2005 年，产业结构只有“三二一”型和“二三一”型，除北京和秦皇岛为“三二一”型外，其余为“二三一”型。这一时期北京第三产业比例大幅增长，与其他各市拉开差距，天津发展速度放慢，其余点位向左上方移动，表明第一产业比例降低，第二产业比例增加，第三产业比例没有明显变化。

2015 年，产业结构为“三二一”型的增加到 5 个（北京、秦皇岛、天津、石家庄、廊坊），其余为“二三一”型。这一时期三角形图表中的点位整体向左下移动，表明第三产业比例显著增长，第二产业比例降低。

多型并存体现出京津冀地区产业结构存在明显的空间差异，各市向“三二一”型和“二三一”型演变的过程也是产业结构高级化的体现。另外，三角形图表点位分布显现出，作为经济增长极，北京对周边地区的经济拉动作用不足。由于京津冀地区内部存在差异，后续内容将分成北京、天津、河北三个单元分别进行研究。

3. 产业结构演进特征

1）产业结构均衡性

计算得 1978 ~ 2016 年京津冀地区产业结构熵（图 4-3）。北京的产业结构熵整体呈现先上升后下降的趋势，在 1990 年达到峰值，与三角形图表中产业结构演进的两个阶段相对应，表明 1978 ~ 1990 年北京的产业结构向均衡的方向发展，1991 ~ 2016 年产业结构有非均衡化的趋势，这是北京第一产业比例较低，第三产业高速发展的必然结果。其中，2002 ~ 2004 年产业结构熵小范围浮动，产业结构的非均衡化速度放缓。天津产业结构熵整体也呈现先上升后下降的趋势，在 1990 年达到峰值。1981 ~ 1994 年天津产业结构均衡化低于北京，1994 年以来天津产业结构相比北京更为均衡，发展速度也更为平稳。河北的产业结构熵处于较为稳定的状态，整体呈下降趋势，产业结构发展比北京和天津更为均衡。

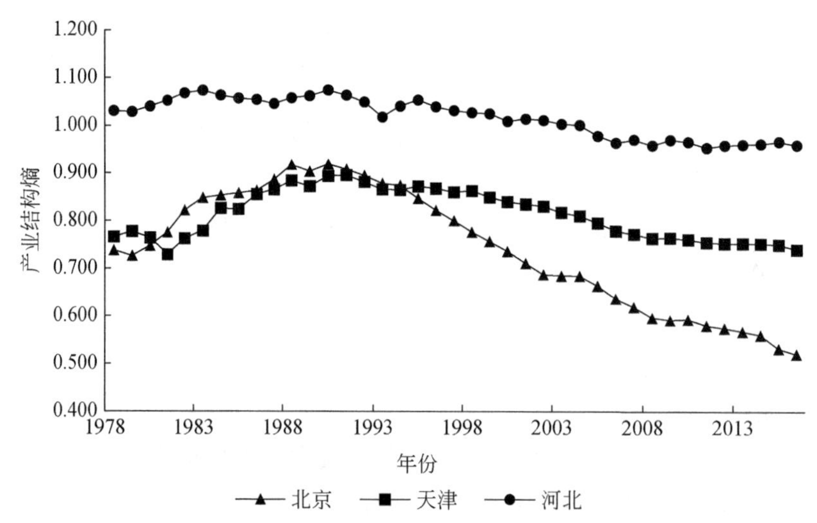

图 4-3 1978 ~ 2016 年京津冀地区产业结构熵

2）产业结构趋同性

根据式（4-2）分别计算北京-天津、北京-河北、天津-河北之间的产业结构相似系数（图 4-4），按照国际惯例，如果系数高于 0.9，说明地区间的产业结构存在较严重的同构现象（陈延斌和陈才，2011）。北京和天津之间，1978～2002 年相似系数均在 0.9 以上，其中 1978～1994 年的相似系数高于 0.96，这一时期北京和天津之间存在严重的产业趋同现象，2003～2008 年相似系数有所下降，2009 年以来相似系数呈上升趋势，2016 年相似系数再次达到 0.9，北京和天津的产业趋同现象有再次加强的趋势。北京和河北之间，1985～1995 年相似系数高于 0.9，存在产业趋同现象，1996～2008 年相似系数持续下降，2008 年之后相似系数有上升趋势。天津和河北之间，1985～2016 年相似系数高于 0.9，1992 年以后相似系数更是持续处于 0.96 以上，存在严重的产业趋同现象。1995～2016 年，天津和河北的相似系数最高，北京和天津次之，北京和河北最低。产业结构的高相似性会使资源配置效率低下，影响地区经济发展。

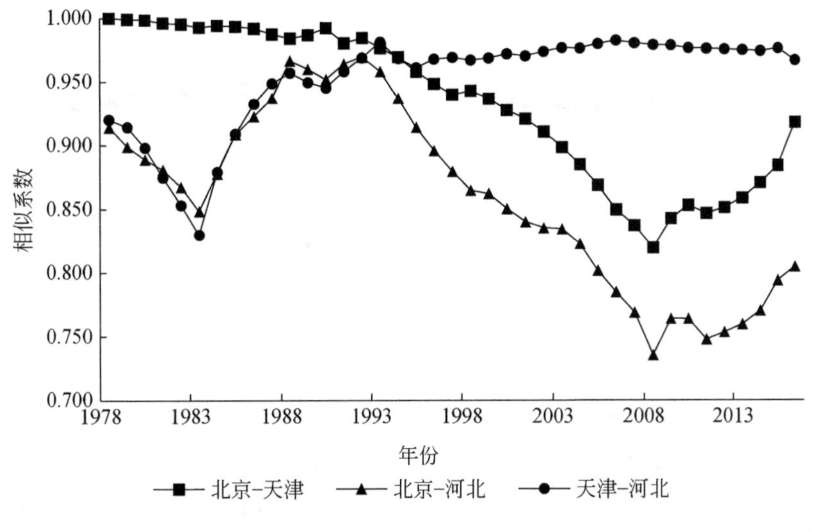

图 4-4　1978～2016 年京津冀地区产业结构相似系数

3）产业结构与就业结构的协调性

根据式（4-3）计算京津冀地区就业-产业结构偏离度及偏离系数（图 4-5）。从第一产业来看，1996～2016 年北京、天津、河北的偏离度都为负值且较为稳定，反映出产业比例小于就业比例，第一产业内部存在剩余劳动力。1996～2003 年北京第二产业偏离度为负值，第二产业存在剩余劳动力，2004～2016 年为正值，反映出产业比例大于就业比例，这与技术创新水平提高、第三产业的高速发展有关。北京第三产业偏离度为正值且经历了先增大后减小的变化，2004 年以来减小到 0.01 以下，表明产业就业结构达到了较为稳定的协调状态。天津第二产业偏离度呈增长趋势，产业比例大于就业比例的不均衡性程度越来越大。天津第三产业偏离度先增大后减小，2005 年减小为负值后较为稳定，产业比例小于就业比例。

河北第二产业和第三产业都呈现较高的偏离度，产业比例大于就业比例的现象比较严例，这与河北第一产业就业比例较大有关。第二产业偏离度 2000 年后呈下降趋势，产业就业不均衡程度在降低。利用偏离系数从总体上看三次产业的产业就业协调程度，河北的偏离系数最高，天津次之，北京最低，相应说明河北产业就业不协调程度最高，天津产业就业较为协调，北京产业就业最为协调。调整京津冀地区的就业比例是一体化进程中的重要工作。

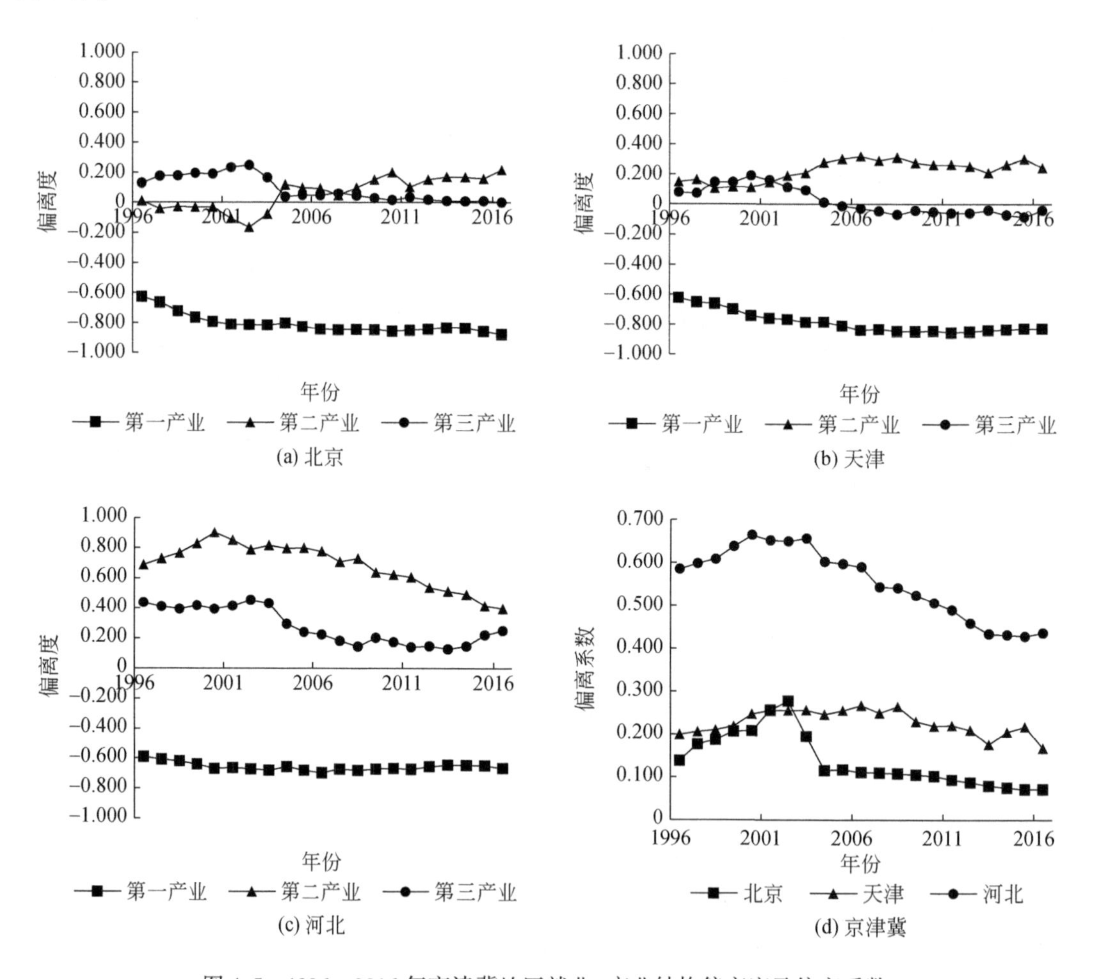

图 4-5　1996 ~ 2016 年京津冀地区就业-产业结构偏离度及偏离系数

4）产业结构转换速度及转换方向

将 1978 ~ 2016 年划分为四个时段，分别为 1978 ~ 1985 年、1986 ~ 1995 年、1996 ~ 2005 年和 2006 ~ 2016 年，利用式（4-4）计算京津冀地区的结构转换速度系数和方向系数

(表 4-1)。从结构转换速度系数来看，北京 1978 ~ 1985 年、1986 ~ 1995 年、1996 ~ 2005 年结构转换速度最快，天津 2006 ~ 2016 年结构转换速度最快。从结构转换方向系数来看，北京、天津和河北具有相似的规律，1978 ~ 1985 年第一产业和第三产业大于 1，说明第一产业和第三产业的增速高于 GDP 增速；1986 ~ 2016 年第三产业大于 1，第三产业的增速持续高于 GDP 增速，发展势头迅猛。与北京不同的是，天津及河北 1996 ~ 2005 年第二产业的方向系数大于 1，表明第二产业增速高于 GDP 增速。这一规律符合京津冀地区产业结构高级化的趋势。

表 4-1　1978 ~ 2016 年京津冀地区不同时段产业结构转换速度系数和方向系数

时段			1978 ~ 1985 年	1986 ~ 1995 年	1996 ~ 2005 年	2006 ~ 2016 年
北京	结构转换速度系数	V	0.191	0.296	0.240	0.180
	结构转换方向系数	θ_1	1.095	0.888	0.771	0.865
		θ_2	0.955	0.894	0.911	0.927
		θ_3	1.112	1.196	1.080	1.029
天津	结构转换速度系数	V	0.075	0.194	0.074	0.212
	结构转换方向系数	θ_1	1.055	0.914	0.841	0.856
		θ_2	0.984	0.955	1.002	0.929
		θ_3	1.032	1.128	1.021	1.100
河北	结构转换速度系数	V	0.062	0.180	0.097	0.111
	结构转换方向系数	θ_1	1.017	0.903	0.917	0.965
		θ_2	0.979	0.990	1.025	0.975
		θ_3	1.028	1.133	1.016	1.053

4.1.2　用水历史规律

1. 用水评价方法

为了更好地分析京津冀地区水资源利用时空演变特征，选择锡尔熵与变异系数方法进行研究（余灏哲等，2019）。

1）锡尔熵

锡尔熵又称锡尔系数，最早是由 Theil 和 Henri 提出来的，原本用来对经济发展、收入分配等均衡（不均衡）状况进行定量化描述，锡尔熵可以定量表征不均衡程度，锡尔熵值越大表明样本之间不均衡程度越大，计算公式如下：

$$T = \frac{1}{n} \times \sum_{i=1}^{n} \lg \frac{\bar{x}}{x_i} \tag{4-5}$$

式中，T 表示锡尔熵；x_i 表示第 i 项指标值；n 表示研究对象的个数；$\bar{x}$ 表示指标的平均值。T 值越大表明指标之间不均衡程度就越大。

2）变异系数

变异系数可以用来反映数据偏离总体平均水平的差异，变异系数越大表明样本之间差异程度越大（鲍超和贺东梅，2017）。

$$C_v = \frac{s}{\bar{x}} = \frac{1}{\bar{x}}\sqrt{\frac{1}{n-1}\sum_{i=1}^{n}(x_i - \bar{x})^2} \tag{4-6}$$

式中，C_v 表示变异系数；s 表示指标的标准差；$\bar{x}$ 表示指标的平均值；x_i 表示第 i 项指标值；n 表示研究对象的个数。C_v 值越大表明指标之间差异程度就越大。

2. 用水总体历程

作为我国“首都经济圈”，京津冀承载着极其重要的社会功能和巨大的水资源承载压力，长期以来，京津冀地区水资源严重短缺，不合理地开发利用水资源导致一系列生态环境问题，缺水问题已成为制约京津冀发展的重要因素。2015 年北京、天津、河北的人均水资源量分别为 123 m^3、83 m^3、182 m^3，仅占全国人均水资源量的 10%。从 2001 ~ 2016 年的水资源总量来看（图 4-6），京津冀水资源总量整体上有轻微的增长趋势，大约每年增长 5.6 亿 m^3，且区域水资源总量大约每 4 年出现一次波动，在 2001 ~ 2016 年至少经历了 3 次波动。虽然京津冀地区总人口在不断增加，但区域人均水资源量与该地区水资源总量的变化趋势相似，如图 4-7 所示，人均水资源量在 2001 ~ 2016 年至少也经历了 3 次波动，大约每 4 年出现一次，但整体上的增加趋势并不显著。

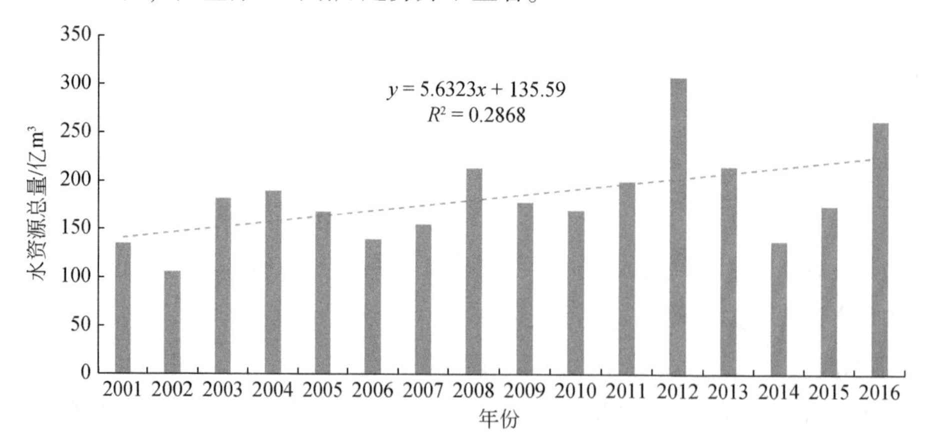

图 4-6　2001 ~ 2016 年京津冀水资源总量

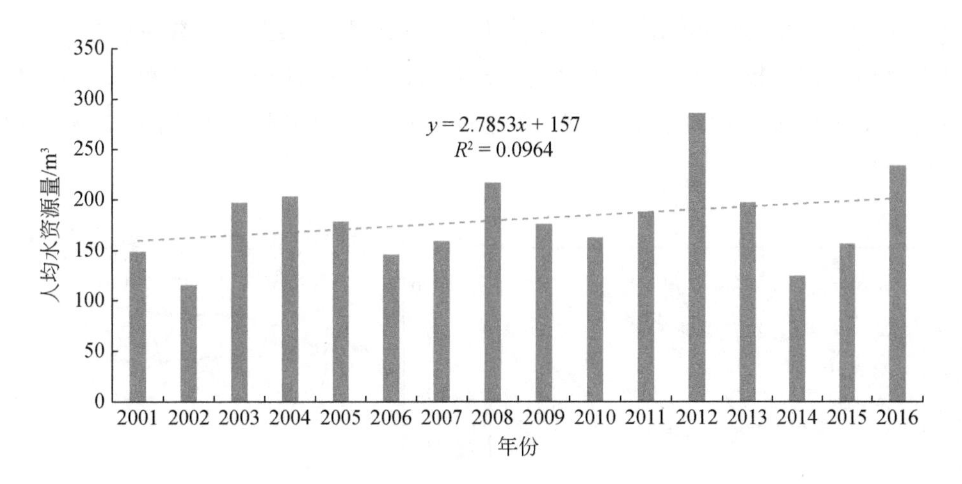

图 4-7　2001 ~ 2016 年京津冀人均水资源量

将京津冀作为一个整体来看，在近 16 年内总用水量约减少了 7.7%，如图 4-8 所示，从 269.3 亿 m^3 下降到 248.5 亿 m^3，下降速度约为 0.86 亿 m^3/a。与图 4-6 所示的京津冀水资源总量相比，京津冀地区大部分年份的水资源量都无法满足用水需求。这意味着京津冀地区将高度依赖水库等水利基础设施来储存地表水，以缓解缺水、地下水超采和其他区域的调水。

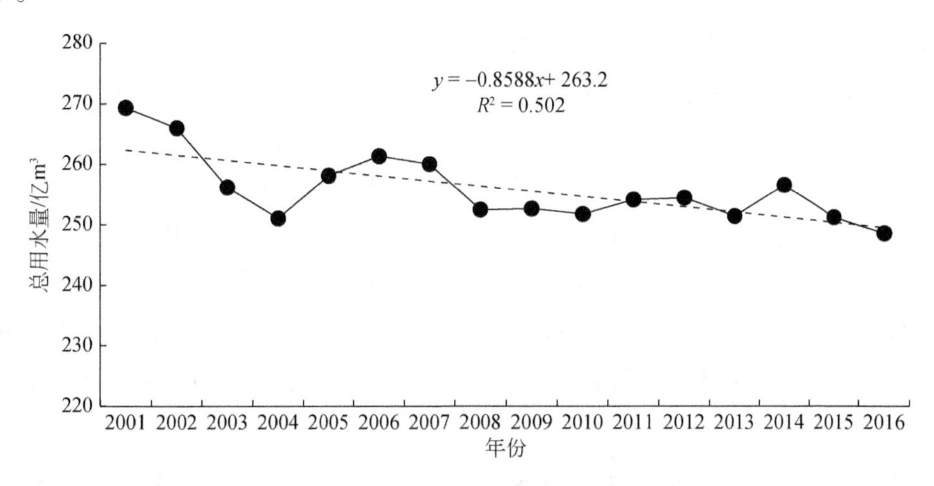

图 4-8　2001 ~ 2016 京津冀总用水量变化

3. 用水时空特征

1）用水总量特征

从省级单元尺度来分析，基于锡尔熵、变异系数法对北京、天津、河北三个地区的用水量进行计算，得到三个地区的用水量的锡尔熵、变异系数变化曲线，如图 4-9 所示。可以看出，农业用水量的锡尔熵值最大并且呈现递增的趋势，其变异系数值也位居第一，表明农业用水在空间上极不均衡，而且还有逐渐加强的趋势，2016 年京津冀三个地区农业用水量分别为6.1 亿 m^3、12.1 亿 m^3、128.2 亿 m^3，河北农业用水量是北京的21 倍、是天津的 11 倍。

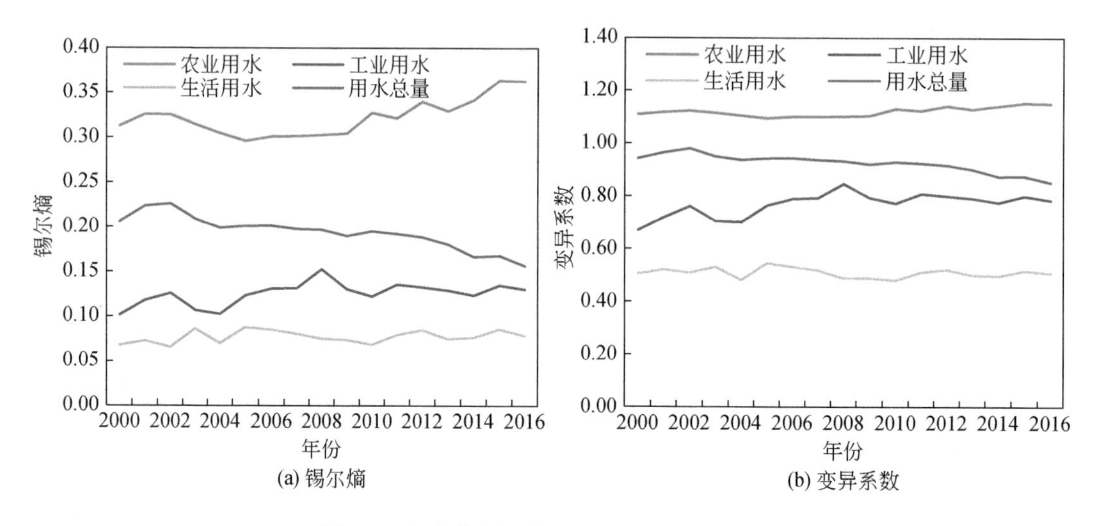

(a) 锡尔熵　　(b) 变异系数

图 4-9　京津冀省级单元用水量时空变异分析

再从地级行政尺度进行分析，其变化特征如图 4-10 所示。由于空间尺度改变，其计算结果有所变化：生活用水量曲线跃升为第一位，并且逐渐递增；工业用水量曲线前期呈急剧下降的趋势，后期逐渐趋于平稳；农业用水量和用水总量曲线变化较平稳。生活用水量曲线反映的是城人口规模的空间不均衡，北京、天津作为首都与直辖市，城市基础设施、医疗、教育等条件优越，人口不断涌向这两个地市，导致其生活用水量不断增加并与其他城市拉开差距，表现出空间差异大的特征，以 2016 年为例，北京、天津生活用水量分别为 17.8 亿 m^3、5.6 亿 m^3；而石家庄生活用水量为 4.3 亿 m^3，为河北生活用水量最多的城市，北京与天津生活用水量占京津冀地区生活用水总量的 47.5%，是石家庄的约 5.4 倍。

工业用水量曲线变化的原因一方面是一些工业发展基础好的城市不断通过技术革新、产业升级改造等途径实现了工业用水的下降，并且保持平稳；另一方面早期一些工业欠发达的城市，通过不断提升工业规模，从而使工业用水量有所增加，以及区域内工业用水量不均衡性、差异性逐渐变小。由图 4-10 可知，2008 年是一个明显的转折点，2000 年京津冀地区工业用水量平均值为 3.41 亿 m^3，而 2008 年已下降为 2.65 亿 m^3，2016 年为 2.44 亿 m^3。结合各城市工业用水量数据，2008 年之前，北京、天津、石家庄、邯郸等地区不断通过技术革新、产业升级改造等途径实现了工业用水量的下降，并且在 2008 年后保持平稳，以

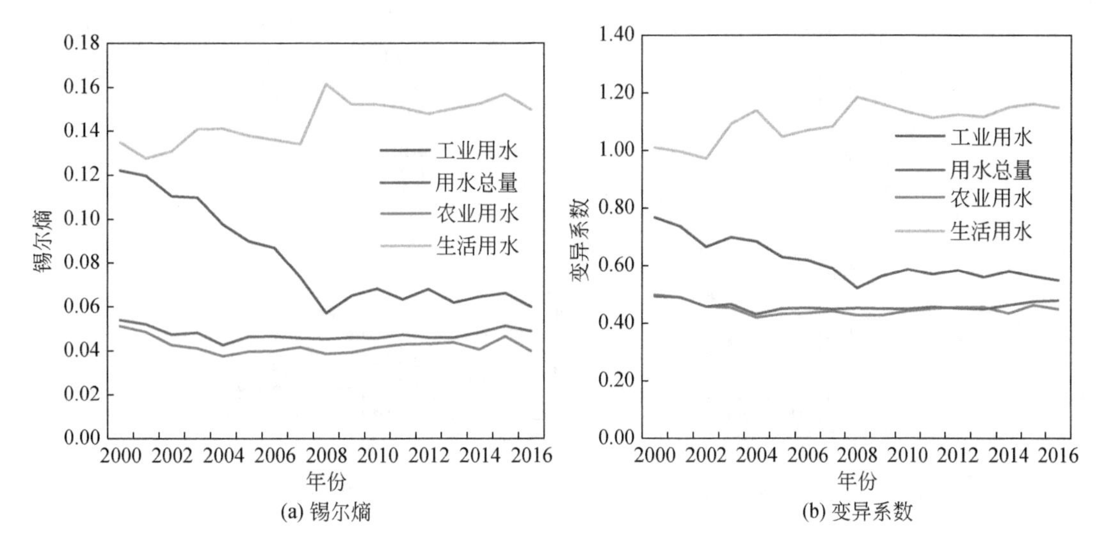

(a) 锡尔熵　　(b) 变异系数

图 4-10　京津冀地级行政单元用水量时空变异分析

邯郸市为例，2008 年邯郸工业用水量较 2000 年下降了 51.9%，而 2016 年较 2008 年下降了 5.5%。

用水量的变化与城市经济发展状况紧密相关，在水资源极度短缺和水资源开发利用率极高的条件下，京津冀地区各城市亟须通过产业结构调整、升级改造，淘汰高耗水的产业，发展节水产业，提高水资源的循环利用率等途径来控制用水量，使水资源利用能够满足经济发展的需求，促进经济社会与水资源利用可持续发展。

2）用水效率特征

从万元 GDP 用水量分析（图 4-11），京津冀地区 13 个地区的曲线均呈现指数型变化，即在前期有一个较快的下降阶段，后期下降率逐渐趋缓，表明在城市发展前期，随着经济的增长，各个城市不断通过产业结构调整，优化产业类型、发展节水产业、提高水资源利用效率等途径使用水效率有一个较大的空间上升，但随着发展进入后期，用水量基本处于零增长阶段，下降率逐渐趋缓。用水量曲线有比较明显的分层，其中北京、天津万元 GDP 用水效率最高，逐年的万元 GDP 用水量较其他城市均为最低，处于底层（由下至上）；廊坊、唐山、沧州、邯郸、石家庄等地区处于第二层，万元 GDP 用水量由 2000 年的 300～400 m^3下降到 2016 年的 100 m^3以下；其余地区处于第三层，为 100～200 m^3。

从万元工业增加值用水量分析［图 4-12（a）］，京津冀地区 13 个地区的曲线呈现递减的态势，2010 年前后是一个比较明显的转折点，2010 年之前各地区用水量曲线并不规则，2010 年后用水量变化率不大，用水量基本持平，曲线逐渐趋缓平行。万元农业增加值用水量的变化趋势也比较明显［图 4-12（b）］，总体上是下降的趋势，个别年份有所上升。

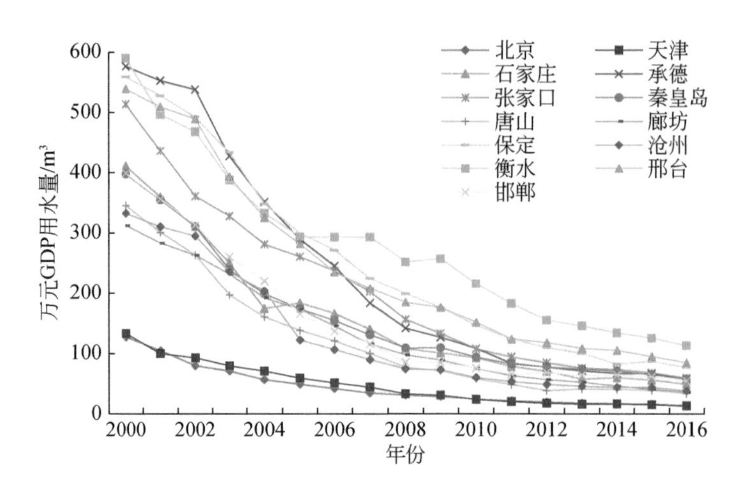

图 4-11　京津冀地区万元 GDP 用水量变化

将京津冀地区 13 个地区的万元 GDP 用水量、万元工业增加值用水量、万元农业增加值用水量进行锡尔熵、变异系数计算，结果如图 4-13 所示，万元 GDP 用水量是一种综合反映用水效率的指标，表征了经济社会对用水效率的整体情况，从数值大小来看，万元 GDP 用水量锡尔熵和变异系数值均最大，表明其空间不均衡性与差异性较大。从变化趋势来看，万元 GDP 用水量的两种系数值呈现递增态势；万元工业增加值用水量波动变化较大，2000 ~ 2003 年为递减趋势，2003 ~ 2008 年为递增趋势，2008 年以后为递减趋势；万元农业增加值用水量呈现小幅度的递增趋势。

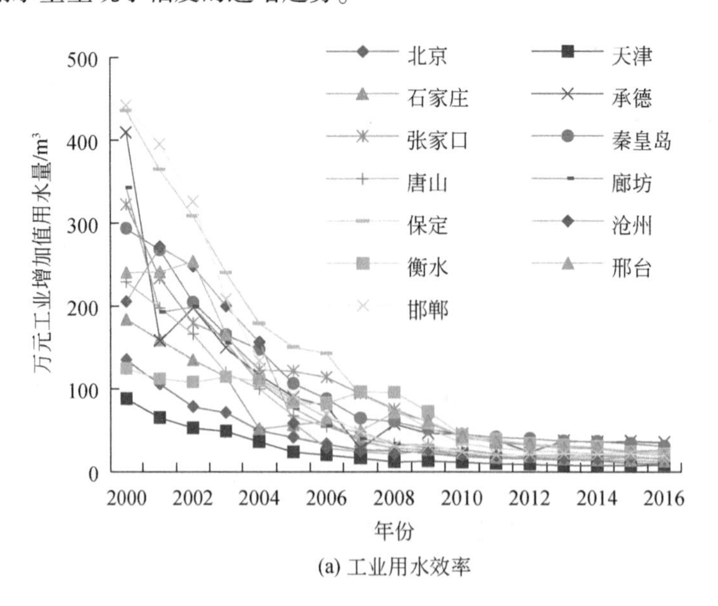

(a) 工业用水效率

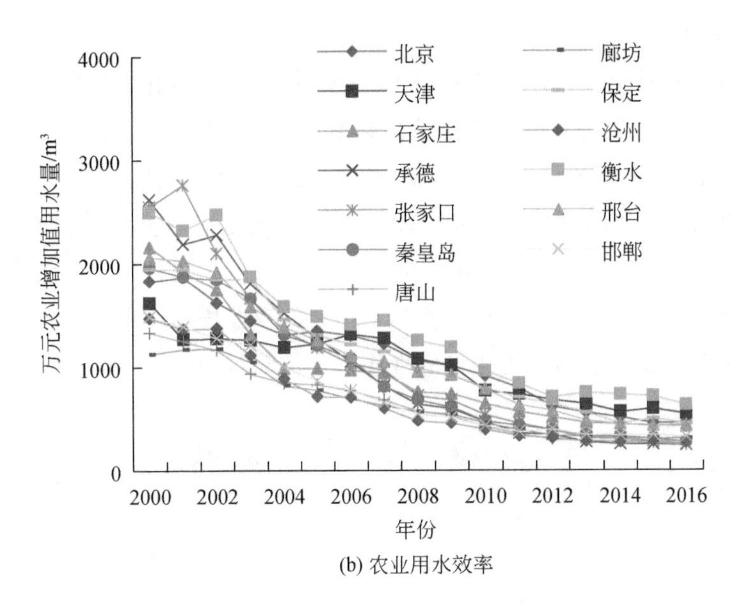

(b) 农业用水效率

图 4-12 京津冀地区产业用水效率变化

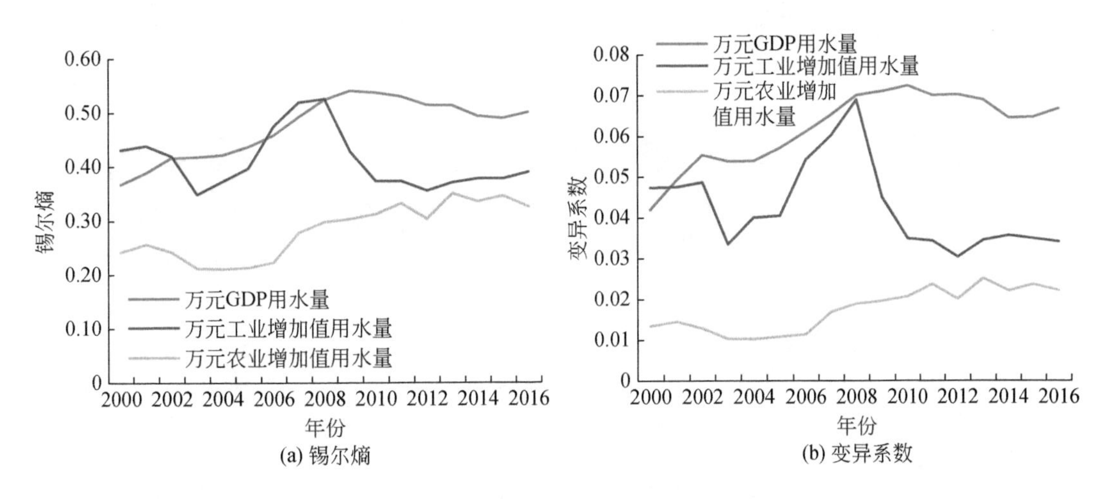

图 4-13 京津冀地区城市单元用水效率时空变异分析

京津冀地区工业用水效率的空间不均衡性与差异性较大的原因与各城市工业发展演变进程相关，在工业化发展早期阶段，河北高耗水产业比例较高，钢铁、化工、火电等高耗水行业占65%以上，粗钢、成品钢和生铁的产量占全国总产量的25%以上，焦炭的产量占全国总产量的14%，工业用水效率较低，工业用水效率空间不均衡性与差异性较大；而伴随着经济的发展，不断通过技术升级、产业结构调整优化、节水技术提升与政策调控等途径，促使各城市淘汰或萎缩一些高耗水的产业，不断提升用水效率，使用水效率空间不均衡性与差异性逐步降低。

3）用水结构特征

用水结构与经济社会发展水平紧密相关，用水结构发生变化会影响用水量的变化，因此分析用水结构演变特征是对产业结构进行调整优化的方向与基础（商玲等，2013），本节分析了 2000～2016 年京津冀地区用水结构时空变化特征，结果如下。

从用水结构分析（图 4-14），2000～2016 年京津冀地区农业用水量总体下降 26.4%，2000 年农业用水比例高达 70.1%，2016 年为 58.8%；在空间分布上，河北农业用水比例依旧较高，虽然农业用水量逐年下降，但所有地区的农业用水比例均高于 60%，其中，石家庄、邯郸、邢台、衡水、保定等地区农业用水比例超过 70%。

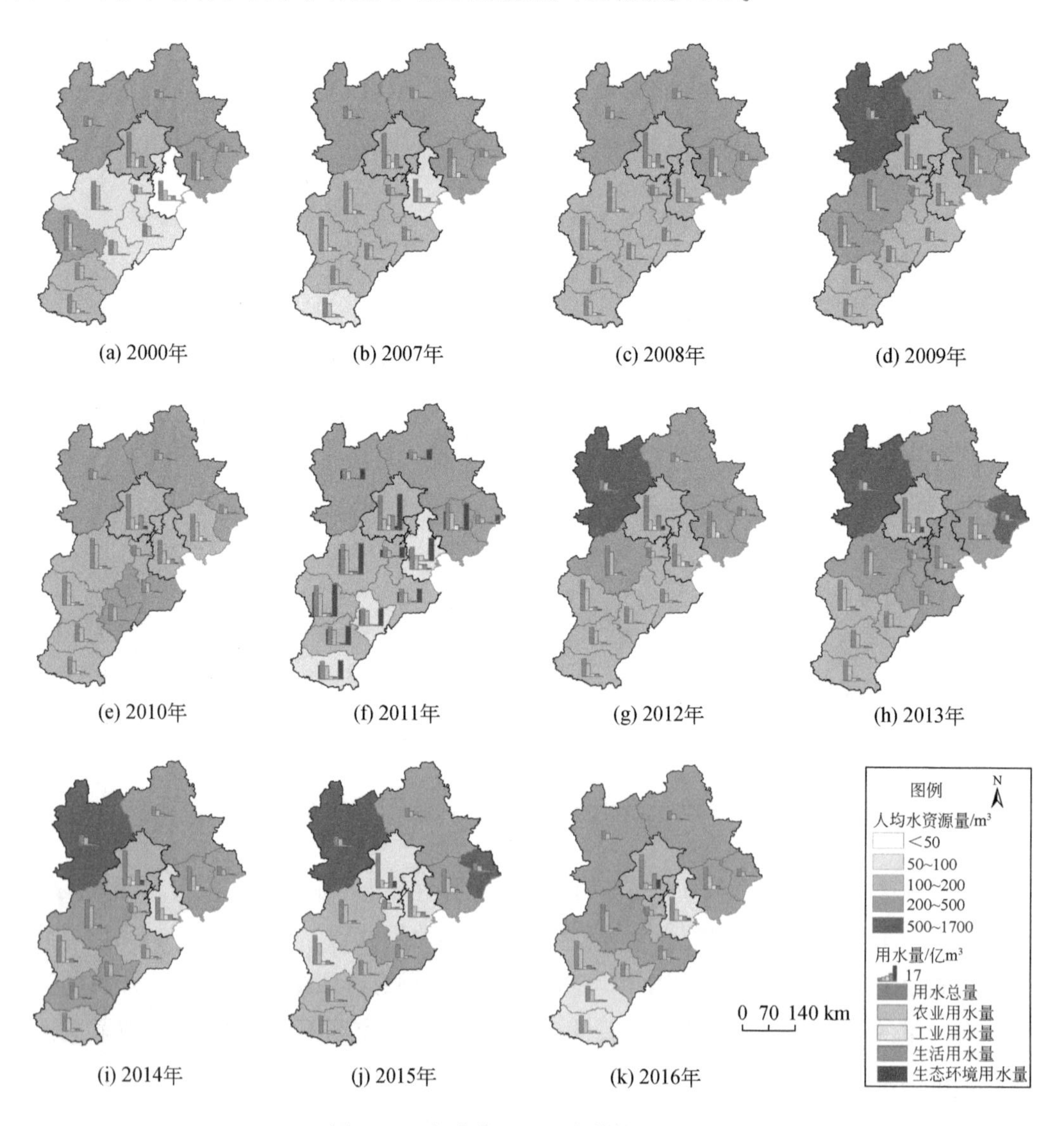

图 4-14　京津冀地区用水结构时空变化

京津冀地区工业用水总体上呈现递减趋势，2016 年京津冀地区工业用水比例为 12.6%，2000 年为 15.63%，工业用水量比例下降了 15.9%。其中，北京下降比例最大，2016 年工业用水量仅为 3.8 亿 m^3，天津工业用水量基本保持在 5.2 亿 m^3，石家庄呈现波动式变化，近 5 年的工业用水量平均值为 3.1 亿 m^3，衡水、廊坊、沧州、承德等地区工业用水比例上升，邯郸、保定等地区工业用水比例呈现递减趋势。

从生活用水量分析，2016 年京津冀地区生活用水总量高达 49.3 亿 m^3，占用水总量的 19.8%，2005 年以后，生活用水比例超过工业用水比例并逐年增加，其中北京的生活用水比例最高，2005 年以后生活用水比例超过 40%，位居用水量的首位。

生态环境用水量明显呈递增的态势，2000 年京津冀生态环境用水量仅为 0.62 亿 m^3，而 2016 年京津冀地区生态环境用水量为 21.9 亿 m^3，较 2000 年增长了 35.3 倍，其中北京生态环境用水量最大，2016 年北京生态环境用水量为 11.1 亿 m^3，河北为 6.72 亿 m^3。

根据京津冀地区用水结构特征，将京津冀城市用水类型划分为以下三类。

第一类为农业用水占主导的城市，主要包括河北省下辖的所有地市，其农业用水量占用水总量的 60% 以上，按照工业与生活用水的比例大小可进一步划分为工业用水比例 = 生活用水比例的城市、工业用水比例<生活用水比例的城市、工业用水比例>生活用水比例的城市，具体见表 4-2。

表 4-2　河北各城市用水结构划分

比例 M	工业用水比例 = 生活用水比例	工业用水比例<生活用水比例	工业用水比例>生活用水比例
60% ~70%	秦皇岛	廊坊	唐山、承德
70% ~80%	邯郸、邢台	石家庄、保定	张家口、沧州
80% 以上	—	—	衡水

第二类为生活用水占主导的城市：北京。北京生活用水量自 2000 年开始一直高于工业用水量，并在 2005 年超过农业用水量。2016 年北京生活用水量是农业用水量的 2.9 倍，是工业用水量的 4.7 倍。

第三类为生活用水与工业用水共同导向的城市：天津。天津 2012 ~ 2016 年农业用水比例、工业用水比例和生活用水比例分别为 47.6%、21.4%、20.4%，工业用水量与生活用水量相当。

4.2 社会经济与水资源需求的互馈关系

4.2.1 社会经济发展与水资源利用灰色关联分析

1. 模型方法

水资源利用类型遵循水资源公报的类别划分，即农业用水、工业用水、生活用水及生态环境用水。社会经济发展指标主要从城镇化进程、产业结构、国民经济发展状况及居民生活水平四个方面来考虑，指标体系如图 4-15 所示。指标体系中的数据主要来源于 2000 ~ 2016 年京津冀各地区水资源公报与统计年鉴。

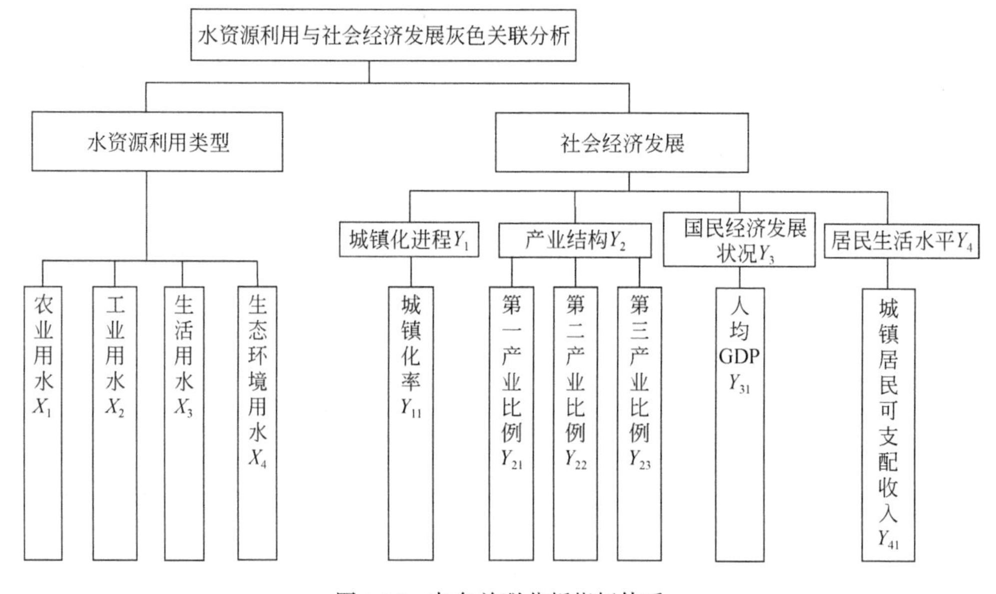

图 4-15　灰色关联分析指标体系

选用灰色关联法对水资源利用类型与社会经济发展之间进行关联分析，该方法基于因子之间发展趋势与相似程度来构建灰色关联度，以反映因子之间的关系（孙艳芝等，2015），主要计算步骤如下。

（1）构建关联因子序列与数据序列标准化；

（2）计算灰色关联系数：

$$\min_i(\Delta_i(\min)) = \min_i\{\min_k |x_0(k)-x_i(k)|\} \tag{4-7}$$

$$\max_i(\Delta_i(\max)) = \max_i\{\max_k |x_0(k)-x_i(k)|\} \tag{4-8}$$

$$\xi_i(k)=\frac{\min_i(\Delta_i(\min))+0.5\max_i(\Delta_i(\max))}{|x_0(k)-x_i(k)|+0.5\max_i(\Delta_i(\max))} \tag{4-9}$$

式中，x_0 为参考指标；x_i 为比较指标；i 为指标数目；k 为样本序列数目；Δ_i 为灰色关联系数。

（3）计算灰色关联度：

$$R_i=\frac{1}{N}\sum_{k=1}^{N}\xi_i(k) \tag{4-10}$$

式中，R_i 为灰色关联度，其介于 0 ~ 1，其值越接近于 1 表明这两项指标的关系越密切。

2. 结果分析

首先分析社会经济发展指标对水资源利用量的关联度（图 4-16），可以得到城镇化率、第三产业比例与对北京水资源利用量的灰色关联度分别为 0.74、0.81，可见这两项指标对北京水资源利用量的影响程度最大。影响天津水资源利用量最大的指标为第二产业比例（0.61）、第三产业比例（0.68）与城镇化率（0.71）。河北则有所不同，第一产业比例（0.67）、第二产业比例（0.78）是影响河北最大的两个指标。综合分析得到，产业结构指标对水资源利用量的关联度最大。

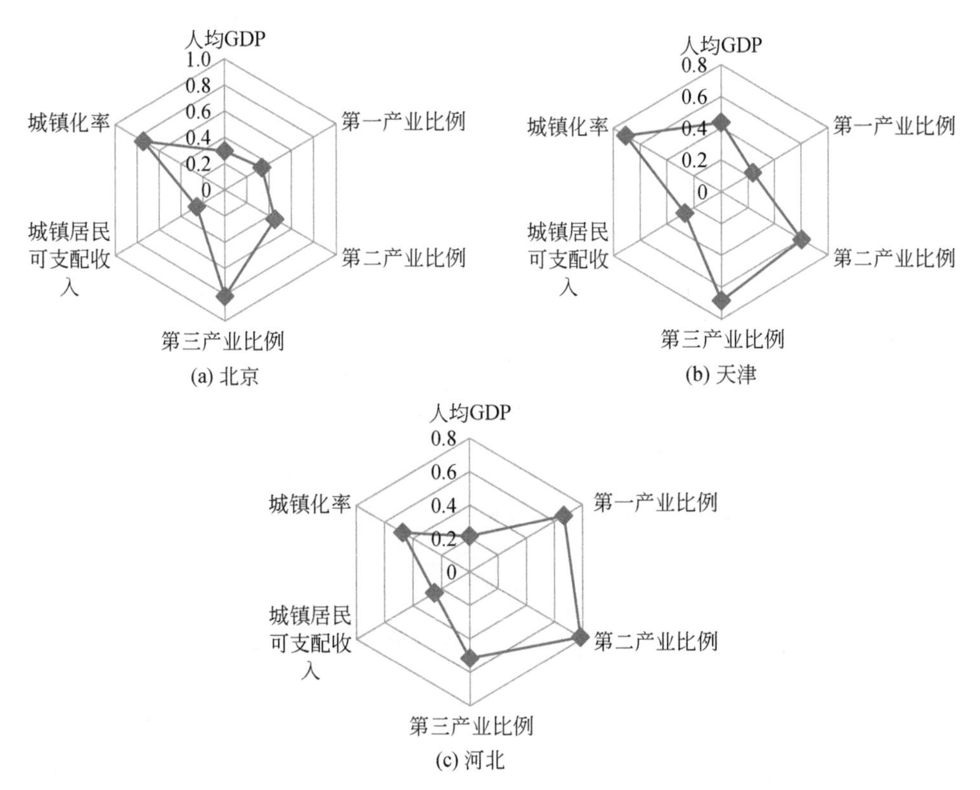

图 4-16　社会经济发展对水资源利用灰色关联度

其次分析水资源利用类型与社会经济发展指标的关联度（图 4-17），北京为生活用水（0.88）>工业用水（0.70）>农业用水（0.61）>生态环境用水（0.48）。天津为工业用水（0.83）>生活用水（0.77）>农业用水（0.72）>生态环境用水（0.49）。河北为工业用水（0.79）>农业用水（0.76）>生活用水（0.75）>生态环境用水（0.33）。之所以京津冀三地灰色关联度不同，是因为不同的用水类型与不同的城市社会经济发展是相互对应的，一方面社会经济发展会对用水量产生影响，另一方面不同类型的用水变化能够反映社会经济发展的变化。北京生活用水（0.88）对城市社会经济发展指标的关联度最高，表明生活用水受到城市发展影响最大，生活用水的变化能够反映城市经济发展的变化。目前北京水资源紧张、用水压力大，生活用水占据首位，如果通过转移人口、调整用水政策、提升水价等手段可以减少生活用水，进而推动产业结构的升级，就能使区域向可持续发展的方向转变。天津工业用水（0.83）对城市社会经济发展指标的关联度最高，表明工业用水受到城市发展影响最大。河北工业用水（0.79）、农业用水（0.76）对城市社会经济发展指标的关联度最高，表明河北城市社会经济发展对工农业用水影响较大。

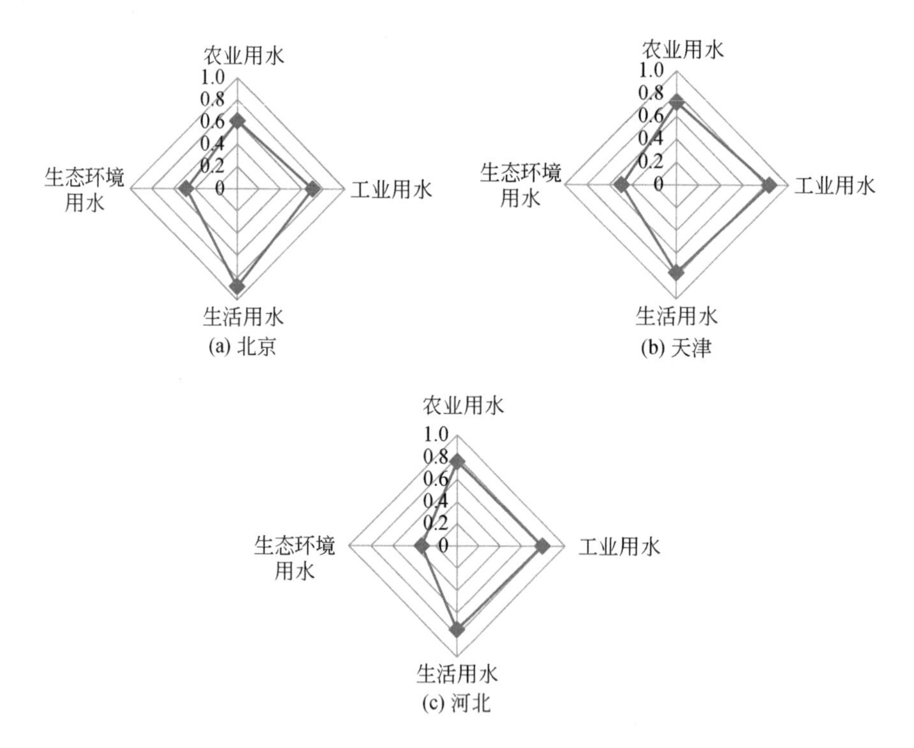

图 4-17　水资源利用类型与社会经济发展指标灰色关联度

4.2.2 社会经济发展与水资源利用回归分析

1. 模型方法

回归分析指的是确定两种或两种以上变量间相互依赖的定量关系的一种统计分析方法。在本研究中，主要利用回归模型构建水资源利用类型与社会经济发展指标之间的数学关系。

通过以上灰色关联分析得到，产业结构对水资源利用的影响较大，关系紧密。因此，本节将利用回归模型对产业结构与水资源利用类型进行分析。此外，京津冀生活用水呈现明显的递增，成为用水大户，生活用水与城市社会经济发展紧密相关，因此也将对其关系进行分析研究。

2. 结果分析

1）农业结构变化对农业用水的影响

将 2005 ~2016 年第一产业比例作为自变量，农业用水量作为因变量，基于 Eurequa 软件进行曲线拟合，该软件可以同时拟合不同类型的函数，并返回各拟合函数的方程表达式，以及各方程的决定系数、相关系数、均方根误差、方程复杂度等指标，供研究参考。本研究通过不断尝试，从决定系数、相关系数、均方根误差、方程复杂度等综合考虑，构建了二次函数回归模型，结果如图 4-18 所示。

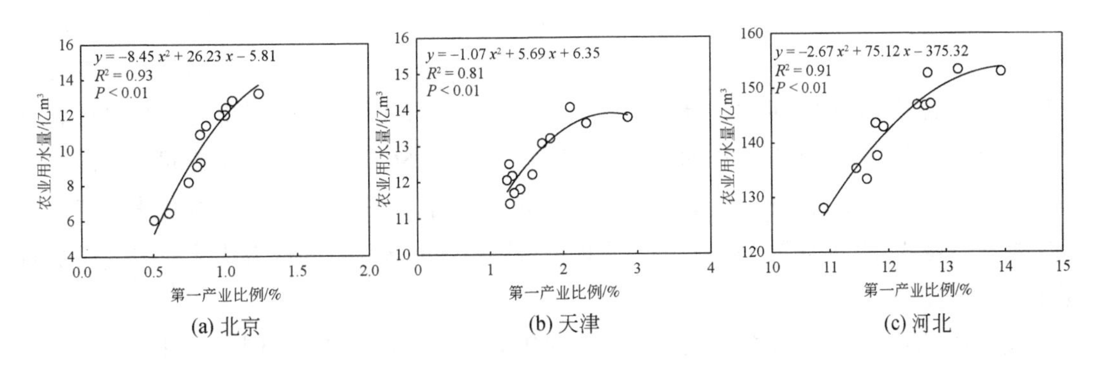

图 4-18 京津冀农业结构变化与农业用水量回归分析

由图 4-18 可知，北京、天津和河北的第一产业比例都是逐年减少，伴随第一产业比例降低，农业用水量也呈现递减态势；农业用水量减少的原因：一是通过降低农业种植面积，减少农业用水量；二是通过优化农业种植结构，减少高耗水型作物种植比例，间接减少农业用水量。

北京第一产业比例最低，2016 年仅为 0.51%，农业用水量为 6.1 亿 m^3，北京市经济以高附加值的第三产业为主，农业种植面积逐年减小，农业比例降低，因此农业用水量逐年递减。

天津的变化与北京相类似，2010 年以前，递减变率较大，2010 年以后第一产业比例基本维持在 1.34%，递减变率变小，表明天津第一产业基本维持在瓶底期。

2005 年以来，河北省农业比例也在逐年下降，使农业用水量递减。但是一方面由于体量大，农业用水量仍然居高；另一方面由于河北省冬小麦的种植面积较大，但该地区降水主要集中在夏季，而冬小麦种植主要依靠超采地下水灌溉，这是区域地下水超采的主要原因。另外，河北省农业用水存在浪费也是一个原因，2016 年河北省农业有效灌溉面积为 445.7 万 hm^2，而高效节水灌溉面积仅为 180 万 hm^2，大水漫灌现象比较普遍，灌溉水有效利用系数为 0.67，与发达国家 0.7 ~ 0.8 的水平还具有一定差距。因此，河北省在调整优化农业结构、农业水资源高效利用等方面仍亟待加强与提升。

2）工业结构变化对工业用水的影响

分别选择 2005 ~ 2016 年第二产业比例、规模以上工业增加值（以下简称工业增加值）与工业用水量进行回归分析，结果如图 4-19 所示。北京工业用水量伴随第二产业比例下降而下降，在 2008 ~ 2014 年出现了比较明显的“团簇”现象，即第二产业比例在此期间稳定在 21.31% ~ 23.33%，变化率不大，而工业用水量也停滞在 5.08 亿 m^3 上下波动，这反映了一个过程，在前期，通过转移与关停重化工等高耗水的产业，从而使工业用水呈现快速下降，但是当下降到一定阶段时，出现了瓶颈期，工业用水量下降速率变缓，当第二产业比例下降到 20% 以下时，工业用水量也相应陡坡式下降到 3.8 亿 m^3；工业增加值与工业用水量也呈现类似的变化。河北工业用水量在 2005 ~ 2014 年呈现波动式下降的趋势，总体上是递减，但在小范围内波动，这种情况的原因可能是河北比较独特的工业结构，河北的高耗水产业比例较大，钢铁、化工、火电等高耗水行业占 65% 以上，粗钢、成品钢和生铁的产量占全国总产量的 25% 以上，焦炭的产量占全国总产量的 14%，工业用水效率较低，河北在这样较短时间内想要彻底淘汰一些高耗水的产业比较困难，但是从外部经济形势来看，为实现可持续发展就必须萎缩或者优化一些高耗水的重工业。

天津则有所不同，天津的第二产业比例逐年降低，但工业用水量则是上升，工业增加值与工业用水量也印证了这一变化，即工业用水量从曲线底部开始缓慢增加，这说明天津市工业节水空间开始萎缩，但工业产值是逐年增加的，工业规模在不断扩大，从而引起用水量的增加。

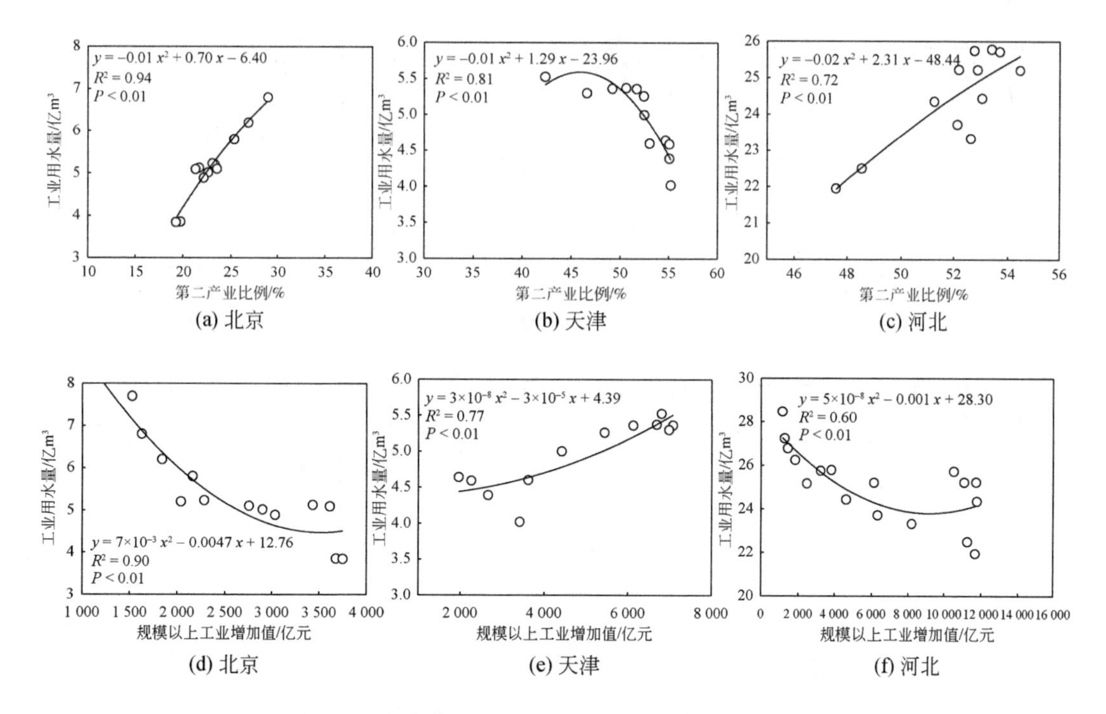

图 4-19　京津冀工业结构变化与工业用水量回归分析

3）城市社会经济发展指标对生活用水量的影响

生活用水量的变化受城市社会经济发展的影响较大，为了更加清晰地反映生活用水量的变化特征，选取城市社会经济发展指标中的第三产业比例、城镇化率、人均 GDP 与城镇居民可支配收入 4 项指标与生活用水量进行回归分析，结果如图 4-20 所示。各回归因子与生活用水量之间均存在拟合度较高的回归关系，表明社会经济发展与生活用水量之间关系最紧密，对生活用水量的变化影响较大，其中北京的拟合度最优，拟合优度 R^2 均大于等于 0. 87。

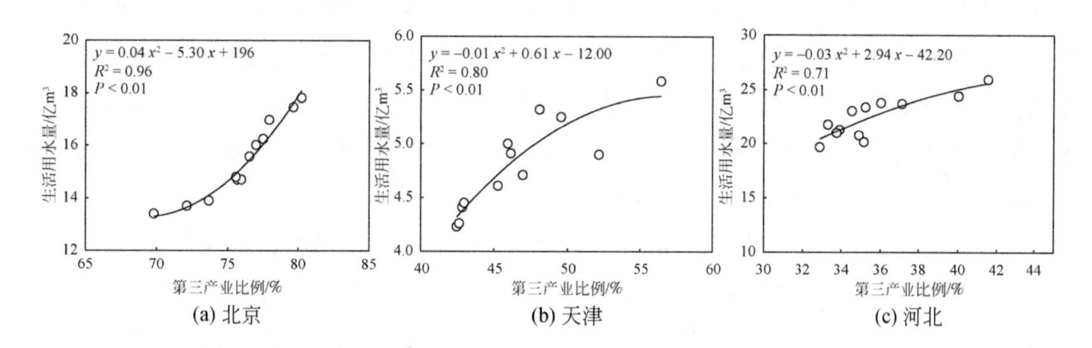

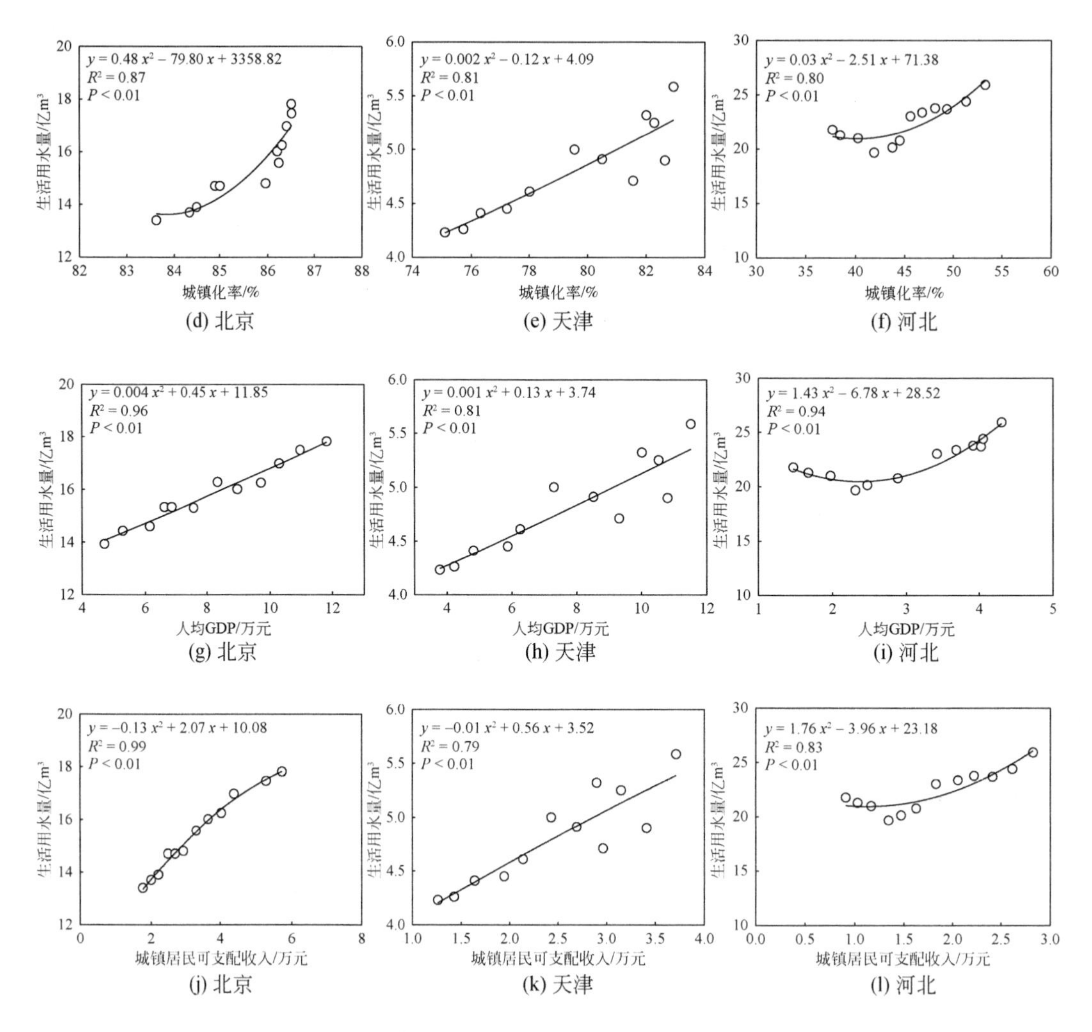

图 4-20　京津冀城市经济发展指标与生活用水量回归分析

生活用水在所有供水中是首先要满足的，但是在日常生活中，城市水资源浪费的现象比比皆是，给原本严峻的水资源供给形势增加了负担。水价能够从经济学的角度反映一个城市生活用水量的变化，一般情况下当区域供水丰盈时，水价相对较低；相反，当水资源供给紧张时，用水需求增大时，水价会随之提升，因此，再选取水价与生活用水量进行分析（廖显春等，2016），结果如图 4-21 所示。

天津随着水价升高，生活用水量有所下降，但随着水价的继续升高反而用水量增加。北京表现得更为显著，水价的升高并未阻止生活用水量的增加。由此可以看出，北京、天津居民经济基础好，可支配收入高，经济的快速发展改变了居民的生活方式，影响了居民的用水观念，这两个城市居民生活要求质量高，除满足正常的用水基本需求外，也更注重高层次的用水享受，水价的增加并未给其经济上带来较大的负担，他们的用水行为是需求

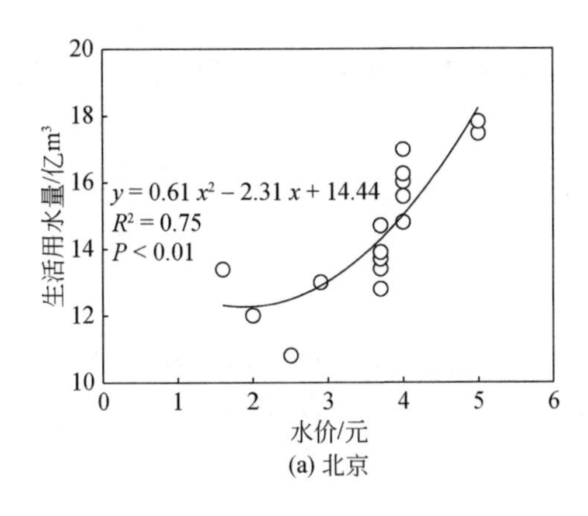

(a) 北京

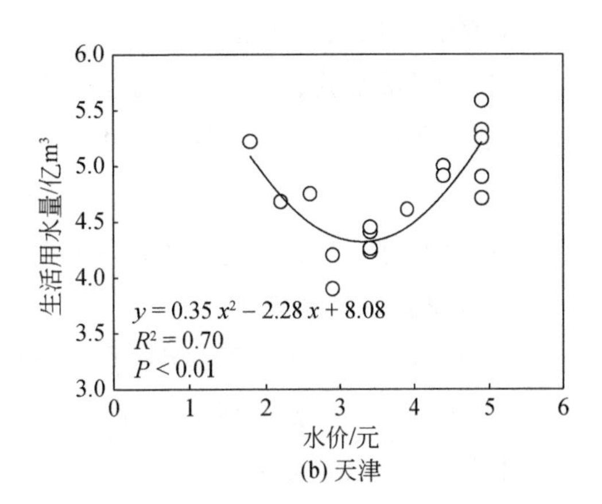

(b) 天津

图 4-21 水价变化对北京、天津生活用水量影响

大于经济成本，所以单纯通过上调水价并未对这两个地区产生较大影响，也反映出城市在制定水价方面还存在改善的空间。

4.2.3 未来城镇化、产业发展演进对水资源需求的影响

水资源的需求量与社会经济的发展密切相关，涉及人口、经济、环境等诸多因素影响，尤其是城镇化、产业发展对水资源需求的影响较大。相比农业需水受到气候变化等自然因素的较大影响，生活需水、工业需水则主要受到社会经济因素的支配。

因此，本节重点分析城镇化、产业发展演进而导致的生活需水量、工业需水量变化。同时采用定额法进行需水预测，即通过研究不同需水部门的主导因素及其数量关系，以历史用水数据为基础，再借助数学模型对未来的生活需水量、工业需水量进行预测分析。

1. 生活需水预测方法

1）Logistic 人口模型

该模型又称自我抑制性方程，其假设在某一生态环境中，某单一种群的增长存在一定的上限阈值，种群数量在逐渐达到上限的过程中，增长率会逐渐降低，种群数量变化呈现“S”形曲线，后来该模型被广泛应用于其他学科，其中对预测人口数量有较好的结果，其基本计算公式为

$$P_t = \frac{c}{1 + a\mathrm{e}^{-bt}} \tag{4-11}$$

式中，P_t 为 t 时人口数量；a、b、c 均为常数，其中 a 为系数，b 为初始增长率，c 为饱和值，即表示最大人口数量；t 为时序。

2）线性回归人口模型

该模型是最常见的曲线拟合方法，当某阶段人口增长速度较一致时，可以采用一元线性回归方法进行预测研究，计算公式为

$$P_t = a + bt \tag{4-12}$$

式中，P_t 为 t 时人口数量；a、b 均为常数。

3）生活用水定额标准

本研究参考国内相关的规范标准，摘取各标准中关于京津冀地区的部分，具体见表4-3。当城市有本城市的相关细则标准时，以各城市具体标准为依据，当城市无相关细则标准时，则以一般性标准为依据。

表4-3　相关城市生活用水定额标准

<table>
<tr><th>标准名称</th><th>用水定额类别</th><th colspan="2">定额/[L/(人·d)]</th><th>备注</th></tr>
<tr><td>《城市居民生活用水量标准》（GB/T 50331—2002）</td><td>城市居民生活日用水定额</td><td colspan="2">85～140</td><td>—</td></tr>
<tr><td rowspan="6">《室外给水设计标准》（GB 50013—2018）</td><td rowspan="3">城市居民日常生活用水定额</td><td>超大城市</td><td>100～150</td><td>城区常住人口1000万以上</td></tr>
<tr><td>特大城市</td><td>90～140</td><td>城区常住人口500万～1000万</td></tr>
<tr><td>Ⅰ型大城市</td><td>80～130</td><td>城区常住人口300万～500万</td></tr>
<tr><td rowspan="3">综合生活用水量（含公共建筑用水）</td><td>超大城市</td><td>150～240</td><td>城区常住人口1000万以上</td></tr>
<tr><td>特大城市</td><td>130～210</td><td>城区常住人口500万～1000万</td></tr>
<tr><td>Ⅰ型大城市</td><td>110～180</td><td>城区常住人口300万～500万</td></tr>
</table>

河北省颁布了《河北省用水定额》（DB13/T 1161—2016）地方标准预设，标准规定城镇居民生活用水定额为50～140L/(人·d)，农村居民生活用水定额为40～60L/(人·d)，但实行了城镇化改造的农村住宅小区则按城镇居民生活用水标准执行。

由于城镇公共用水部门众多、统计繁琐，一般把城镇公共用水量分摊到城镇居民用水定额中，利用城镇综合用水定额来计算城镇生活用水量。

2. 生活需水预测结果

1）北京生活需水预测结果

A. 人口总量预测

《北京城市总体规划（2016年—2035年）》指出，按照以水定人的要求，根据可供水资源量、人均水资源量实施以水定人的要求，确定北京常住人口规模到2020年控制在2300万人以内，2020年以后长期稳定在这一水平。此外，通过疏解非首都功能，实现人随功能走、人随产业走。降低城六区（东城区、西城区、朝阳区、海淀区、丰台区和石景

山区）人口规模，城六区常住人口在 2014 年基础上每年降低 2 ~ 3 个百分点，争取到 2020 年下降约 15 个百分点，控制在 1085 万人左右，到 2035 年控制在 1085 万人以内。城六区以外平原地区的人口规模有减有增、增减挂钩。山区保持人口规模基本稳定。

2017 年以来北京城六区人口总量呈现一定范围的减少，主要是由于北京市党政机关迁移、北京大兴国际机场建设运行以及雄安新区建设等特殊政策影响，但从长远来看不会长期保持这种递减趋势，未来人口增长率将会放缓。基于以上分析，北京市人口预测选择线性回归法，综合考虑北京市人口发展特征以及规划方案等内容，以 2018 年为预测基准年，设立 2025 年、2030 年、2035 年 3 个规划预测年，并分别设定高、低两类情景进行预测，北京市人口预测见表 4-4 ~ 表 4-6。

表 4-4　北京城六区人口预测

情景	2018 年人口总量/万人	2018 ~ 2025 年增长率/%	2025 年人口预测/万人	2025 ~ 2030 年增长率/%	2030 年人口预测/万人	2030 ~ 2035 年增长率/%	2035 年人口预测/万人
低情景	1165.9	-1.5	1048.8	-0.8	1007.6	-0.4	987.6
高情景	1165.9	-1.0	1086.7	-0.5	1059.8	-0.25	1046.6

表 4-5　北京郊十区人口预测

情景	2018 年人口总量/万人	2018 ~ 2025 年增长率/%	2025 年人口预测/万人	2025 ~ 2030 年增长率/%	2030 年人口预测/万人	2030 ~ 2035 年增长率/%	2035 年人口预测/万人
低情景	988.3	1.5	1096.9	1.0	1152.8	0.5	1181.9
高情景	988.3	1.8	1119.8	1.4	1200.4	0.8	1249.2

表 4-6　北京人口总量预测　　（单位：/万人）

情景	2018 年	2025 年	2030 年	2035 年
低情景	2154.2	2145.7	2160.4	2169.5
高情景	2154.2	2206.5	2260.2	2295.8

将北京郊区、城区人口相加即可得未来北京市人口总量预测值（表 4-6），由表 4-6 可得，两类情景预测结果可以视为未来北京人口总量的变化区间。本节预测的北京人口总量与《北京城市总体规划（2016 年—2035 年）》所预判的结果相一致，预测趋势与规划情况相符，因此基于以上计算分析，本节所预测的北京人口总量是合理的。

B. 城乡人口预测

2018 年北京城镇化率已经高达 86.5%，北京城镇化进程已经进入后期阶段，2011 ~

2018 年一直维持在 86% 左右，每年略有缓慢增长，在城镇化后期阶段，如果利用 Logistic 等模型进行分析，容易造成预测值偏大，因此本研究在历史数据分析的基础上，认为北京市 2025 年以后城镇化率会稳中有升，但波动变幅不大。再结合《北京城市总体规划（2016 年—2035 年）》，随着未来北京市经济城镇化、地域空间城镇化的不断推进，未来北京市城镇化有所增加。基于以上分析，本研究设定北京 2025 年、2030 年、2035 年的城镇化率为 87.0%、87.5%、88.0%，并进行预测，北京未来规划年城镇人口、农村人口数量预测结果见表 4-7。

表 4-7　北京城乡人口数量预测

年份	城镇化率/%	城镇人口/万人		农村人口/万人	
		低情景	高情景	低情景	高情景
2018	86.5	1863.4		290.8	
2025	87.0	1866.8	1919.7	278.9	286.8
2030	87.5	1890.3	1977.7	270.1	282.5
2035	88.0	1909.2	2020.3	260.3	275.5

C. 生活需水量预测

结合北京近年来生活用水情况，并以相关标准为规范，确定北京市 2025 年、2030 年、2035 年城镇居民生活用水定额（含公共用水）分别为 245 L/(人·d)、250 L/(人·d)、255 L/(人·d)；由于北京整体经济发达，农村居民生活用水定额稍低于城镇居民生活用水定额（张士锋等，2016），分别为 235 L/(人·d)、240 L/(人·d)、245 L/(人·d)。将各用水定额与人口数量数据相乘，即得到未来北京市生活需水量，具体见表 4-8。

表 4-8　北京生活需水量预测　　（单位：亿 m^3）

年份	城镇生活需水量		农村生活需水量		生活需水总量	
	低情景	高情景	低情景	高情景	低情景	高情景
2018	—	—	—	—	18.4	
2025	16.69	17.17	2.39	2.46	19.08	19.63
2030	17.25	18.05	2.37	2.47	19.62	20.52
2035	17.77	18.80	2.33	2.46	20.10	21.26

2）天津生活需水预测结果

A. 人口总量预测

由图 4-22 可得，2018 年天津常住人口总量为 1560 万人，较 2017 年增加了 3 万人，城镇人口总量为 1297 万人，城镇化率为 83.1%。从《天津市城市总体规划（2015—2030 年)》中获悉，天津也将实施“以水定人”等要求，严格控制常住人口规模，到 2020 年，常住人口城镇化率达到 87%；到 2030 年，常住人口城镇化率达到 91%。结合图 4-22 可以看出，天津人口总量变化特征呈现 Logistic 曲线形态。另外，由图 4-23 可得，天津 2000 ~ 2018 年人口增量差异较大，2010 年较 2009 年天津人口总量增加了 71 万人，而 2017 年较 2016 年人口总量却减少了 5 万人，因此难以通过预设未来人口增长率来进行分段预测。雷鸣（2005）和王舒容（2013）等通过对天津人口规模研究得到未来天津人口规模总体呈现先增长再减少的过程，人口规模饱和值 c 在 1600 万 ~ 1650 万人。因此综合以上分析，本章对天津人口总量预测采用 Logistic 人口模型，将人口规模饱和值 c 设定为 1600 万人和 1650 万人两种情景，天津 Logistic 人口模型拟合优度 R^2 分别为 0.947、0.956，计算结果见图 4-24 和表 4-9。

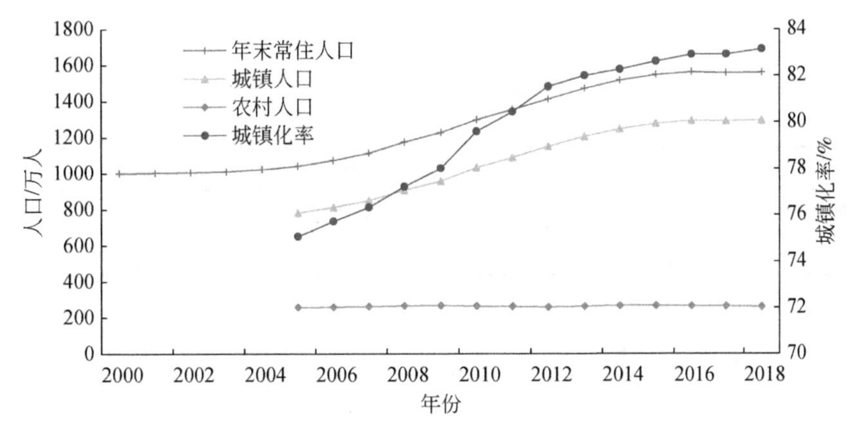

图 4-22　天津城乡人口数量与城镇化率变化

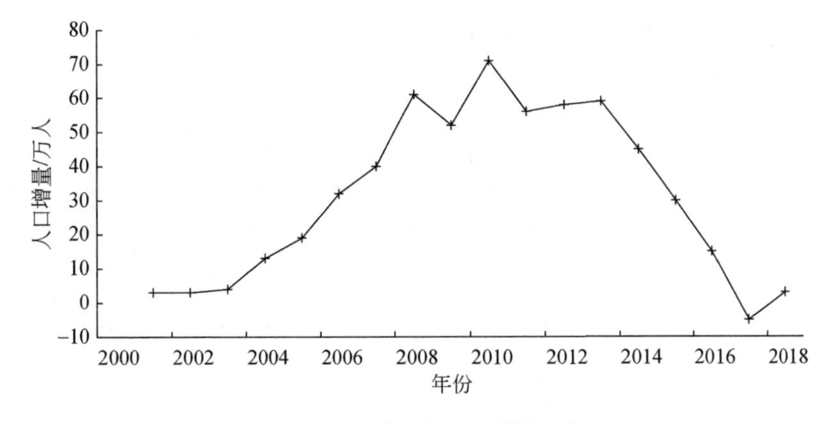

图 4-23　天津逐年人口增量变化

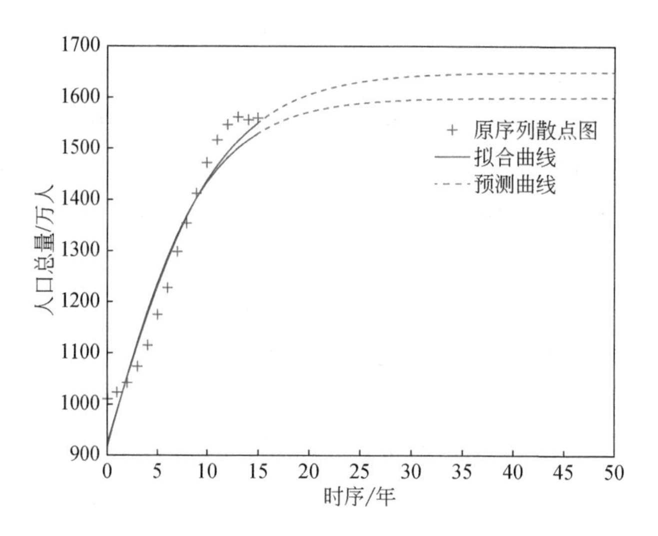

图 4-24　基于 Logistic 模型的天津人口总量预测曲线

表 4-9　天津市人口总量预测　（单位：万人）

情景	2018 年	2025 年	2030 年	2035 年
低情景（c=1600）	1560	1580.8	1592.4	1597.0
高情景（c=1650）	1560	1618.4	1636.2	1644.0

B. 城镇化率与城乡人口预测

依据《天津市城市总体规划（2015—2030 年）》中对未来城镇化率的预估，可以基于 Logistic 模型，将模型中饱和值 c 设置为 91%，对天津城镇化率进行预测，若计算结果与规划相符，则在一定程度上说明预测是合理的，计算结果见图 4-25 和表 4-10。

利用 Logistic 模型（拟合优度 R^2 = 0.966）拟合得到天津 2025 年、2030 年、2035 年城镇化率分别为 86.7%、87.9%、88.9%。

表 4-10　天津城乡人口数量预测

年份	城镇化率/%	城镇人口/万人		农村人口/万人	
		低情景	高情景	低情景	高情景
2018	83.1	1296		264	
2025	86.7	1370.6	1403.2	210.2	215.2
2030	87.9	1399.7	1438.2	192.7	198.0
2035	88.9	1419.7	1461.5	177.3	182.5

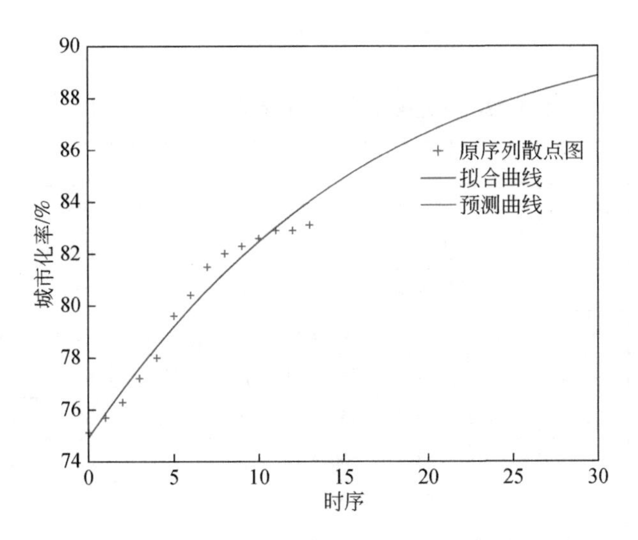

图 4-25　基于 Logistic 模型的天津城镇化率预测曲线

C. 天津生活用水量预测

综合考虑未来天津居民生活水平及历史用水规律，一方面采用回归分析法对天津历史用水定额数据进行分析，另一方面以相关用水定额标准为主要依据，最终确定天津 2025 年、2030 年、2035 年城镇居民综合生活用水定额（含公共用水）为 165 L/(人·d)、185 L/(人·d)、200 L/(人·d)，农村居民生活用水定额为 105 L/(人·d)、110 L/(人·d)、120 L/(人·d)，计算结果见表 4-11。

表 4-11　天津生活需水量预测　　（单位：亿 m^3）

年份	城镇生活需水量		农村生活需水量		生活需水总量	
	低情景	高情景	低情景	高情景	低情景	高情景
2018	—		—		7.41	
2025	8.25	8.45	0.81	0.82	9.06	9.27
2030	9.45	9.71	0.77	0.79	10.22	10.50
2035	10.36	10.67	0.78	0.80	11.14	11.47

3）河北各城市生活需水预测

A. 人口数量与城镇化率预测

首先对河北 11 个城市 2000 ~ 2017 年常住人口总量数据进行建模分析，依据不同城市的人口发展规律选择合适的人口增长模型，其次以河北 11 个城市的历史城镇化率为数据基础，基于 Logistic 增长曲线模型对未来各城市城镇化率进行预测，并结合各城市发展规划等政策，最终得到未来 2025 年、2030 年、2035 年河北 11 个城市的人口总量城镇化，结果见表4-12。

表4-12　河北各城市城镇化率与人口数量预测

城市	2025年				2030年				2035年			
	城镇化率/%	城镇人口/万人	农村人口/万人	总人口/万人	城镇化率/%	城镇人口/万人	农村人口/万人	总人口/万人	城镇化率/%	城镇人口/万人	农村人口/万人	总人口/万人
石家庄	68.2	773.9	360.9	1134.8	70.8	843.2	347.7	1190.9	72.5	906.0	343.6	1249.6
唐山	68.5	540.9	248.8	789.7	71.1	567.2	230.6	797.8	72.7	584.6	219.5	804.1
秦皇岛	64.4	201.2	111.2	312.4	67.2	212.3	103.6	315.9	69.1	220.1	98.4	318.5
邯郸	61.6	682.0	425.2	1107.2	64.1	732.0	409.9	1141.9	65.7	768.8	401.4	1170.2
邢台	56.6	461.3	353.7	815.0	58.8	500.4	350.6	851.0	60.1	535.3	355.3	890.6
保定	57.1	673.2	505.8	1179.0	59.3	705.9	484.5	1190.4	60.6	726.7	472.4	1199.1
张家口	62.1	301.9	184.2	486.1	64.6	319.3	174.9	494.2	66.0	331.6	170.8	502.4
承德	56.9	228.5	173.0	401.5	59.2	243.8	168.0	411.8	60.5	255.6	166.8	422.4
沧州	57.2	475.0	355.4	830.4	59.3	515.6	353.8	869.4	60.4	549.8	360.4	910.2
廊坊	64.7	341.5	186.3	527.8	67.4	381.3	184.5	565.8	69.1	419.2	187.4	606.6
衡水	56.7	265.5	202.7	468.2	59.1	282.1	195.2	477.3	60.4	293.2	192.2	485.4

B. 各城市生活需水量预测

参考《河北省用水定额》地方标准与国家相关标准等，并借鉴已有研究成果，最终确定河北省11个城市的城镇居民综合生活用水定额（含公共用水）与农村居民生活用水定额，计算结果见表4-13和表4-14。

表4-13　河北各城市生活需水定额预测　　［单位：L/(人·d)］

城市	2025年		2030年		2035年	
	城镇定额	农村定额	城镇定额	农村定额	城镇定额	农村定额
石家庄	150	95	160	100	175	105
唐山	180	95	185	100	195	105
秦皇岛	155	90	160	95	165	100
邯郸	100	70	110	75	115	80
邢台	90	75	100	80	110	85
保定	110	80	120	85	130	90
张家口	110	80	120	85	130	90
承德	130	80	140	85	150	90
沧州	100	75	110	80	120	85

续表

城市	2025 年		2030 年		2035 年	
	城镇定额	农村定额	城镇定额	农村定额	城镇定额	农村定额
廊坊	145	90	155	95	170	100
衡水	95	80	105	85	115	90

表 4-14　河北各城市生活需水量预测　　（单位：亿 m^3）

城市	2016 年	2025 年			2030 年			2035 年		
		城镇	农村	总量	城镇	农村	总量	城镇	农村	总量
石家庄	4.3	4.24	1.25	5.49	4.92	1.27	6.19	5.79	1.32	7.11
唐山	4.1	3.55	0.86	4.41	3.83	0.84	4.67	4.16	0.84	5.00
秦皇岛	1.3	1.14	0.37	1.51	1.24	0.36	1.60	1.33	0.36	1.69
邯郸	2.7	2.49	1.09	3.58	2.94	1.12	4.06	3.23	1.17	4.40
邢台	1.9	1.52	0.97	2.49	1.83	1.02	2.85	2.15	1.10	3.25
保定	3.6	2.70	1.48	4.18	3.09	1.50	4.60	3.45	1.55	5.00
张家口	1.3	1.21	0.54	1.75	1.40	0.54	1.94	1.57	0.56	2.13
承德	1.2	1.08	0.51	1.59	1.25	0.52	1.77	1.40	0.55	1.95
沧州	2.2	1.73	0.97	2.70	2.07	1.03	3.10	2.41	1.12	3.53
廊坊	2.2	1.81	0.61	2.42	2.16	0.64	2.80	2.60	0.68	3.28
衡水	1.0	0.92	0.59	1.51	1.08	0.61	1.69	1.23	0.63	1.86
总计	25.8	22.39	9.24	31.63	25.81	9.45	35.26	29.32	9.88	39.20

未来河北人口总量呈现增长趋势，所以未来河北 11 个城市的生活需水量也呈现增长趋势。可以将各地市生活需水量求和得到河北生活需水总量，从总量上来判断预测结果的合理性，2016 年河北省生活需水总量为 25.8 亿 m^3，预测 2025 年、2030 年、2035 年河北省生活需水总量为 31.63 亿 m^3、35.26 亿 m^3、39.20 亿 m^3，从全省的预测总量来看符合需水增长的趋势性。

3. 工业需水预测方法

工业需水与工业生产技艺（节水）水平、生产规模等息息相关，生产技术决定需水定额。伴随科技的不断发展，在工业生产过程中通过技术升级、技术改造等手段会不断提高节水水平；而规模产量大小则决定了工业需水量的多少。

采用定额法对工业需水进行预测，即基于历史工业用水数据建立对万元工业增加值、万元工业增加值需水量的数学回归模型，预测 2025 年、2030 年、2035 年两项指标的数值，从而实现工业需水预测。

1）工业增加值预测方法

实践表明，在经济发展的前期阶段，由于工业资料充足、市场利好等因素，工业增加值会呈现高增长发展态势，但这种高增长并不是永久的，在经济发展的中后期阶段，受内部工业结构老化、外部市场不利等影响，工业增加值增长率会逐渐减缓，甚至会进入零增长阶段，这是工业发展的规律。因此结合工业发展的特点，对工业增加值的预测常见的有Logistic 增长曲线模型、增长率法等。

A. Logistic 增长曲线模型

与人口增长模型相类似，Logistic 适合模拟某种预测变量在逐渐达到上限的过程中，增长率逐渐降低，变化呈现“S”形曲线的问题，因此结合工业增加值的发展规律，Logistic 增长曲线模型适合模拟与预测工业增加值全局变化，其基本计算公式为

$$G_t = \frac{c}{1 + a\mathrm{e}^{-bt}} \tag{4-13}$$

式中，G_t 为 t 时工业增加值；a、b、c 均为常数，其中 a 为系数，b 为初始增长率，c 为饱和值，即表示最大工业增加值；t 为时序。

B. 增长率法

由工业发展的特点可知，工业发展进入一个相对稳定持续发展时期，年工业增加值增长率在某个时期处于相对稳定状态，增长率法适合某阶段工业增长速度较一致时。

2）万元工业增加值需水量预测方法

工业化进程中诸多因素会影响万元工业增加值需水量的变动，特别是产业结构、工业发展政策、工业技术发展水平、节水技术水平、水资源禀赋、水价及水权状况等，尤其是在发展过程中政策因素极大地影响区域万元工业增加值需水量，如通过调整工业产业结构，迁出或关停耗水量大的一些产业，势必会引起用水量的突变，从发展规律来看，工业用水定额整体呈现下降的趋势。

学界有关万元工业增加值需水量预测方法研究较多，如时间序列趋势预测法、回归曲线拟合预测法、经验评估法、系统动力学模型预测法、定额预测法等，以上方法各有优劣之处，预测的精度较大程度上取决于该地区数据的长度及准确度，以及该地区未来工业发展的方向。经过文献比较分析，三参数型指数模型曾用于河北、上海等多个城市的用水定额预测，并且其预测结果较优（王雪梅，2015；岳俊涛，2016），因此本研究采用三参数型指数模型对研究区各城市万元工业增加值需水量进行预测研究。

$$W_t = a\,\mathrm{e}^{\frac{b}{t-c}} \tag{4-14}$$

式中，W_t 为万元工业增加值需水量；t 为年份；a、b、c 为常数。

4. 工业需水预测结果

1）北京工业需水预测

A. 万元工业增加值需水量预测

将 2000 ~ 2018 年万元工业增加值需水量数据代入三参数型指数模型，得到三参数型指数模型的 R^2 为 0.988，模型拟合精度较优，最终计算结果见图 4-26 和表 4-15。

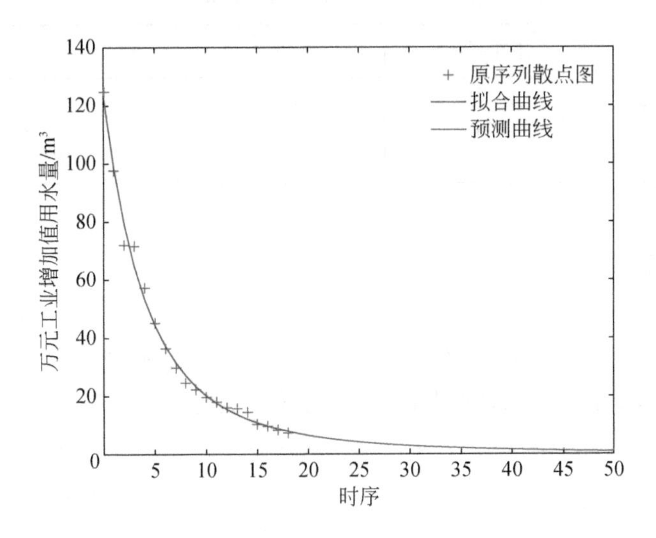

图 4-26　北京万元工业增加值需水量预测曲线

表 4-15　北京万元工业增加值需水量预测　（单位：m³）

指标	2025 年	2030 年	2035 年
万元工业增加值需水量	5. 12	4. 33	3. 13

B. 工业增加值与工业需水量预测

北京 2000 ~ 2007 年工业增加值增长率呈现持续增加态势，但其 2007 ~ 2018 年的工业增加值增长率呈现递减趋势。从北京工业增加值的变化历程来看，早期增长速度较快，到后期增长速度放缓，甚至可能趋近于零增长，这种变化态势比较符合 Logistic 增长曲线模型，因此，本研究选择该模型对北京工业增加值进行预测研究。本节设定北京工业增加值未来在［5500，6500］亿元，因此设定两个饱和值作为低情景与高情景，结果见表 4-16 和表 4-17。

表 4-16　北京工业增加值预测　（单位：亿元）

工业增加值	2018 年	2025 年	2030 年	2035 年
低情景（c=5500）	4139.9	5336.1	5459.8	5468.3
高情景（c=6500）		6013.3	6147.6	6221.1

表 4-17　北京工业需水量预测　（单位：亿 m³）

类别		2018 年	2025 年	2030 年	2035 年
工业需水量	高情景	3.30	3.08	2.67	1.95
	低情景		2.73	2.36	1.71

2）天津工业需水预测

A. 万元工业增加值需水量预测

同理将天津工业用水定额数据代入三参数型指数模型，得到模型的 R^2 为 0.987，模型拟合精度较高，天津万元工业增加值需水量预测值见图 4-27 和表 4-18。

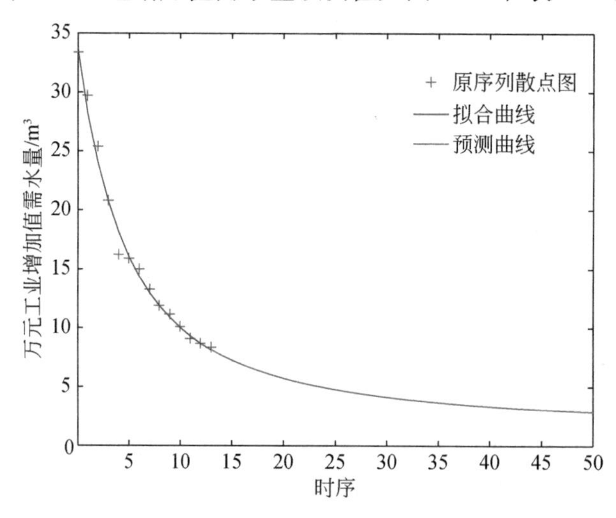

图 4-27　天津万元工业增加值需水量预测曲线

表 4-18　天津万元工业增加值需水量预测　（单位：m³）

指标	2025 年	2030 年	2035 年
万元工业增加值需水量	5.86	5.46	5.20

B. 工业增加值与工业需水量预测

由图 4-28 可得，2010 年以来天津工业增加值呈现放缓的增长趋势，增长率逐年递减，综合考虑以上分析，天津工业增加值预测适合采用 Logistic 模型进行预测分析。

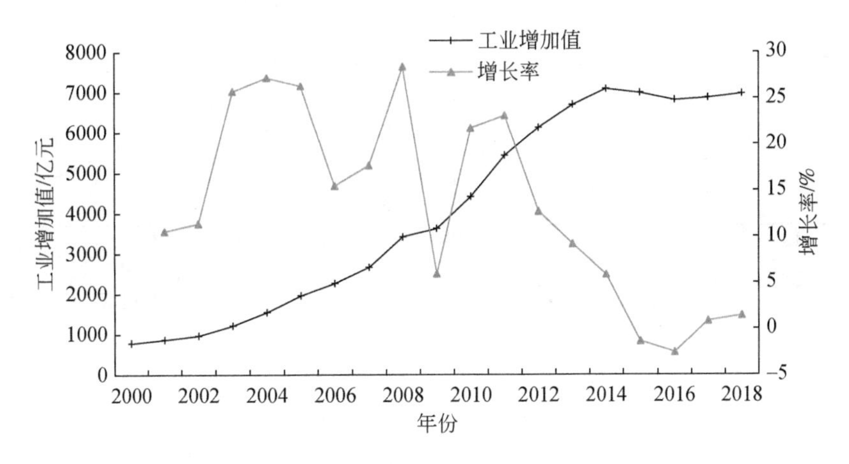

图 4-28　天津工业增加值及增长率变化

利用 Logistic 模型，设定天津市工业增加值未来在［7500，8500］亿元，因此设定两个饱和值作为低情景与高情景，结果见表 4-19 和表 4-20。

表 4-19　天津工业增加值预测　（单位：亿元）

工业增加值	2018 年	2025 年	2030 年	2035 年
低情景（c=7500）	6798.7	7314.0	7447.3	7485.2
高情景（c=8500）		8095.6	8366.6	8456.8

表 4-20　天津工业需水量预测　（单位：亿 m^3）

类别		2018 年	2025 年	2030 年	2035 年
工业需水量	高情景	5.44	4.74	4.57	4.40
	低情景		4.29	4.07	3.89

3）河北各城市工业需水预测

A. 万元工业增加值需水量预测

将河北各城市万元工业增加值用水量历史数据代入三参数型指数模型，得到各城市模型的拟合优度与 2025 年、2030 年、2035 年的预测值，具体计算结果见图 4-29 和表 4-21。

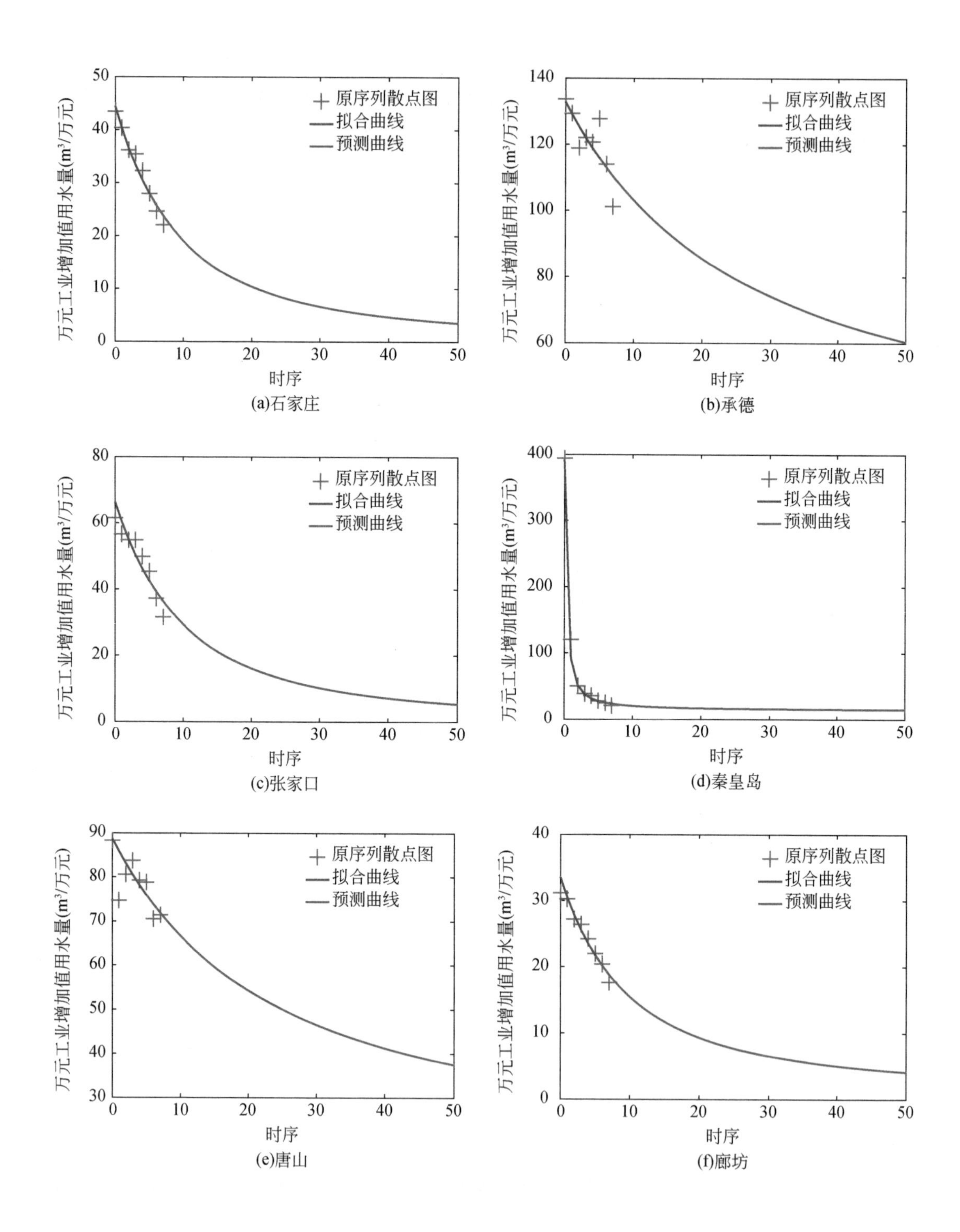

(a)石家庄　(b)承德

(c)张家口　(d)秦皇岛

(e)唐山　(f)廊坊

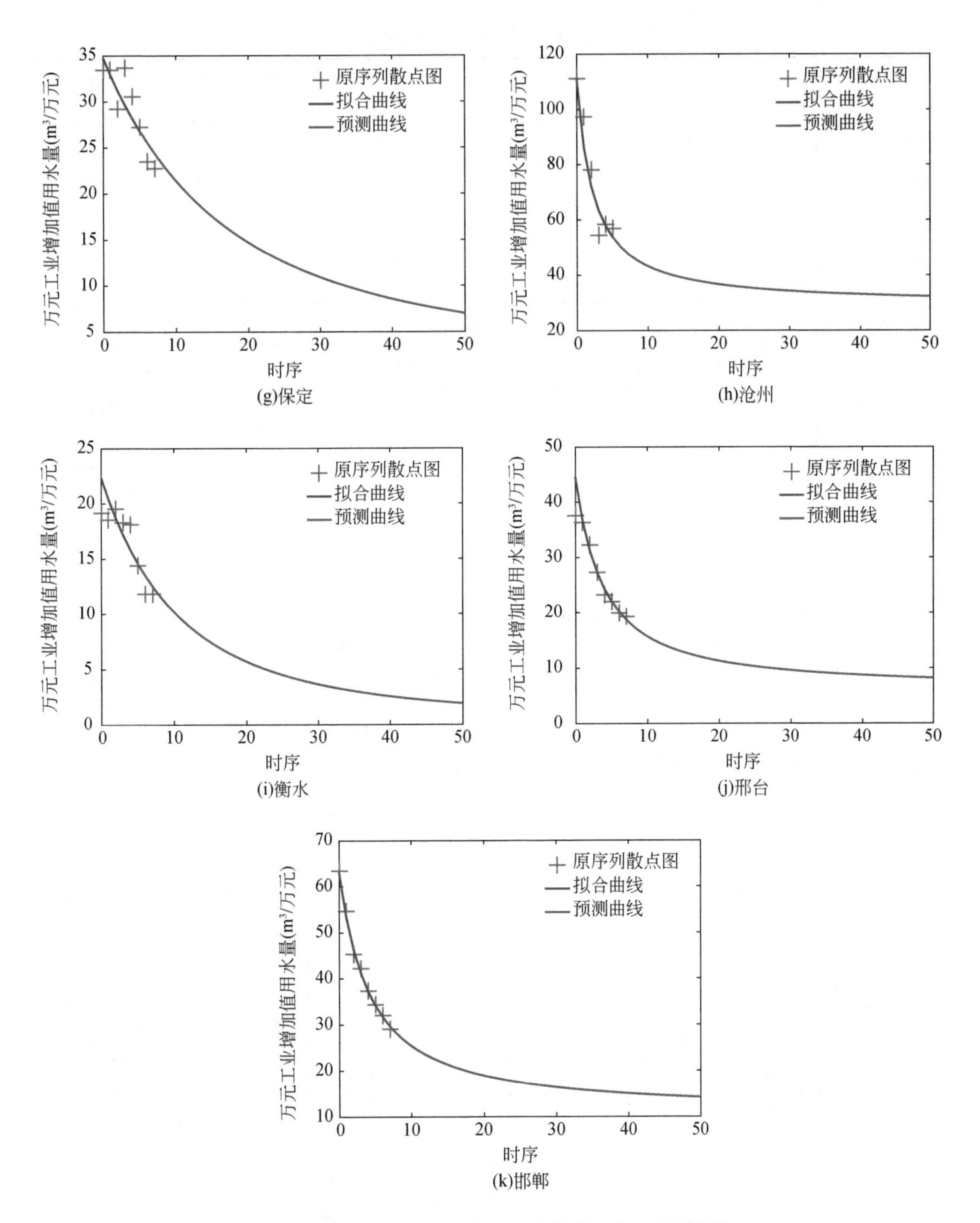

图 4-29 河北省各城市万元工业增加值需水量预测曲线

表 4-21　河北各城市万元工业增加值需水量预测

城市	2016 年/亿 m³	2025 年/亿 m³	2030 年/亿 m³	2035 年/亿 m³	R^2
石家庄	24.75	13.78	10.16	8.56	0.966
承德	114.08	68.21	48.83	43.87	0.801
张家口	37.30	16.97	11.67	9.09	0.874
秦皇岛	25.16	14.01	11.83	10.26	0.994
唐山	70.51	47.06	37.86	33.94	0.883
廊坊	20.44	9.38	6.70	5.43	0.967
保定	23.49	13.41	10.10	8.54	0.745
沧州	58.50	30.92	25.82	23.36	0.919
衡水	11.87	5.70	3.91	3.06	0.730
邢台	20.02	8.25	5.72	4.56	0.971
邯郸	32.11	16.34	13.08	11.90	0.996

B. 工业增加值与工业需水量预测

诸如北京处于工业化进程后期的城市，工业增加值增长速度逐步放缓，适合采用 Logistic 模型进行预测，而河北各城市第二产业比例呈现递增趋势，工业是区域经济发展的主要支柱产业，因此，针对河北各城市工业增加值预测采用分阶段增长率法预测比较符合现实发展情况，具体预测结果见表 4-22 和表 4-23。

表 4-22　河北各城市工业增加值预测

城市	2016 年/亿元	2016～2025 年增长率/%	2025 年/亿元	2025～2030 年增长率/%	2030 年/亿元	2030～2035 年增长率/%	2035 年/亿元
石家庄	1251.9	3.9	1760.1	2.2	1966.2	1.8	2144.4
承德	186.1	3.7	257.0	2.2	287.1	1.6	311.0
张家口	257.9	3.4	349.4	2.2	390.3	1.4	418.4
秦皇岛	208.4	4.0	297.5	2.2	332.4	1.8	363.8
唐山	1163.6	3.1	1528.0	2.2	1707.0	1.1	1804.7
廊坊	255.1	3.7	353.5	2.2	394.9	1.5	426.2
保定	477.2	3.0	622.6	2.2	695.6	1.0	730.3
沧州	407.7	3.5	556.5	2.2	621.7	1.4	666.5
衡水	279.7	4.0	396.5	2.2	442.9	1.7	483.0
邢台	388.5	3.8	542.3	2.2	605.8	1.7	658.4
邯郸	589.1	3.6	808.6	2.2	903.3	1.6	978.4

表 4-23 河北各城市工业需水量预测 （单位：亿 m^3）

城市	2016 年	2025 年	2030 年	2035 年
石家庄	3.10	2.42	2.00	1.84
承德	2.12	1.75	1.40	1.33
张家口	0.96	0.59	0.46	0.38
秦皇岛	0.52	0.42	0.39	0.37
唐山	8.20	7.19	6.46	6.12
廊坊	0.52	0.33	0.26	0.23
保定	1.12	0.84	0.70	0.62
沧州	2.39	1.72	1.61	1.56
衡水	0.33	0.23	0.17	0.15
邢台	0.78	0.45	0.35	0.30
邯郸	1.89	1.32	1.18	1.16
小计	21.93	17.26	14.98	14.06

第5章　京津冀虚拟水流通时空格局

5.1　京津冀水足迹核算方法

5.1.1　水足迹与虚拟水概念

早在20世纪80年代，以色列一些经济学家提出过要用粮食进口的方式来降低国内水资源的消耗，用以缓解水资源压力，这对虚拟水及虚拟水贸易的发展具有重要的启蒙作用。1994年英国的Allan教授创造性地提出“虚拟水”的概念，即隐含于商品之中的产品生产过程中所消耗的水资源量。此后，虚拟水研究进入快速发展阶段，大量学者对此开展了相关研究（Allan，1999；Qadir et al.，2003）。2002年荷兰科学家Hoekstra在虚拟水的基础提出了水足迹的概念，用以衡量国家、地区或个人在一定时间内消费的产品或服务所需要的水资源数量（Hoekstra，2002）。它从水资源消耗的数量、类型、效率，以蓝水足迹、绿水足迹、灰水足迹为评价指标（蓝水足迹一般是指对地表水或者地下水的消耗，绿水足迹一般是指降水，灰水足迹一般是指稀释产品生产过程中产生的污染物所产生的水资源理论消耗），能够较为全面地揭示和分析人类活动对水资源的真实需求与占用量。由此基于虚拟水和水足迹理论，充分了解和解析人类活动对水资源的利用情况，对于区域水资源配置和水资源需求管理有重要的理论价值与现实意义。

虚拟水和水足迹概念提出以来，得到了蓬勃的发展，关于虚拟水和水足迹的研究拓展到多个领域，包括产品虚拟水和水足迹的量化及其影响因素、基于虚拟水和水足迹理论的自然资源可持续发展、区域虚拟水和水足迹生产与消费对水资源的影响、国家和区域间虚拟水贸易、虚拟水战略与水资源安全和粮食安全的关系、虚拟水战略优势度分析等（田贵良和王希为，2018；李红颖等，2018；Yang et al.，2020；Yuguda et al.，2020；Gómez-Llanos et al.，2020）。

5.1.2 水足迹评价方法

1. 基于田间尺度作物生产水足迹的量化方法

作物生产水足迹（water footprint of crop production，WF_{crop}）是指单位质量的作物生产过程中消耗的广义的水资源量，包括绿水足迹（土壤水，WF_{green}）、蓝水足迹（灌溉水，WF_{blue}），按照《水足迹评价手册》，水足迹计算公式如下：

$$WF_{crop}=WF_{green}+WF_{blue} \tag{5-1}$$

式中，WF_{crop}为作物生产水足迹（m^3/t），利用作物生长期需水量和潜在蒸散发，作物绿水足迹和蓝水足迹计算公式如下：

$$WF_{green}=\frac{CWU_{green}}{Y}=\frac{10\ ET_{green}}{Y} \tag{5-2}$$

$$WF_{blue}=\frac{CWU_{blue}}{Y}=\frac{10\ ET_{blue}}{Y} \tag{5-3}$$

式中，CWU_{green}、CWU_{blue}为作物生长过程中对绿水和蓝水的消耗量（m^3/hm^2）；Y为某作物的单位面积产量（t/hm^2）；10 为转化系数，其中绿水蒸散发（$10\ ET_{green}$，mm/d）与蓝水蒸散发（ET_{blue}，mm/d）计算公式如下：

$$ET_{green}=\min（ET_c，P_{eff}） \tag{5-4}$$

$$ET_{blue}=\max（0，ET_c-P_{eff}） \tag{5-5}$$

$$ET_c=K_c\times ET_0 \tag{5-6}$$

式中，K_c 为作物系数，由作物特性和土壤的平均蒸发效应决定；P_{eff}为有效降水量，采用美国农业部土壤保持局（USDA-SCS）的方法进行计算（高海燕等，2020）：

$$P_{eff,dec}=\begin{cases}P_{dec}\times（125-0.6\times P_{dec}）/125 & P_{dec}\leqslant（250/3）\text{ mm}\\ 125/3+0.1\times P_{dec} & P_{dec}>（250/3）\text{ mm}\end{cases} \tag{5-7}$$

式中，P_{dec}为旬降水量，本节中计算尺度细化至旬，作物生育期内的绿水、蓝水消耗为生育期内各旬消耗的累积值。

ET_0 采用 Penman-Monteith 公式：

$$ET_0=\frac{0.408\Delta（R_n-G）+\gamma\dfrac{900}{T+273}U_2（e_s-e_a）}{\Delta+\gamma（1+0.34U_2）} \tag{5-8}$$

式中，R_n 为作物表面辐射量 [MJ/(m^2·d)]；G 为土壤热通量 [MJ/(m^2·d)]；Δ 为饱和水汽压与温度关系曲线的斜率（kPa/℃）；γ 为湿度计常数（kPa/℃）；T 为空气平均温度（℃）；U_2 为地面以上 2 m 高处的风速（m/s）；e_s 和 e_a 分别为饱和水汽压和实际水汽压（hPa）。

作物生长过程中氮肥在化肥施用中的比例最高，对农业面源污染的贡献最大，因此在农业灰水足迹的计算中可引入稀释淋失氮的需水量，本书农业灰水足迹指稀释作物生长阶段所产生的淋失氮并使其达到标准规范所需要的淡水体积，参照《水足迹评价手册》中的计算方法，农业生产灰水足迹量（WF_{grey}，m^3/t）计算公式为

$$WF_{grey}=\frac{(\alpha\times AR)/(c_{max}-c_{nat})}{Y} \tag{5-9}$$

式中，α 为氮肥淋失率；AR 为折纯后每公顷氮肥施用量（kg/hm^2）；c_{max}为污染物的水质标准质量浓度（kg/m^3）；c_{nat}为受纳水体的自然本底质量浓度（kg/m^3）。本书相关参数参照文献中数据，α 取 25%，c_{max}取 0.01 kg/m^3，c_{nat}取 0。

2. 基于区域用水的作物生产水足迹的量化方法

作物生产水足迹指单位质量的作物生产过程中消耗的水资源量，包括绿水足迹、蓝水足迹。各作物产量与当年作物水足迹乘积之和即为当年的作物虚拟水。作物生产水足迹是虚拟水流动量化的基础，其科学合理的量化是将水足迹应用于水资源管理的前提。考虑到在水资源短缺的大背景下，实际灌溉不可能实现充分灌溉，尤其是我国北方缺水地区。本书在相关文献研究（李新生等，2019；黄会平，2019）的基础改进了基于省级行政区划的作物水足迹计算方法，具体见以下计算公式：

$$WF_{crop}=WF_{green}+WF_{blue}=\frac{W_{green}}{Y}+\frac{W_{blue}}{Y} \tag{5-10}$$

$$W_{green}=10\min\left(ET_c,\ P_{eff}\right) \tag{5-11}$$

$$W_{blue}=IRC \tag{5-12}$$

式中，WF_{crop}为作物生产水足迹（m^3/t）；W_{green}为作物单位面积消耗的绿水资源量（m^3/hm^2）；W_{blue}为作物单位面积消耗的蓝水资源量（m^3/hm^2）；ET_c 和 P_{eff}利用式（5-6）和式（5-7）进行计算；IRC 为行政区尺度作物单位面积消耗的灌溉水量（m^3/hm^2）。

作物单位面积蓝水消耗量IRC_i 可以利用作物 i 蓝水资源消耗量占种植业蓝水消耗总量的比例进行推求，计算公式如下：

$$IRC_i=\frac{\left(W_I^t-W_I^v\right)\ \alpha_i}{A_i} \tag{5-13}$$

式中，W_I^t 为区域农田灌溉用水总量（m^3）；W_I^v 为区域菜田灌溉用水量；α_i 为作物 i 蓝水消耗量占区域蓝水消耗总量的比例；A_i 为作物 i 的播种面积（hm^2）；α_i 往往通过式（5-14）推求：

$$\alpha_i=\frac{\left(ET_c^i-P_{eff}^i\right)\times A_i}{\sum_{i=1}^{n}\left[\left(ET_c^i-P_{eff}^i\right)\times A_i\right]} \tag{5-14}$$

当区域作物种类单一或者习性相近时，通过该模型计算较为准确，考虑省市一级作物种植模式和作物灌溉满足程度有所不同，尤其是蔬菜灌溉程度较高，灌溉条件和其他作物有明显区别，且蔬菜种植面积和设施化种植面积不断扩大，在此基础上，本书对计算办法进行了改进。

当灌溉用水低于作物需水时，在缺乏菜田实际灌溉用水的情况下，由于蔬菜灌溉程度较高，假设蔬菜蓝水需求量CWR^{v}_{blue}近似等于蔬菜灌溉用水量。

$$CWR^{v}_{blue}=10\max\left(ET^{v}_{c}-P^{v}_{eff},\ 0\right) \tag{5-15}$$

对设施蔬菜而言，生长环境与露天情况下存在差异性，作物生长对绿水的利用较少，由此假设设施蔬菜生长需水均为蓝水，用水量等于蔬菜露天种植情况下的蓝水与绿水之和。

为进一步提高计算精度，在 2001 ~ 2010 年河北省菜田灌溉用水统计数据的基础上，估算了河北省蔬菜综合灌溉用水修正系数ρ，计算公式如下：

$$\rho=\frac{W_{I-P}}{10(ET^{o}_{c}-P^{o}_{eff})\times A_{o}+[10(ET^{o}_{c}-P^{o}_{eff})+10\min(ET^{o}_{c},P^{o}_{eff})]\times A_{p}} \tag{5-16}$$

式中，ET^{o}_{c} 为露天蔬菜生育期的蒸发蒸腾量（mm）；P^{o}_{eff}为露天蔬菜生育期的有效降水量（mm）；A_{o} 和 A_{p} 分别为露天和设施蔬菜种植面积；W_{I-P}为菜田灌溉用水量。经过计算，ρ 的年均值约为 0.93，可见在缺乏实际菜田灌溉用水量时，本书提出的方法计算结果和统计数据较为接近，方法可行。

除蔬菜外，其他作物单位面积消耗的灌溉水量用区域总灌溉用水量减去菜田灌溉用水量后进行计算，改进后各作物水足迹构成更为贴合实际。

5.1.3 虚拟水估算模型

1. 作物产品虚拟水计算

作物产品虚拟水含量的具体计算根据不同产品类型有所差异。常见的作物产品类型和虚拟水含量的确定有以下几种方式。初级产品虚拟水含量确定与作物生产水足迹计算过程近似，数值结果一致，首先计算出作物需水量，然后通过单位面积需水量除以该作物单位面积产量得到初级产品虚拟水含量。加工产品虚拟水则需要考虑加工中投入初级产品的数量和比例。副产品的虚拟水则可以采用副产品重量比例分配、副产品价值量比例分配或者营养均衡规律等分配方式。非耗水产品通常采用营养均衡规律进行分配（韩宇平等，2011）。

2. 畜牧产品及其他农业衍生品虚拟水计算

畜类活体的虚拟水含量取决于其整个生长过程中消耗的淡水资源量，包括饲养所用的作物包含的虚拟水含量、日常饮用水和清洁圈舍及卫生所产生的服务用水（曹建廷等，2004）。不同区域发展程度和地理位置的差异决定了畜类饲养方式和饲料构成的不同，从而导致虚拟水含量的差别。畜牧产品的虚拟水含量取决于牲畜的种类和加工这种产品所消耗的水。牲畜及部分作物产品虚拟水含量的计算较为复杂，因此相关产品的虚拟水含量（蓝水和绿水）本章直接采用文献（Lamastra et al.，2017；Castillo et al.，2017）已有成果，见表 5-1。

表 5-1　畜牧及部分农产品虚拟水含量　（单位：m^3/t）

产品	虚拟水含量	产品	虚拟水含量
猪肉	5 455	禽蛋	2 482
牛肉	13 290	水产品	3 111
羊肉	5 799	食糖	1 671
家禽	3 117	酒	270
牛奶	1 072	食用油	7 087

3. 生产–消费模式下的农业虚拟水流动核算方法

作物生产是区域虚拟水流动的基础，作物通过生长发育将区域水资源转化为作物产品所包含的虚拟水。作物产品虚拟水主要向区域消费和作为饲料为牲畜生长发育提供保障，多余的部分作为产品对外输出。畜牧产品生产虚拟水一部分来源于区域饲料，另一部分来源于饲料的外部输入。而畜牧产品虚拟水的输出端，包含区域消费和作为产品的对外输出。区域消费包含区域内部产品的供给和外部产品的输入。生产–消费模式下农业虚拟水流动过程如图 5-1 所示。

可见，在各个环节中总伴随着产品的输出和输入，考虑到已有统计数据中缺乏农产品数据的储存与区域间贸易数据，本研究农业虚拟水流动的计算过程基于区域农产品储存量不变、本地输入农产品和输出农产品单位质量水足迹相等等假设条件下进行，具体方法为

$$VWF = VW_{pro} - VW_{con} \tag{5-17}$$

式中，VWF 为虚拟水流动量；VW_{pro}为区域虚拟水生产量；VW_{con}为区域虚拟水消费量。

若$VW_{pro} > VW_{con}$，即区域虚拟水输出到其他地区（国家），差值为输出量。

若$VW_{pro} < VW_{con}$，即区域虚拟水需要从其他地区（国家）输入，差值为输入量。

结合图 5-1 的虚拟水流动过程对式（5-17）进行细化，计算公式为

$$VWF = (VW_{pro\text{-}crop} + VW_{pro\text{-}livestock}) - (VW_{con\text{-}crop} + VW_{con\text{-}livestock}) - VW_{fodder} \tag{5-18}$$

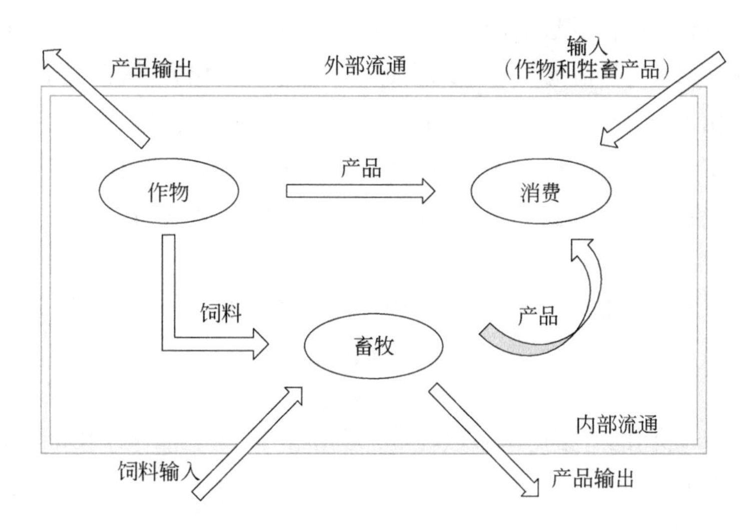

图 5-1　生产–消费模式下农业虚拟水流动过程

式中，VWF 为虚拟水流动量；$VW_{pro\text{-}crop}$ 为作物生产虚拟水；$VW_{pro\text{-}livestock}$ 为畜牧产品生产虚拟水；$VW_{con\text{-}crop}$ 为消费作物产品虚拟水；$VW_{con\text{-}livestock}$ 为消费畜牧产品虚拟水；VW_{fodder} 为喂养牲畜的饲料包含的虚拟水。其中VW_{fodder}可用式（5-19）进行估算：

$$VW_{fodder} = VW_{pro\text{-}livestock} - VW_{livestock\text{-}feed} \tag{5-19}$$

其中，$VW_{livestock\text{-}feed}$ 为牲畜生活用水。

居民日常消费产品种类多种多样，其中以作物、畜牧产品和部分农业衍生产品为主要消费品。虚拟水消费量是居民对消费产品所包含虚拟水的消费总和，计算公式如下：

$$VW_{con} = \sum_{i=1}^{n} V_i \times P_i \tag{5-20}$$

式中，VW_{con} 为区域虚拟水消费量（m^3）；V_i 为第 i 种产品单位质量虚拟水含量（m^3/kg）；P_i 为第 i 种产品的消费量（kg）。需要注意的是，生产条件的改变，产品单位质量生产虚拟水含量也会发生变化。

4. 基于投入产出的虚拟水流通

近年来，基于投入产出方法的虚拟水核算逐渐成为国内外的研究热点（孙才志和刘淑彬，2017；Chen et al.，2017），它不仅可以核算国民经济生产各部门产品的水资源利用效率，还可以系统地分析各地区虚拟水的贸易及流动情况。多区域投入产出模型在我国虚拟水流动及贸易研究中被广泛应用，在全国层面，Jiang 等（2015）研究了国内虚拟水贸易状况，指出水资源匮乏省份为水资源输出区域，经济发达地区严重依赖外部虚拟水输入；Zhang 和 Anadon（2014）指出中国虚拟水由北向南流动，与中国水资源的分布相反。在区域层面，孙才志和张蕾（2009）在测算中国八大区域虚拟水总量的基础上，进一步分析了农业虚拟水的空间分布特征及影响因素。王雪妮（2014）、杜依杭等（2019）分别测算了中国八大区域的虚拟水转移情况。在流域层面，田贵良等（2019）等研究了长江经济的虚拟水流动特征，并指出上游区域之间、中下游区域间各自的贸易交流频繁，但上游同中下游区域虚拟水贸易联系不强。Tian 等（2020）研究了黄河流域内部区域的产业结构，认为经济发达的省份主要从农业部门进口虚拟水，经济较不发达的省份主要从工业部门进口虚拟水。

1）直接用水系数

直接用水系数表示某地区 j 部门生产单位产品的过程中所直接投入的水资源量：

$$f_j=\frac{W_j}{U_j} \tag{5-21}$$

式中，f_j 为某地区 j 部门的直接用水系数（m^3/万元）；W_j 为 j 部门的用水量（m^3）；U_j 为 j 部门的总产出（万元）。

2）完全用水系数

完全用水系数（直接用水和间接用水的总和）是指某部门增加单位产品而引起的整个经济体系总用水量的增加量，可以用来衡量部门生产过程中对整个经济体系的水资源压力：

$$\boldsymbol{f}'_j=f_j\ (\boldsymbol{I}-\boldsymbol{A})^{-1}$$

$$a_{ij}=\frac{x_{ij}}{U_j}\ (i,\ j=1,\ 2,\ \cdots,\ n) \tag{5-22}$$

式中，$\boldsymbol{f}'_j$为某地区 j 部门的完全用水系数行向量（m^3/万元）；$\boldsymbol{I}$ 为单位矩阵；a_{ij}为直接消耗系数；$\boldsymbol{A}$ 为由 a_{ij}构成的直接消耗系数矩阵；x_{ij}为 i 部门在经济方面提供给 j 部门生产或劳务活动中的数量（万元）。

3）拉动系数

拉动系数（也称为用水乘数）表示 j 部门产出增加单位耗水量后引起的整个经济系统耗水量的增加程度，用于研究 j 部门的生产变化对整个经济系统用水的带动作用。

$$L=\boldsymbol{f}'/\boldsymbol{f} \tag{5-23}$$

4）虚拟水产业部门之间转移量

为求虚拟水在产业部门之间的转化运移量，引入虚拟水转移矩阵 **TVW**，计算公式如下：

$$\mathbf{TVW}=\mathbf{VW}-\mathbf{VW}^{\mathrm{T}}$$

$$\mathbf{VW}=\boldsymbol{f}\times\boldsymbol{X}\times(\boldsymbol{I}-\boldsymbol{A})^{-1} \tag{5-24}$$

式中，**VW** 为完全需水矩阵（m^3）；$\boldsymbol{f}$ 为直接用水系数行向量；$\boldsymbol{X}$ 为中间投入矩阵（万元）；**TVW** 为虚拟水转移矩阵（m^3），是完全需水矩阵与自身转置之差。

5）虚拟水区域之间流动量

$$Q_{m-n}=\sum_{j=1}^{n}f'_{jn}\times t_{jn}-\sum_{j=1}^{n}f'_{jm}\times t_{jm} \tag{5-25}$$

式中，Q_{m-n}为 m 地区从 n 地区获得的净虚拟水量（m^3）；f'_{jn}和f'_{jm}分别为 n 地区和 m 地区 j 部门的完全用水系数；t_{jn}表示 m 地区从 n 地区获得的 j 部门产品的总价值（万元）；t_{jm}表示 m 地区调出到 n 地区的 j 部门产品的总价值（万元）。

5.2 京津冀虚拟水流通及其时空格局

5.2.1 京津冀虚拟水流动过程

基于 2015 年全国多区域投入产出表及产业部门间区域之间虚拟水流动计算公式，核算京津冀各产业部门用水特征区域虚拟水流动量。

1. 部门用水系数

依据式（5-21）~式（5-23），结合 2015 年京津冀地区合并后的投入产出表和各部门用水量，计算区域不同部门的直接用水系数、完全用水系数和拉动系数，结果见表 5-2。

表 5-2　京津冀产业部门用水系数

部门	部门编号	直接用水系数/(m^3/万元)	完全用水系数/(m^3/万元)	拉动系数
农业	1	226.1	271.1	1.2
采选业	2	5.5	10.6	1.9
食品及烟草业	3	1.6	80.7	50.4
纺织服装业	4	1.9	65.8	34.6
木材加工业	5	0.7	19.4	27.7
造纸及印刷业	6	4.4	15.2	3.5
石油化工业	7	2.6	16.8	6.5
金属及非金属业	8	2.4	9.5	4.0
设备器材制造业	9	0.5	4.9	9.8
其他制造业	10	0.5	5.8	11.6
电气及水供应业	11	16.0	28.8	1.8
建筑业	12	1.3	6.9	5.3
服务业	13	4.4	9.5	2.2

由表 5-2 可知，农业部门直接用水系数最大，为 226.1 m^3/万元，远高于其他产业部门，说明农业部门生产单位产品需消耗大量的水资源，用水效率低下。设备器材制造业和其他制造业直接用水系数最小，均为 0.5 m^3/万元。食品及烟草业的直接用水系数为 1.6 m^3/万元，完全用水系数为 80.7 m^3/万元，拉动系数最大为 50.4。拉动系数大说明生产过程中间接消耗的水资源量大，且与其他产业部门联系密切，增大该部门产出将较大程

度引起其他部门的水资源消耗。对京津冀区域来讲，农业生产过程中直接消耗的水资源远大于其他产业部门，食品及烟草业、纺织服装业、木材加工业等产业生产过程虽然直接用水系数较小，但间接用水量大导致完全用水系数较大，因此拉动系数大，说明这些产业部门在生产过程中增加产出会引起整个经济系统用水量的增加。因此在制定区域节水措施时，应同时关注直接用水系数和完全用水系数较大的部门。

2. 京津冀区域内部虚拟水转移量

京津冀区域内部2015年部门间虚拟水流动情况如图5-2所示，图5-2中流的宽度表示

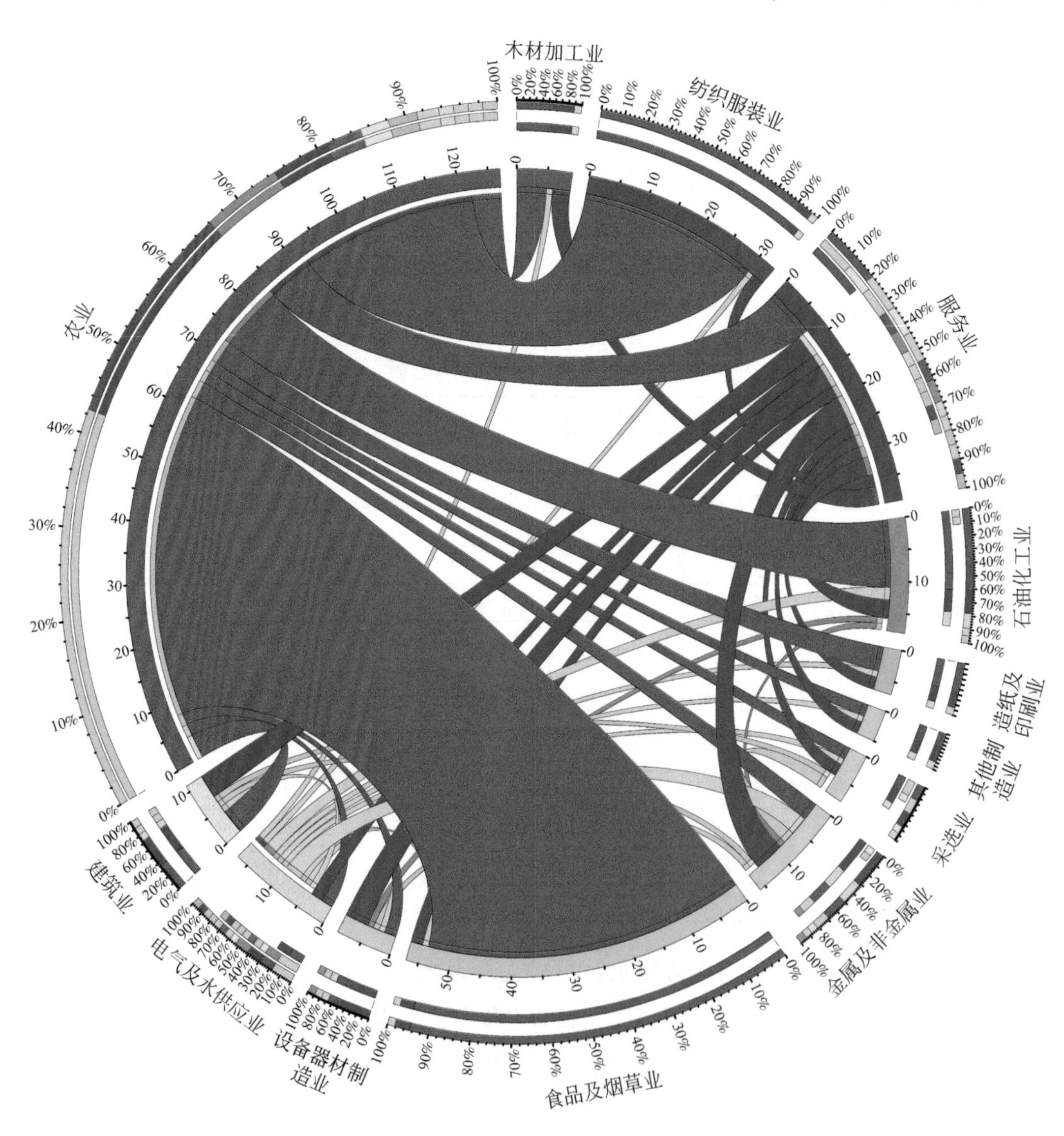

图5-2　京津冀区域内部2015年部门间虚拟水流动量

虚拟水流动量及其所占某部门虚拟水总量的比例，流动方向代表虚拟水的产业部门去向。由图 5-2 可知，农业为最大的虚拟水净输出部门，净输出量为 128.9 亿 m^3。因为农业直接用水系数最大，当各种农产品作为原材料流入到各个部门时，所携带的大量虚拟水也会随之流入，为其他各个部门的生产活动提供水资源支撑；服务业净输出虚拟水量为 23.3 亿 m^3，分别流向各个部门，两个部门都呈现出去向多元的特点。食品及烟草业为最大的虚拟水净输入部门，净输入虚拟水量为 56.8 亿 m^3，虚拟水主要来源于农业；纺织服装业的虚拟水净输入量为 33.8 亿 m^3，农业为主要的输入来源。这两个部门流入量较高，即中间投入量较大，说明它们作为产业链的末端在生产过程中使用了大量来自其他部门的虚拟水。

北京、天津、河北三地区之间的虚拟水流动情况如图 5-3 所示，就京津冀内部而言，河北为虚拟水净输出地区，分别向北京、天津输出虚拟水 4.9 亿 m^3、3.6 亿 m^3。北京、天津为虚拟水净输入地区，天津净输入虚拟水 3.2 亿 m^3，北京净输入虚拟水高达 4.8 亿 m^3。

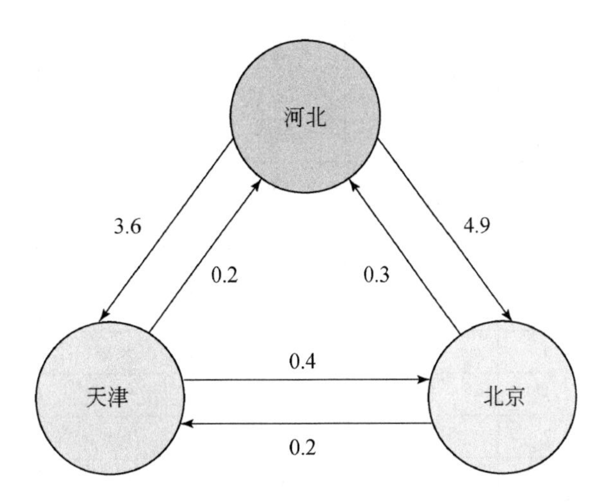

图 5-3　北京、天津、河北虚拟水流动格局（亿 m^3）

3. 京津冀虚拟水外部贸易量

2015 年京津冀地区虚拟水输入量为 164.5 亿 m^3，输出量为 76.1 亿 m^3，净输入量为 88.4 亿 m^3。

1）京津冀分区域同外部贸易量

京津冀分区域虚拟水贸易量见表 5-3。

表 5-3　京津冀分区域虚拟水贸易量　　（单位：亿 m^3）

地区	净输入量	输入量	输出量
北京	57. 1	63. 6	6. 5
天津	46. 4	52. 7	6. 3
河北	-15. 1	48. 2	63. 3
总计	88. 4	164. 5	76. 1

北京、天津呈净输入状态，其他地区（除河北外）向其净输入虚拟水量 103. 5 亿 m^3；河北呈净输出状态，净输出量为 15. 1 亿 m^3。结合表 5-4，北京服务业和河北农业为最大的虚拟水输出部门，分别占北京、河北虚拟水总输出量的 52. 5%、50. 2%；天津食品及烟草业和北京农业为最大的虚拟水输入部门，分别占天津、北京虚拟水输入总量的 41. 3%、38. 2%。

表 5-4　京津冀分区域各部门虚拟水贸易量占比　　（单位：%）

部门	北京		天津		河北	
	输入	输出	输入	输出	输入	输出
农业	38. 2	19. 3	4. 1	1. 9	17. 3	50. 2
采选业	0. 3	0. 7	0. 7	5. 3	1. 4	0. 1
食品及烟草业	9. 0	3. 3	41. 3	33. 7	24. 9	8. 4
纺织服装业	0. 6	0. 0	5. 0	1. 5	12. 0	13. 9
木材加工业	0. 6	0. 1	2. 7	0. 1	1. 5	0. 2
造纸及印刷业	1. 0	0. 2	2. 6	1. 1	1. 6	0. 0
石油化工业	4. 4	2. 6	7. 5	8. 7	10. 6	4. 1
金属及非金属业	2. 3	1. 0	3. 1	11. 3	8. 1	11. 0
设备器材制造业	9. 7	4. 0	3. 6	6. 8	3. 3	1. 6
其他制造业	0. 3	0. 3	0. 3	0. 5	0. 1	0. 0
电气及水供应业	15. 0	15. 8	1. 4	0. 6	2. 7	0. 8
建筑业	15. 6	0. 2	7. 6	0. 0	3. 6	0. 0
服务业	3. 0	52. 5	20. 1	28. 5	12. 9	9. 7
总计	100	100	100	100	100	100

2）京津冀区域同外部贸易量

从空间结构看（图 5-4），新疆、黑龙江、内蒙古向京津冀地区净输入虚拟水量最大，分别为 29. 1 亿 m^3、18. 4 亿 m^3、16. 6 亿 m^3；京津冀地区向山东和上海净输出虚拟水量最大，分别为 7. 5 亿 m^3、6. 0 亿 m^3。京津冀地区对上海、浙江、山东、湖北、广东、重庆 6 省（直辖市）表现为净输出，对山东的净输出量最高，为 7. 5 亿 m^3。

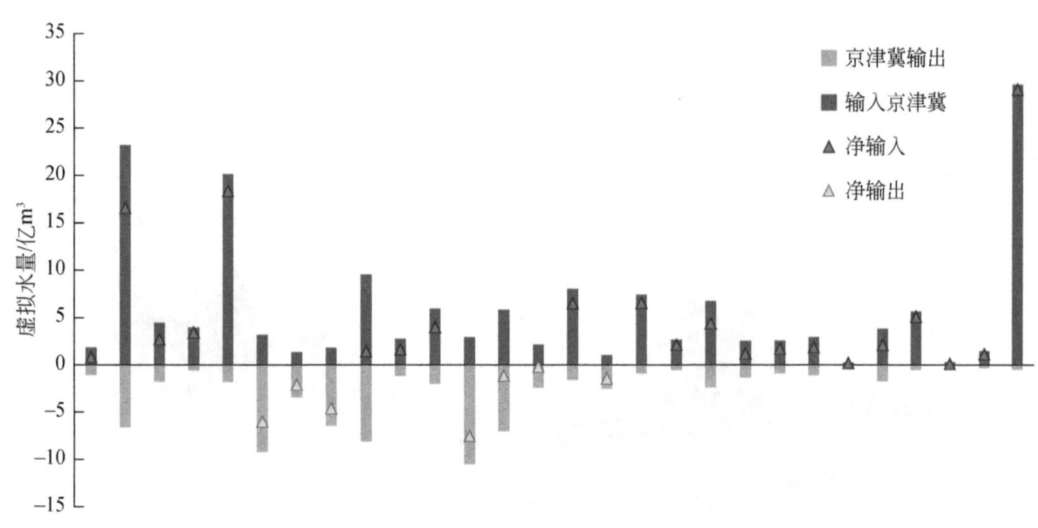

图 5-4　2015 年京津冀地区虚拟水流动空间格局

3）京津冀分部门同外部虚拟水贸易量

A. 北京

2015 年，北京第一产业部门输入虚拟水量为 24.3 亿 m³，输出虚拟水量为 1.3 亿 m³，净输入虚拟水量为 23.0 亿 m³（图 5-5）。其中，向上海、江苏净输出虚拟水，输出总量为 0.3 亿 m³；其余省（自治区、直辖市）向北京第一产业部门净输入虚拟水量为 23.3 亿 m³。第二产业部门输入虚拟水量为 24.7 亿 m³，输出虚拟水量为 1.8 亿 m³，净输入虚拟水量为 22.9 亿 m³。第三产业部门输入虚拟水量为 14.6 亿 m³，输出虚拟水量为 3.4 亿 m³，净输入虚拟水量为 11.2 亿 m³。其中，向上海、浙江净输出虚拟水，输出总量为 0.4 亿 m³；其余省（自治区、直辖市）向北京第三产业部门净输入虚拟水量为 11.6 亿 m³。

B. 天津

2015 年，天津第一产业部门输入虚拟水量为 18.5 亿 m³，输出虚拟水量为 0.1 亿 m³，净输入虚拟水量为 18.4 亿 m³（图 5-6）。第二产业部门输入虚拟水量为 13.1 亿 m³，输出虚拟水量为 4.4 亿 m³，净输入虚拟水量为 8.7 亿 m³。其中，向上海、浙江、山东、广东净输出虚拟水，输出总量为 0.9 亿 m³；其余省（自治区、直辖市）向天津净输入虚拟水量为 9.6 亿 m³。第三产业部门输入虚拟水量为 21.2 亿 m³，输出虚拟水量为 1.8 亿 m³，净输入虚拟水量为 19.4 亿 m³。

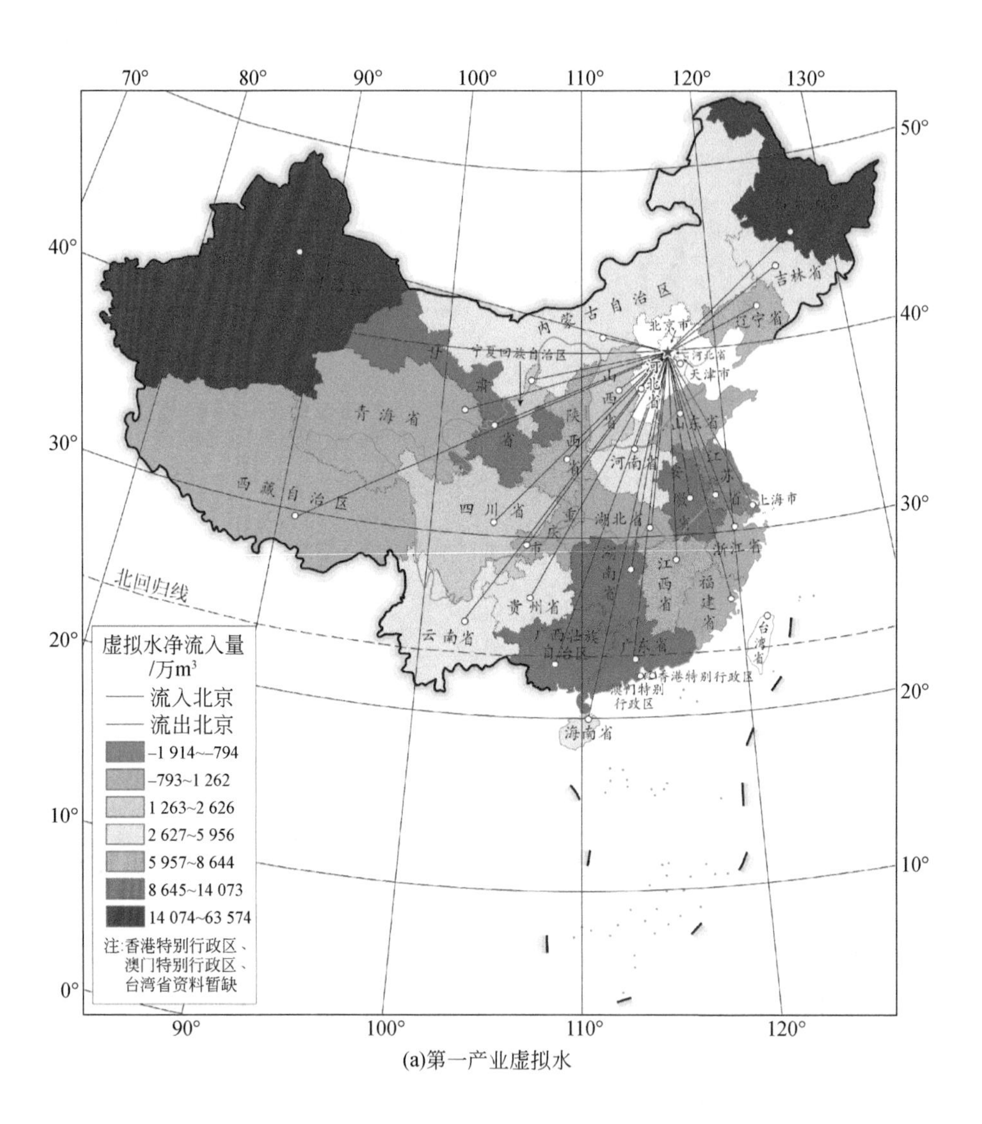

70°
80°
90°
100°
110°
120°
130°
50°
40°
30°
20°
10°
0°
内蒙古自治区
北京市
河北省
天津市
吉林省
辽宁省
宁夏回族自治区
甘肃省
青海省
山西省
陕西省
山东省
河南省
江苏省
上海市
西藏自治区
四川省
重庆市
湖北省
安徽省
浙江省
湖南省
江西省
福建省
贵州省
台湾省
云南省
广西壮族自治区
广东省
香港特别行政区
澳门特别行政区
海南省
北回归线
虚拟水净流入量
/万m³
流入北京
流出北京
–1 914~–794
–793~1 262
1 263~2 626
2 627~5 956
5 957~8 644
8 645~14 073
14 074~63 574
注:香港特别行政区、
澳门特别行政区、
台湾省资料暂缺

(a)第一产业虚拟水

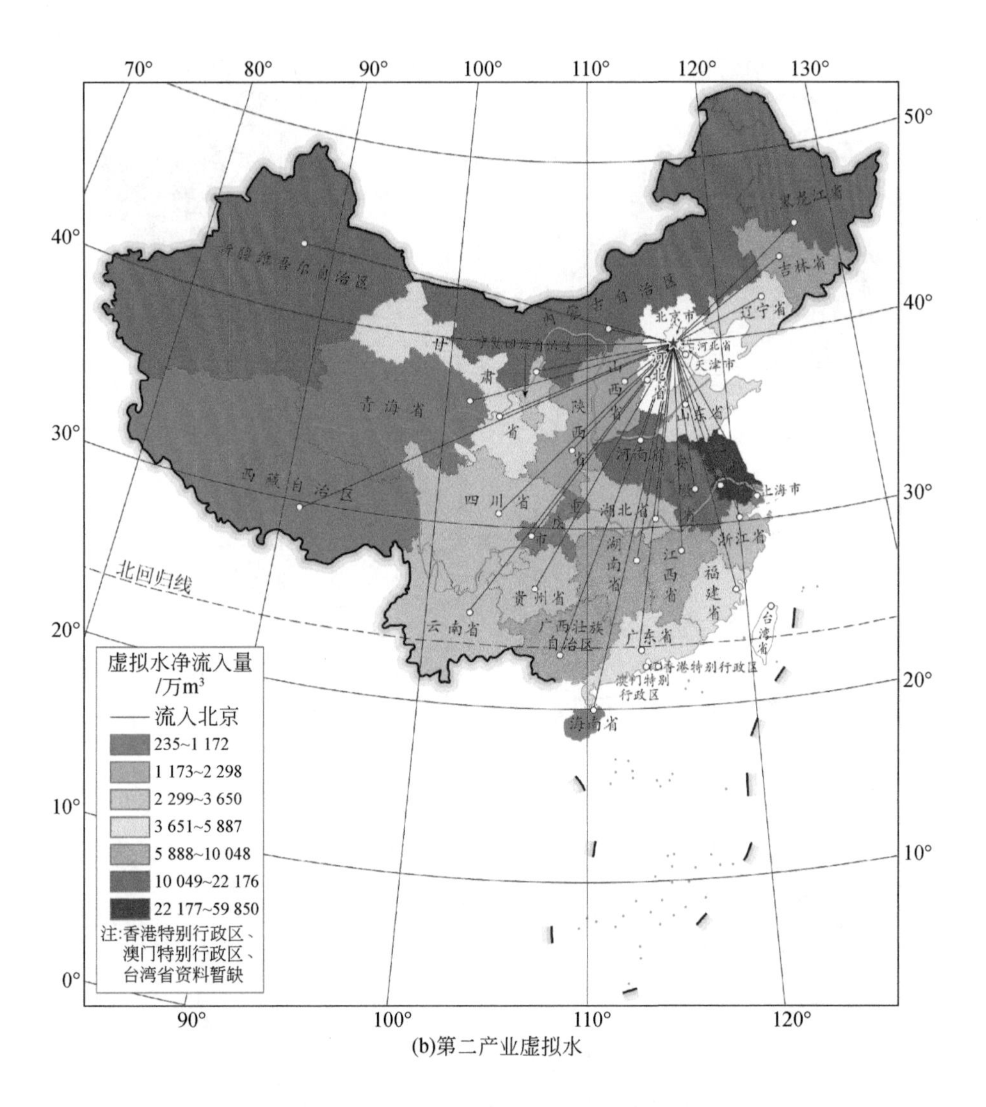
虚拟水净流入量
/万m³
流入北京
235~1 172
1 173~2 298
2 299~3 650
3 651~5 887
5 888~10 048
10 049~22 176
22 177~59 850
注:香港特别行政区、
澳门特别行政区、
台湾省资料暂缺
北回归线
北京市
天津市
河北省
上海市
吉林省
辽宁省
青海省
四川省
西藏自治区
湖北省
湖南省
江西省
浙江省
福建省
广东省
云南省
贵州省
广西壮族
自治区
海南省
香港特别行政区
澳门特别
行政区

(b)第二产业虚拟水

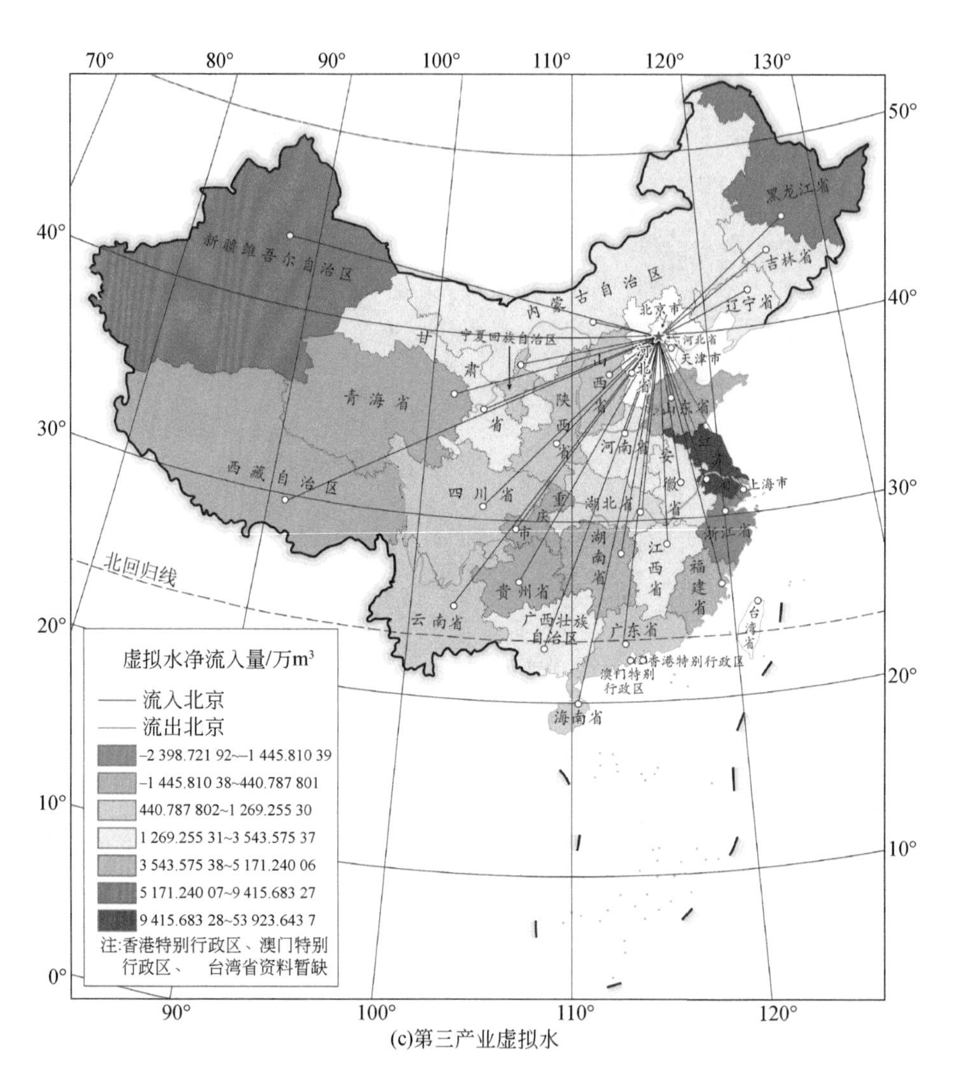

(c)第三产业虚拟水

图 5-5 北京各产业部门虚拟水贸易量

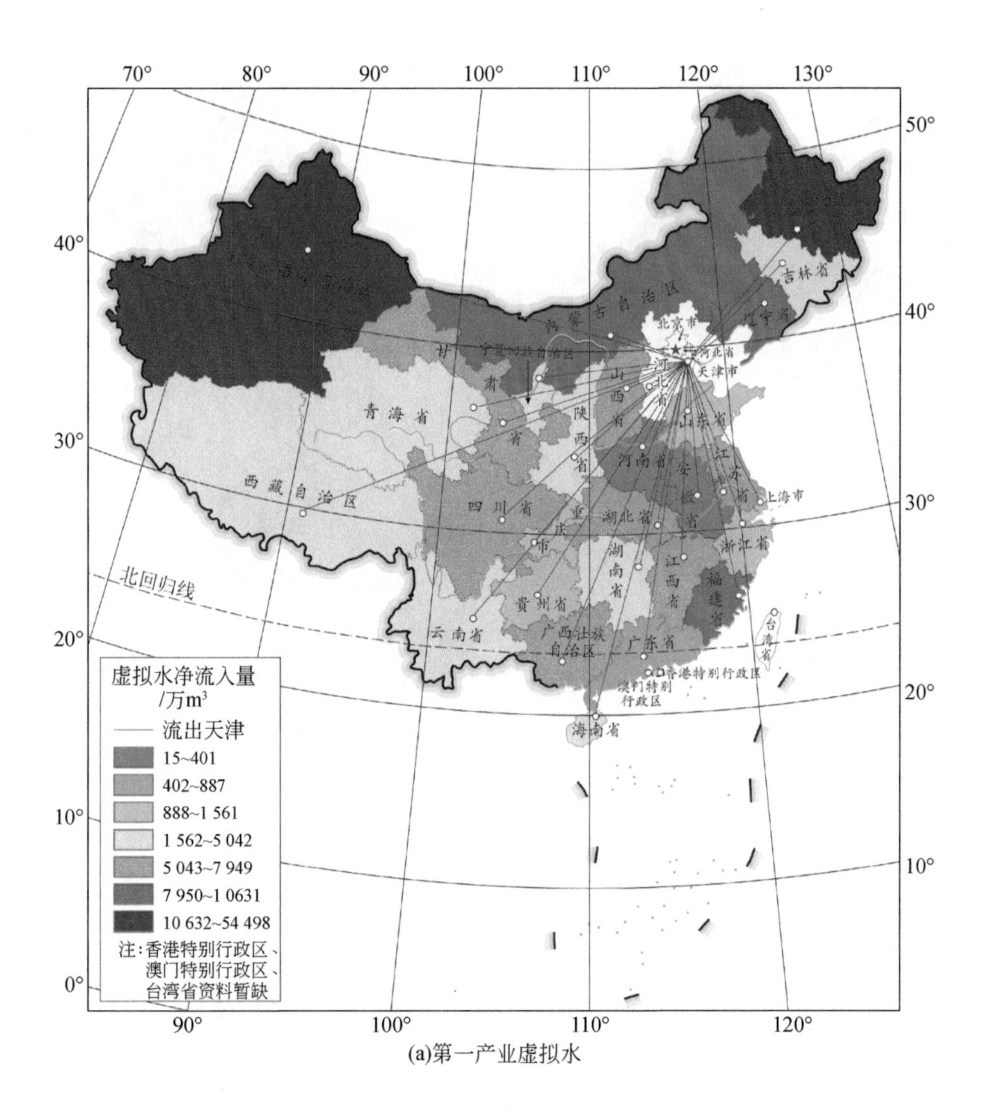
虚拟水净流入量
/万m³
流出天津
15~401
402~887
888~1 561
1 562~5 042
5 043~7 949
7 950~1 0631
10 632~54 498
注:香港特别行政区、澳门特别行政区、台湾省资料暂缺
北回归线
青海省
西藏自治区
四川省
云南省
贵州省
吉林省
辽宁省
北京市
河北省
天津市
山东省
河南省
湖北省
湖南省
江西省
浙江省
上海市
广东省
海南省
福建省
香港特别行政区
澳门特别行政区

(a)第一产业虚拟水

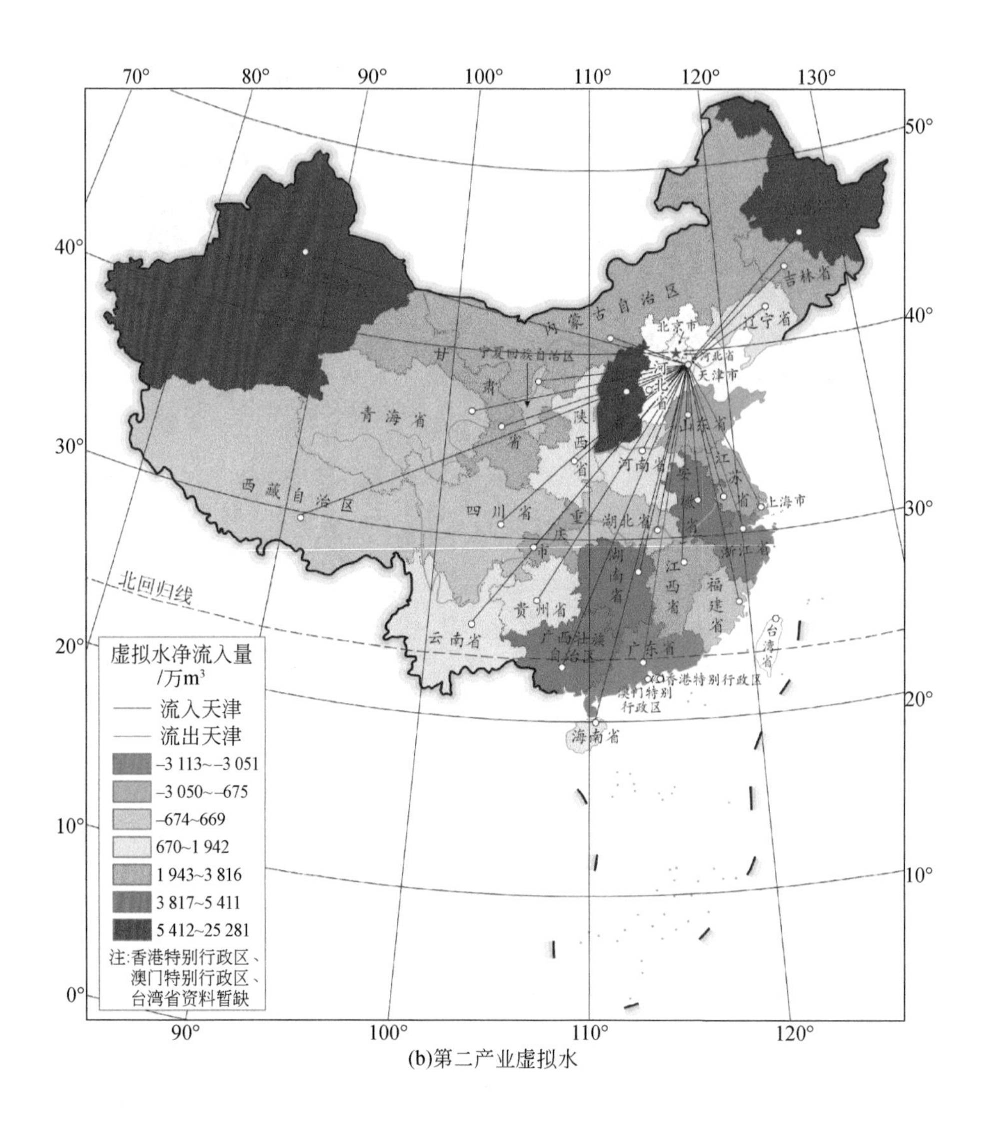
虚拟水净流入量/万m³
流入天津
流出天津
-3 113~-3 051
-3 050~-675
-674~669
670~1 942
1 943~3 816
3 817~5 411
5 412~25 281
注:香港特别行政区、澳门特别行政区、台湾省资料暂缺
北回归线
内蒙古自治区
吉林省
辽宁省
北京市
河北省
天津市
宁夏回族自治区
甘肃省
青海省
陕西省
河南省
山东省
江苏省
上海市
安徽省
浙江省
西藏自治区
四川省
重庆市
湖北省
湖南省
江西省
福建省
贵州省
云南省
广西壮族自治区
广东省
香港特别行政区
澳门特别行政区
台湾省
海南省
(b)第二产业虚拟水

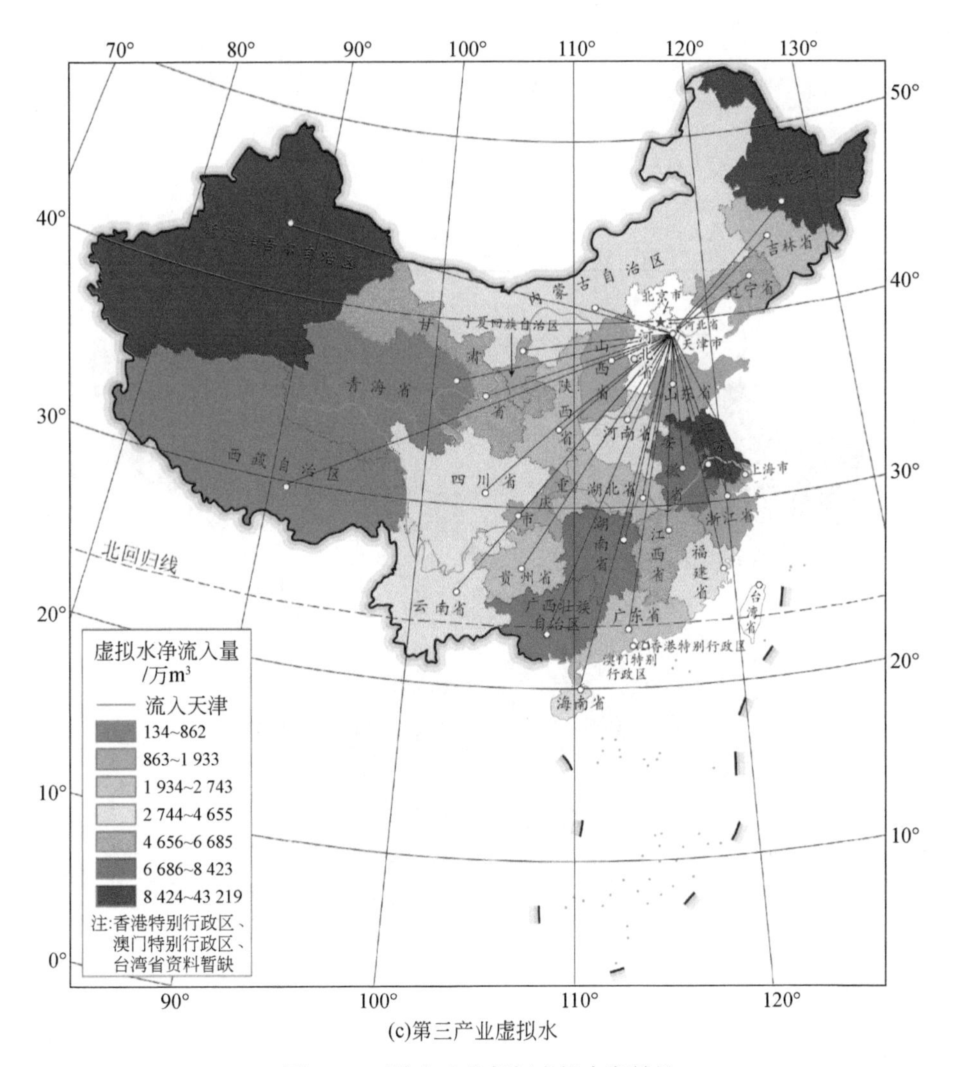

(c)第三产业虚拟水

图 5-6　天津各产业部门虚拟水贸易量

C. 河北

2015 年，河北第一产业部门输入虚拟水量为 8.4 亿 m³，输出虚拟水量为 32.2 亿 m³，净输出虚拟水量为 23.8 亿 m³（图 5-7）。其中，向内蒙古、上海、江苏、浙江、安徽、福建、江西、山东、河南、湖北、广东、海南、重庆、四川、云南、陕西、青海 17 个省（自治区、直辖市）净输出虚拟水，输出总量为 27.6 亿 m³；其余省（自治区、直辖市）向河北第一产业部门净输入虚拟水量为 3.8 亿 m³。第二产业部门输入虚拟水 33.6 亿 m³，输出虚拟水 25.0 亿 m³，净输出虚拟水量为 8.6 亿 m³。其中，向辽宁、上海、江苏、浙江、福建、河南、湖北、广东、重庆、四川 10 个省（直辖市）净输出虚拟水，输出总量为 8.7 亿 m³；其余省（自治区、直辖市）向河北第二产业部门净输入虚拟水量为 17.3 亿 m³。第三产业部门输入虚拟水量为 0.2 亿 m³，输出虚拟水量为 6.3 亿 m³，净输出虚拟水量为 6.1 亿 m³。

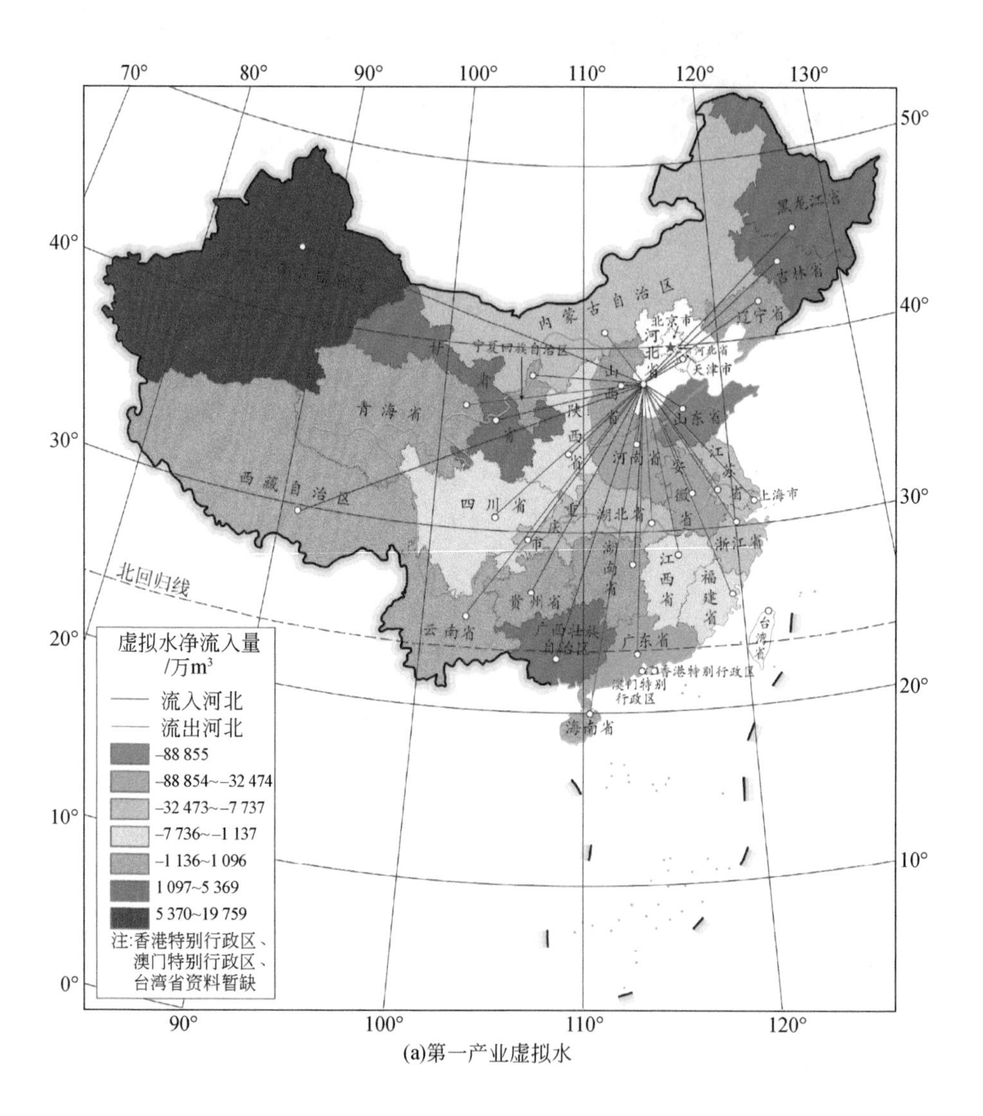
虚拟水净流入量
/万m³
流入河北
流出河北
-88 855
-88 854~-32 474
-32 473~-7 737
-7 736~-1 137
-1 136~1 096
1 097~5 369
5 370~19 759
注:香港特别行政区、
澳门特别行政区、
台湾省资料暂缺
北回归线
内蒙古自治区
黑龙江省
吉林省
辽宁省
北京市
河北省
天津市
山西省
山东省
宁夏回族自治区
甘肃省
青海省
陕西省
河南省
江苏省
安徽省
上海市
西藏自治区
四川省
重庆市
湖北省
浙江省
湖南省
江西省
福建省
贵州省
云南省
台湾省
广西壮族自治区
广东省
香港特别行政区
澳门特别行政区
海南省
(a)第一产业虚拟水

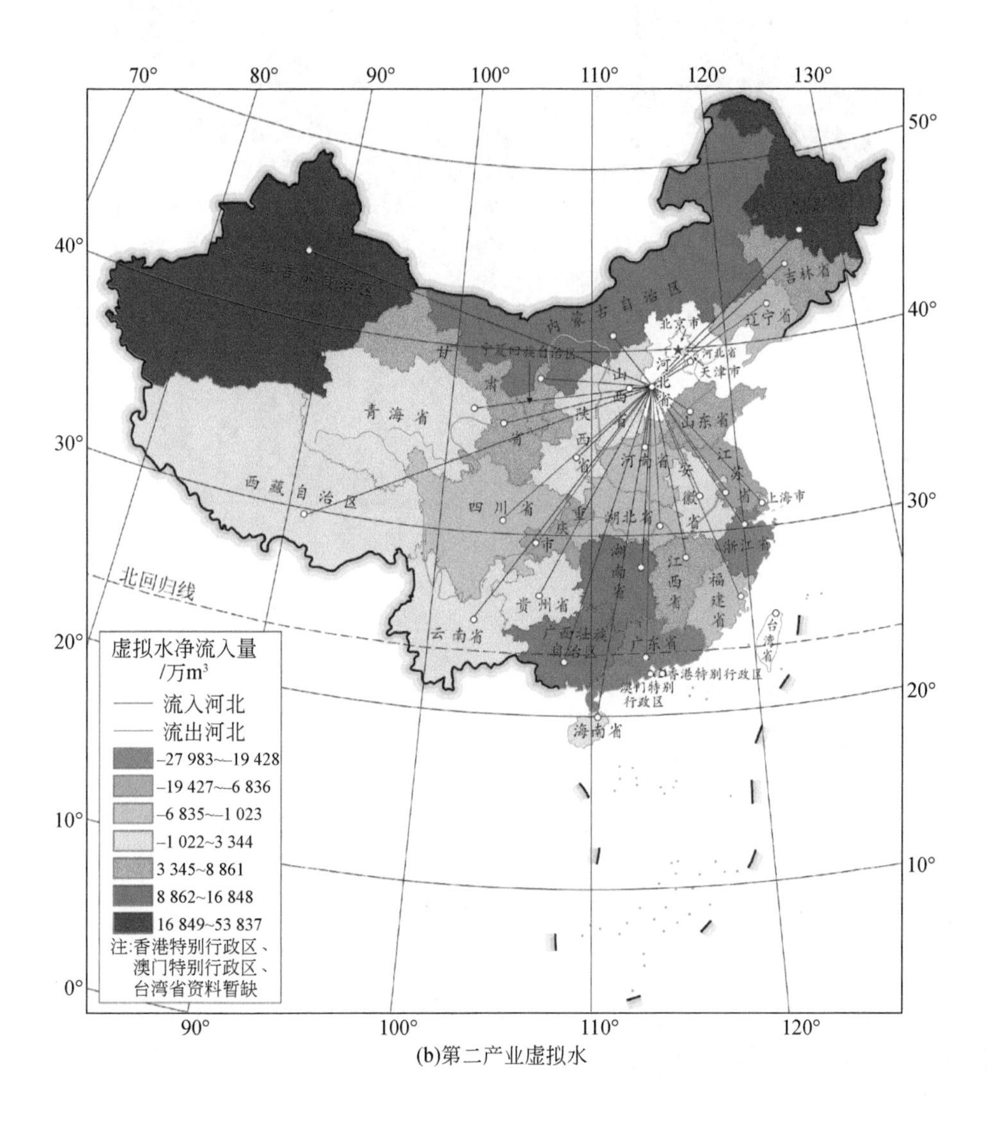
虚拟水净流入量
/万m³
流入河北
流出河北
-27 983~-19 428
-19 427~-6 836
-6 835~-1 023
-1 022~3 344
3 345~8 861
8 862~16 848
16 849~53 837
注:香港特别行政区、
澳门特别行政区、
台湾省资料暂缺
北回归线
西藏自治区
青海省
四川省
云南省
贵州省
湖南省
广东省
海南省
吉林省
辽宁省
北京市
天津市
山东省
上海市
浙江省
福建省
台湾省
江西省
湖北省
河南省

(b)第二产业虚拟水

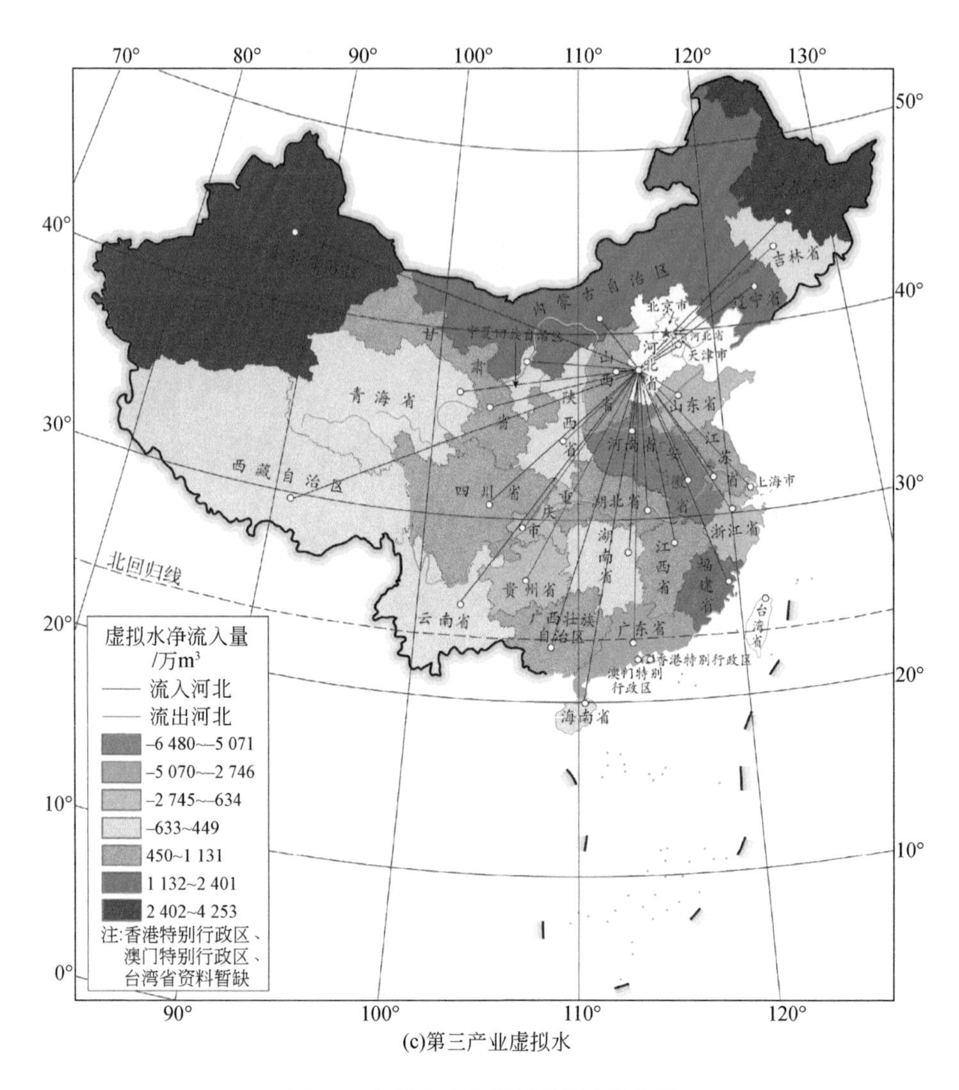

(c)第三产业虚拟水

图 5-7　河北各产业部门虚拟水贸易量

5.2.2　京津冀主要作物水足迹

本节基于田间尺度作物生产水足迹的量化方法，对京津冀主要作物生产水足迹进行评价分析。

1. 主要作物单位质量水足迹构成及时间变化

京津冀 2000 ~ 2015 年主要作物单位质量水足迹见表 5-5。棉花单位质量总水足迹为 9574.1m³/t，远高于其他作物。大豆和油料单位质量总水足迹为 4386.6 m³/t、3427.5 m³/t。

小麦、玉米和稻谷为当地主要粮食作物，单位质量总水足迹为 1784.2 m³/t、1564.2 m³/t、2032.0 m³/t。蔬菜单位质量总水足迹最低，为 152.0 m³/t。大豆和油料单位质量总水足迹分别为小麦的 2.5 倍和 1.9 倍，为玉米的 2.8 倍和 2.2 倍。小麦和玉米单位质量总水足迹相近，从构成来看，小麦单位质量蓝水足迹高于玉米，为玉米的 2.5 倍。

表 5-5　京津冀 2000～2015 年主要作物单位质量水足迹　　（单位：m³/t）

指标	小麦	玉米	蔬菜	棉花	油料	稻谷	大豆
单位质量蓝水足迹	712.7	282.5	33.3	2836.7	771.0	622.4	861.4
单位质量绿水足迹	196.0	420.4	29.3	2703.2	909.5	426.1	1168.4
单位质量灰水足迹	875.5	861.3	89.4	4034.2	1747.0	983.5	2356.8
单位质量总水足迹	1784.2	1564.2	152.0	9574.1	3427.5	2032.0	4386.6

图 5-8 反映了 2000～2015 年京津冀各作物单位质量水足迹年际变化情况。各作物单位质量水足迹虽有波动但整体均呈现出下降趋势，反映了京津冀农业用水效率在逐年提高。2000～2015 年，棉花、油料、稻谷、大豆、玉米、小麦和蔬菜单位质量水足迹最高年份和最低年份差值分别为 2067.9 m³/t、1590.1 m³/t、1002.3 m³/t、930.1 m³/t、674.8 m³/t、485.6 m³/t、49.2 m³/t。在作物用水量保持不变的前提下，作物单位面积产量越高，其单位质量水足迹就越低，因此提高作物单位面积产量是提高农业用水效率的重要途径。

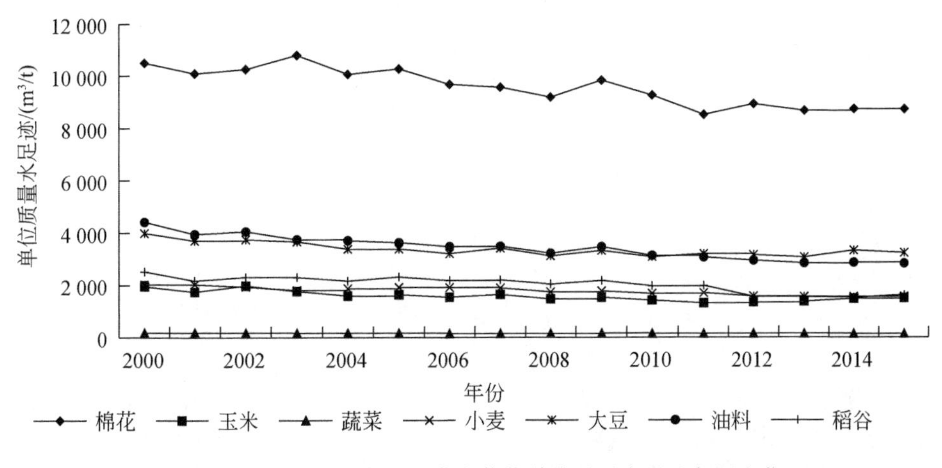

图 5-8　2000～2015 年京津冀各作物单位质量水足迹年际变化

2. 京津冀地区主要作物单位质量水足迹空间分布

图 5-9 表明京津冀地区主要作物单位质量水足迹空间分布存在较大的差异性。小麦是区域主要的农业耗水作物，单位质量水足迹 80% 的区域集中分布在 1143.4～2120.6 m³/t，中部和南部偏低，东部和北部较高，较大值出现在迁西和黄骅。玉米是区域主要的秋收作

物，单位质量水足迹 80% 的区域集中分布在 950.6 ~ 2014.2 m^3/t，承德与张家口较高，一方面是由于当地玉米类型为春玉米，另一方面与当地气象和地理因素造成的灾害性减产有关。油料单位质量水足迹 80% 的区域集中在 2046.8 ~ 6501.8m^3/t，西北部较高，东北部次之，中部和南部较低。棉花单位质量水足迹 80% 的区域集中在 6665.6 ~ 14 070.3m^3/t，空间分布较为散乱，较大值出现在石家庄和邢台等，如栾城、海兴和沙河等地，较小值出现在唐山和邯郸的部分区域。蔬菜单位质量水足迹 80% 的区域分布在 78.3 ~ 210.5m^3/t，承德大部分区域和西部地区较高，较小值出现在石家庄、唐山和秦皇岛地区。各作物县域尺度水足迹空间分布表明，区域农业水资源管理水平、农业水资源利用效率有很大的提升空间。

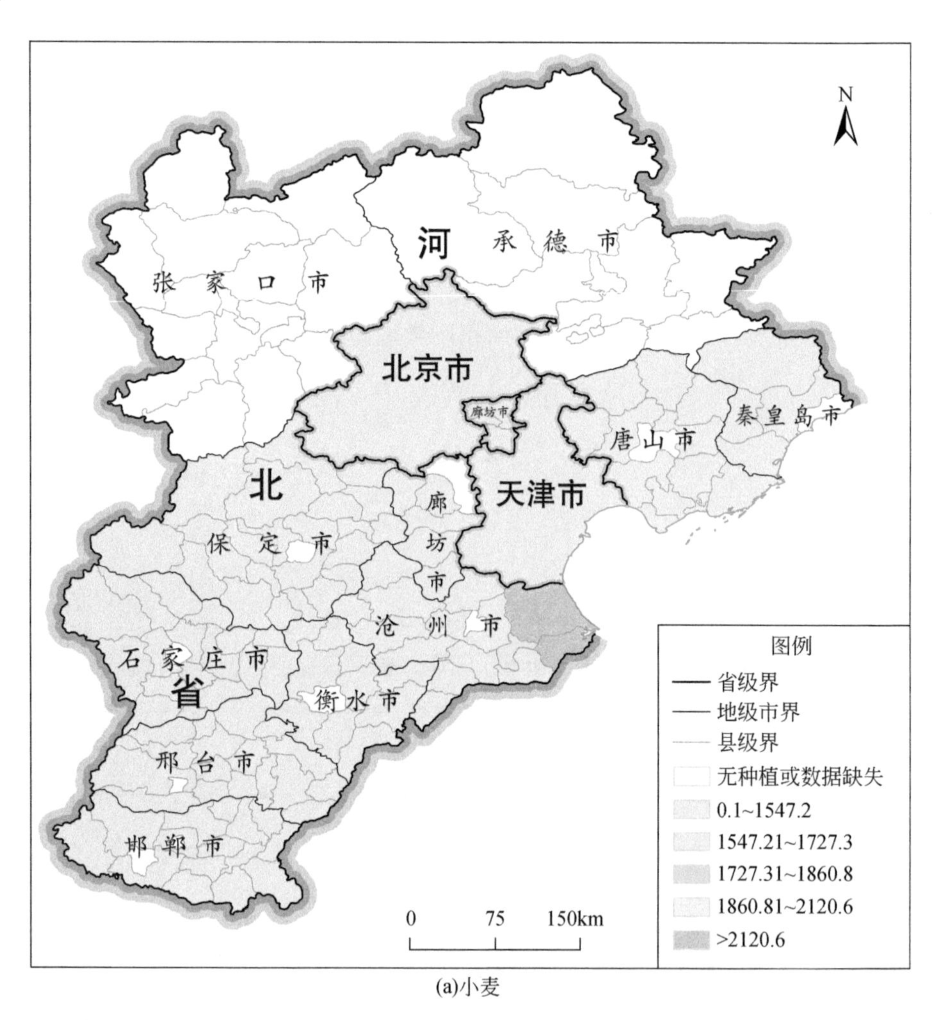

(a)小麦

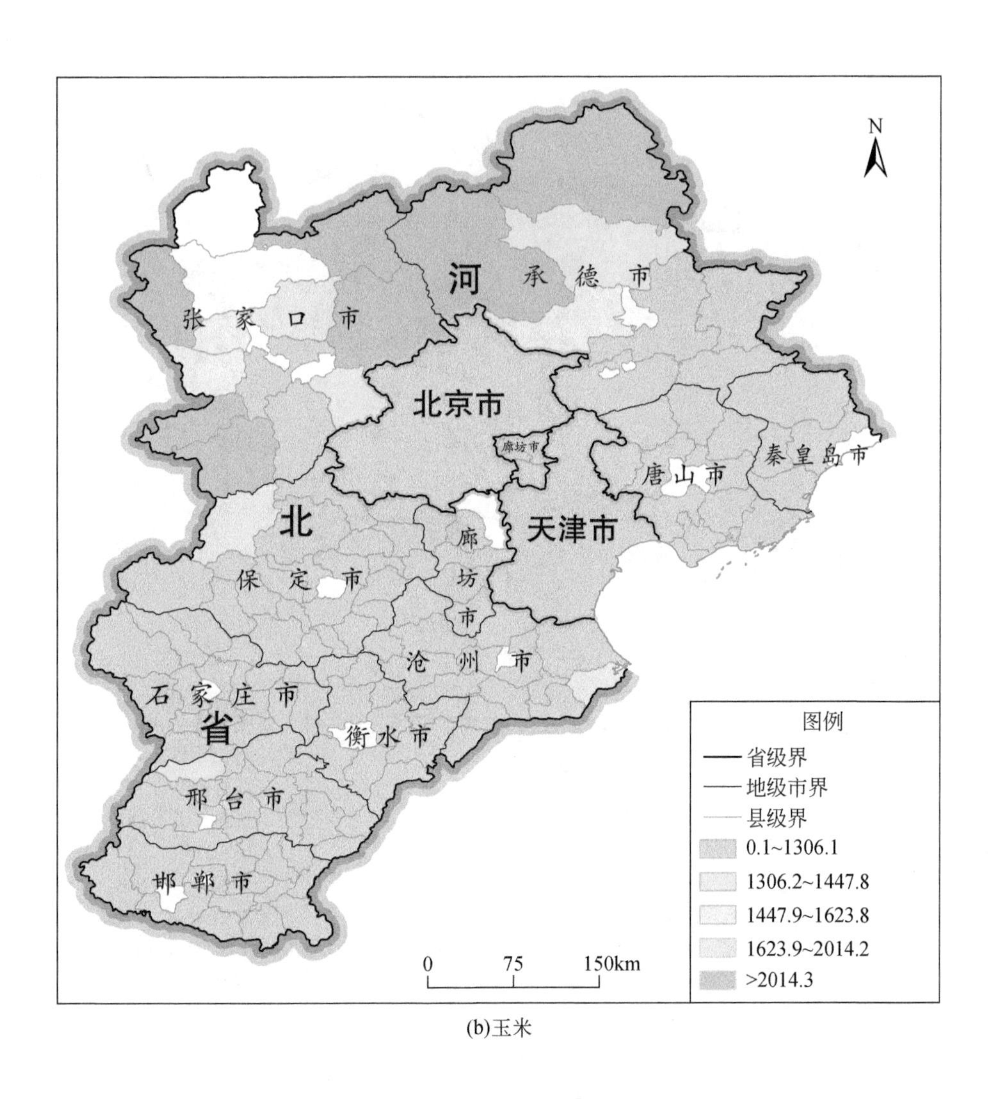
N
河
承 德 市
张 家 口 市
北京市
廊坊市
秦 皇 岛 市
唐 山 市
北
天津市
廊
坊
市
保 定 市
沧 州 市
石 家 庄 市
省
衡 水 市
邢 台 市
邯 郸 市
图例
省级界
地级市界
县级界
0.1~1306.1
1306.2~1447.8
1447.9~1623.8
1623.9~2014.2
>2014.3
0
75
150km

(b)玉米

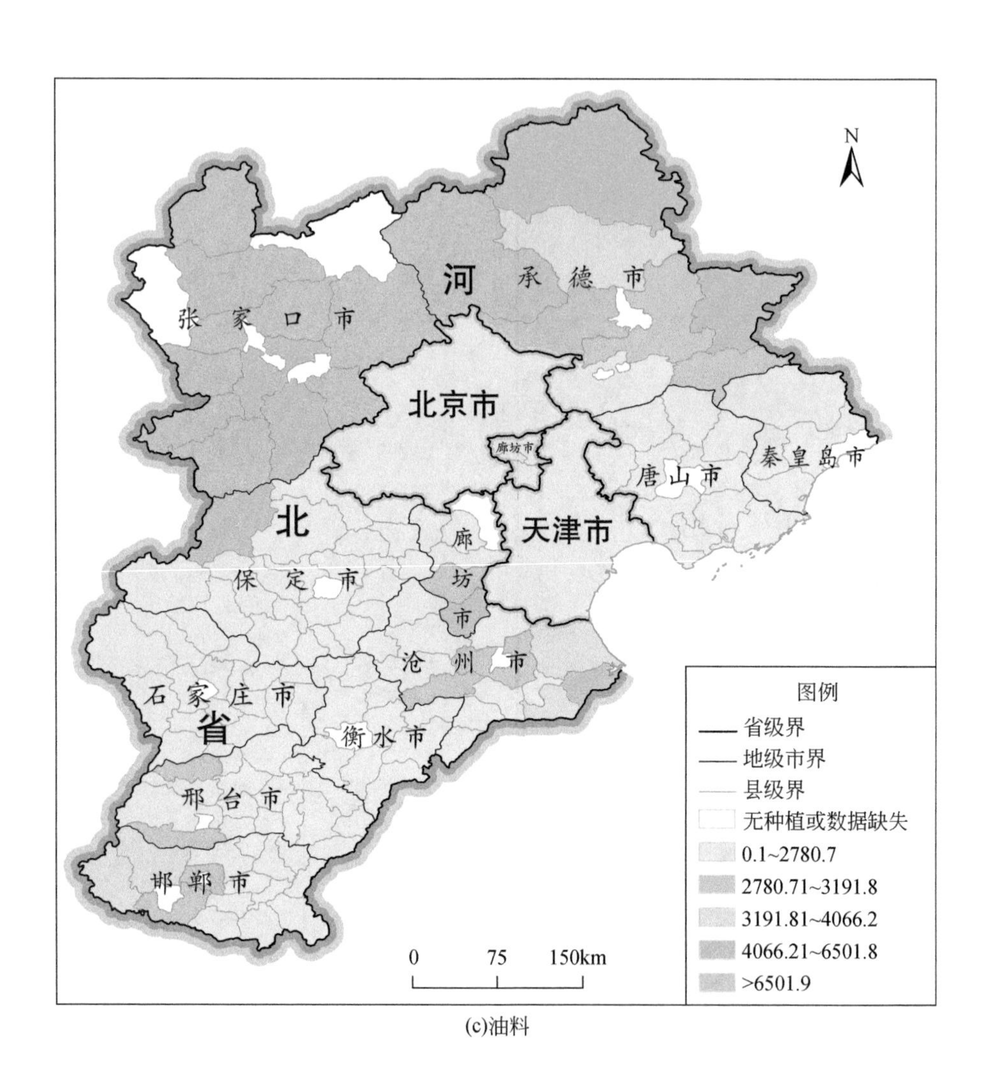
N
河
承 德 市
张 家 口 市
北京市
廊坊市
唐 山 市
秦 皇 岛 市
北
天津市
廊
坊
市
保 定 市
沧 州 市
石 家 庄 市
省
衡 水 市
邢 台 市
邯 郸 市
0 75 150km
图例
省级界
地级市界
县级界
无种植或数据缺失
0.1~2780.7
2780.71~3191.8
3191.81~4066.2
4066.21~6501.8
>6501.9

(c)油料

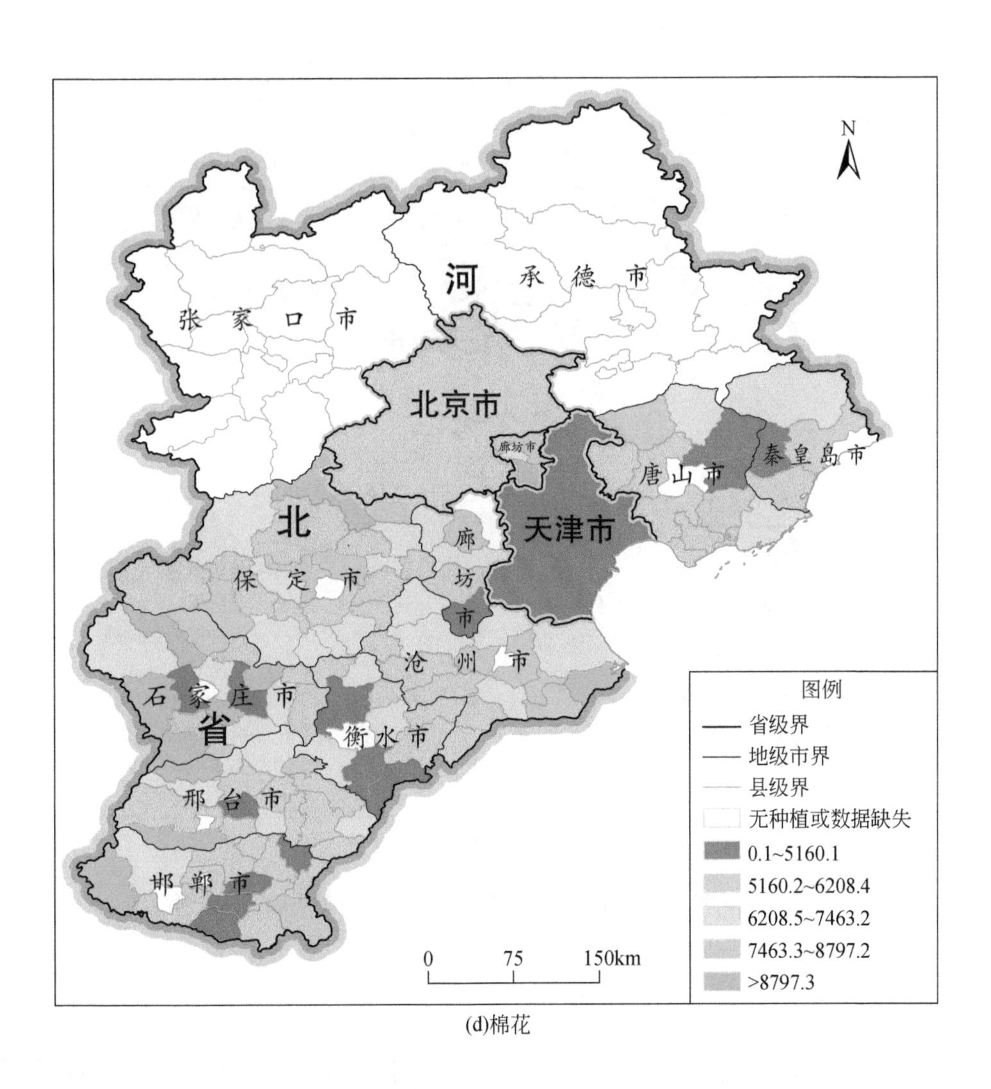
N
河
承德市
张家口市
北京市
廊坊市
唐山市
秦皇岛市
北
天津市
廊
坊
市
保定市
沧州市
石家庄市
省
衡水市
邢台市
邯郸市
图例
省级界
地级市界
县级界
无种植或数据缺失
0.1~5160.1
5160.2~6208.4
6208.5~7463.2
7463.3~8797.2
>8797.3
0
75
150km

(d)棉花

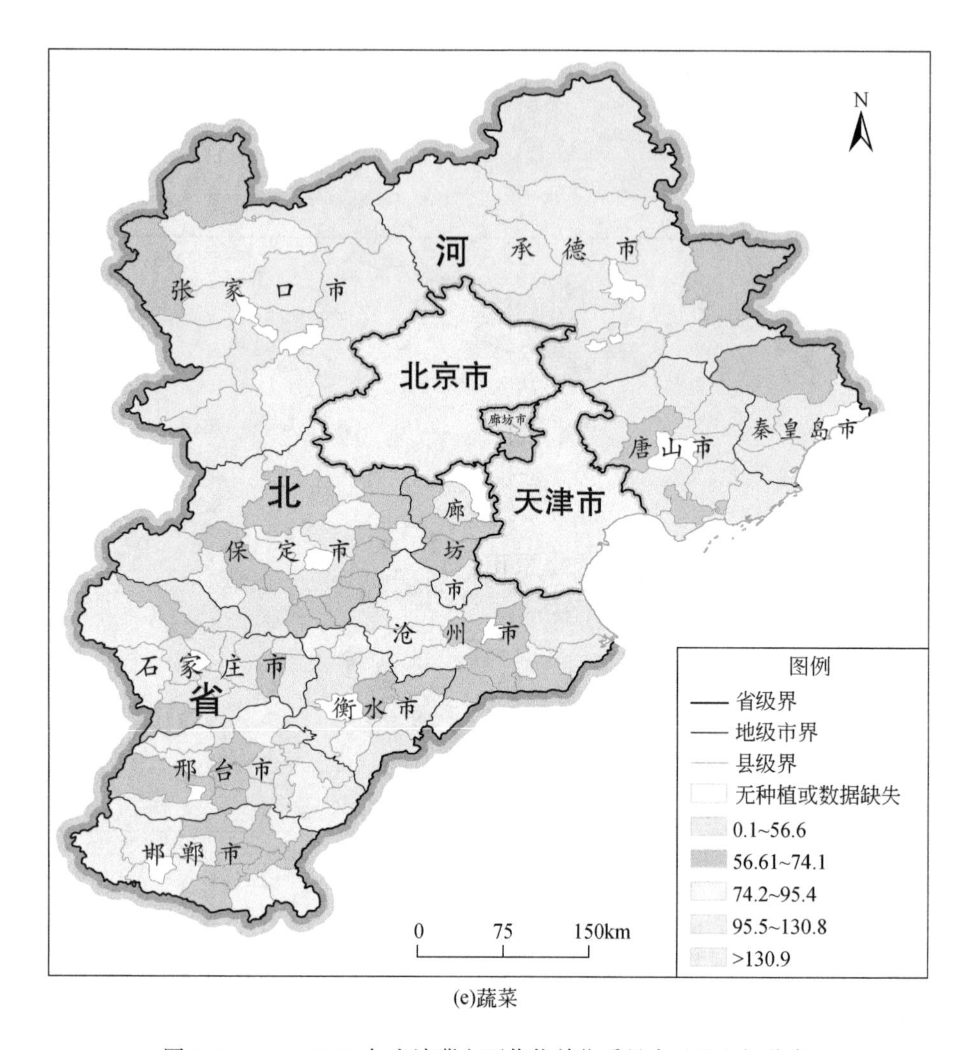

(e)蔬菜

图 5-9　2000 ~ 2015 年京津冀主要作物单位质量水足迹空间分布

3. 作物总水足迹构成及时间变化

2000 ~ 2015 年京津冀主要作物水足迹见表 5-6，小麦和玉米是该地区主要耕种作物和耗水作物，两种作物水足迹和占总作物水足迹的 66. 3%。从蓝水足迹可以看出，小麦蓝水足迹占作物总蓝水足迹的 46. 9%，为该地区主要灌溉需水作物，蓝水足迹和绿水足迹比值接近 4 : 1，表明小麦生产在该地区对灌溉的依赖程度高。玉米蓝水足迹占作物总蓝水足迹的 22. 8%，蓝水足迹和绿水足迹比值接近 2 : 3，是对灌溉依赖程度最低的作物。蔬菜为低耗水作物，单位质量水足迹最低，但由于种植面积较大，水足迹达 113. 7 亿 m^3。棉花为高耗水作物。油料、稻谷、大豆在作物生长期蓝水足迹和绿水足迹比值相近，水足迹消耗较少，共占总蓝绿水足迹的 11. 5%。除棉花外，所有作物灰水足迹占其总水足迹的比例均高于 50%，年均水足迹为 442.2 亿 m^3，为京津冀多年平均水资源量的 1.71 倍，表明化肥在作物生产过程中给水环境带来的污染是非常严重的，需引起足够重视。

表 5-6　2000～2015 年京津冀主要作物水足迹

作物	小麦	玉米	蔬菜	棉花	油料	稻谷	大豆
蓝水足迹/亿 m^3	99.3	48.2	23.4	20	11.4	4.8	4.6
绿水足迹/亿 m^3	27	74.9	20.8	19.6	13.4	3.3	5.8
灰水足迹/亿 m^3	128.8	164.6	69.5	30.9	27.7	8.1	12.6
蓝水足迹所占比例/%	38.9	16.8	20.6	28.4	21.7	29.6	20.0
绿水足迹所占比例/%	10.6	26.0	18.3	27.8	25.5	20.4	25.2
灰水足迹所占比例/%	50.5	57.2	61.1	43.8	52.8	50.0	54.8

2000～2015 年京津冀地区主要作物水足迹年际变化如图 5-10 所示。小麦水足迹 2000～2003 年呈现连续下降趋势，而后处于高位的波动状态且变幅较小。玉米和蔬菜水足迹呈上升趋势，棉花水足迹表现出先增长后持续下降的趋势。大豆、油料和稻谷水足迹则表现出持续下降的趋势。这种变化与区域作物种植结构的调整和减少高耗水作物种植面积从而降低灌溉用水需求密切相关，说明农业种植结构调整在一定程度上可以缓解区域农业用水压力。

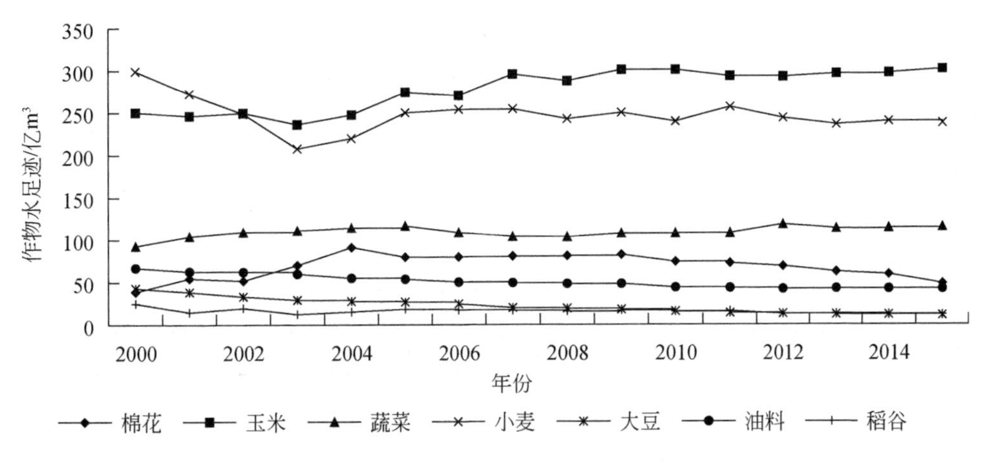

图 5-10　2000～2015 年京津冀地区主要作物水足迹年际变化

4. 作物总水足迹时间变化

表 5-7 表明 2000～2015 年京津冀地区农业水足迹整体处于高位波动状态，京津冀作为我国粮食主产区，虽种植结构略有变化，但作物耕种面积并没有较大变动，作物生长需水量旺盛，化肥的大量使用使区域灰水足迹大幅上升。从作物总水足迹构成来看，蓝水足迹呈下降趋势，绿水足迹呈上升趋势，这与棉花、稻谷、大豆和油料等高耗水作物种植面积

减少、灌溉需求较低的玉米种植面积增加有关。绿水足迹所占比例与降水状况密切相关。2000～2002 年连续干旱，该时段内绿水足迹所占比例较低，其中 2002 年绿水足迹所占比例仅为 19.1%，蓝水足迹所占比例为 36.7%，而在雨水较为丰沛的 2008 年，绿水足迹所占比例达到 28.9%，蓝水足迹所占比例为 25.9%，因此绿水足迹在区域粮食生产中具有重要的作用。灰水足迹表现出先上升后下降的趋势，与区域氮肥施用量的变化关系密切。

表 5-7　2000～2015 年京津冀地区农业水足迹

年份	水足迹/亿 m^3				水足迹构成/%		
	绿水	蓝水	灰水	总水足迹	绿水	蓝水	灰水
2000	142.9	259.4	321.7	724.0	19.7	35.8	44.5
2001	134.1	254.8	294.5	683.4	19.6	37.3	43.1
2002	126.8	243.7	293.4	663.9	19.1	36.7	44.2
2003	158.5	163.1	292.8	614.4	25.8	26.5	47.7
2004	195.9	162.3	297.6	655.8	29.9	24.7	45.4
2005	164.9	226.7	313.5	705.1	23.4	32.1	44.5
2006	141.3	234.7	314.6	690.6	20.5	34.0	45.5
2007	167.0	221.2	325.1	713.3	23.4	31.0	45.6
2008	197.2	176.4	308.6	682.2	28.9	25.9	45.2
2009	180.4	219.0	322.2	721.6	25.0	30.3	44.7
2010	176.3	200.4	362.7	739.4	23.8	27.1	49.1
2011	169.4	216.3	342.9	728.6	23.2	29.7	47.1
2012	189.8	186.8	342.7	719.3	26.4	26.0	47.6
2013	191.8	173.8	341.7	707.3	27.1	24.6	48.3
2014	147.2	225.7	339.4	712.3	20.7	31.7	47.6
2015	153.4	221.8	329.6	704.8	21.8	31.5	46.7
多年平均	164.8	211.6	321.4	697.9	23.6	30.3	46.1

5. 作物总水足迹空间分布

图 5-11 为 2000～2015 年京津冀地区水足迹空间分布，蓝水足迹与绿水足迹分布较为一致，河北东部和南部较大，西部和北部较小。2000～2015 年北京蓝水足迹为 6.3 亿 m^3，天津为 12.7 亿 m^3，河北蓝水足迹较高的地区集中分布在邯郸、邢台、衡水等南部区域，其中宁晋、大名、定州、河间、沧县、景县和深州蓝水足迹均大于 3 亿 m^3。蓝水足迹较低的地区集中分布在承德、唐山、秦皇岛和张家口等西北部、北部和东北部区域，其中兴隆、宽城、阜平、乐亭、崇礼和青龙蓝水足迹均未超过 0.3 亿 m^3；2000～2015 年北京绿水足迹为 5.3 亿 m^3，天津为 9.5 亿 m^3，河北绿水足迹较高的地区为沧州、唐山、邢台和

石家庄等中部、南部和东北部区域，其中河间、定州、玉田、沧县和滦县绿水足迹均大于 2 亿 m³，河北绿水足迹较低的地区为承德、张家口和保定等北部、西北部和西部区域，其中崇礼、阜平、宽城、大厂、尚义和涞源等绿水足迹均小于 0.4 亿 m³。2000 ~ 2015 年北京灰水足迹为 18.2 亿 m³，天津为 27.4 亿 m³，河北灰水足迹较高的地区分布在石家庄、沧州、唐山和邯郸等东北部、中部和南部地区，其中辛集、赵县、沧县、藁城和定州灰水足迹均大于 6 亿 m³，河北灰水足迹较低的地区分布在张家口、保定和承德等北部、西北部和西部地区，其中康保、沽源和张北灰水足迹小于 0.3 亿 m³。

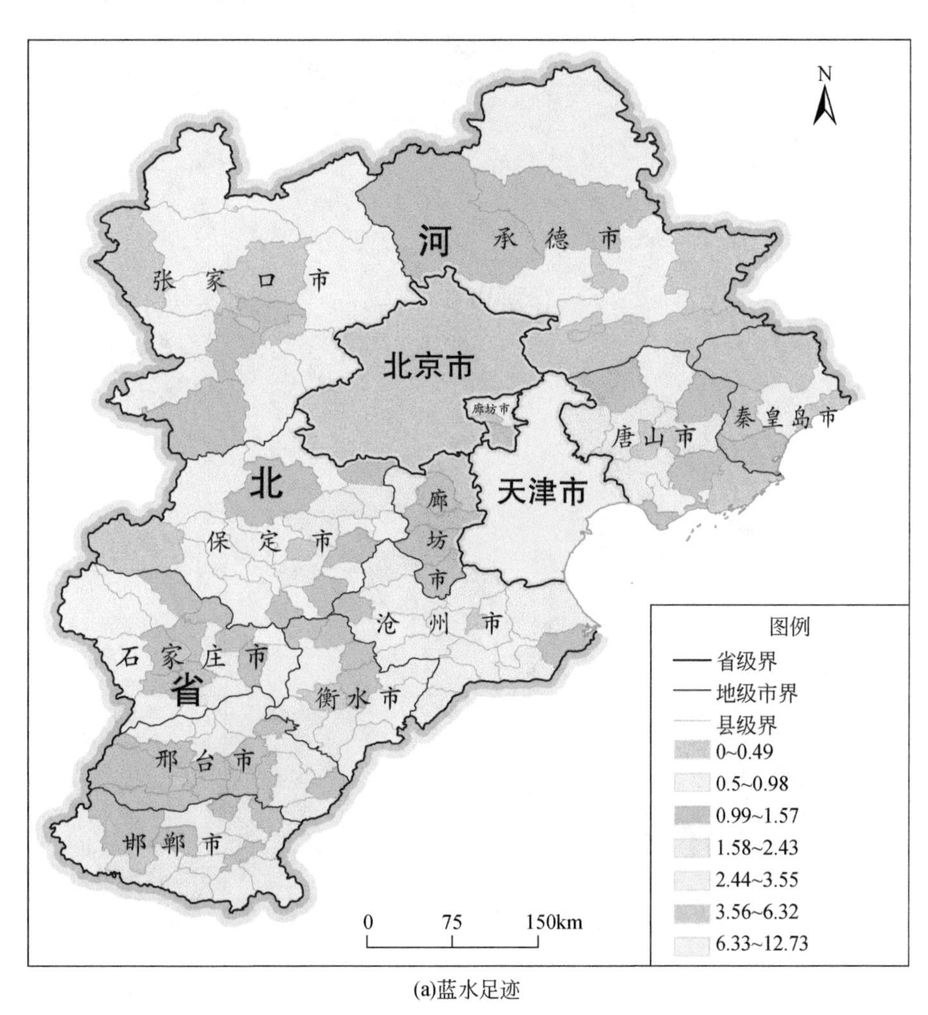

(a)蓝水足迹

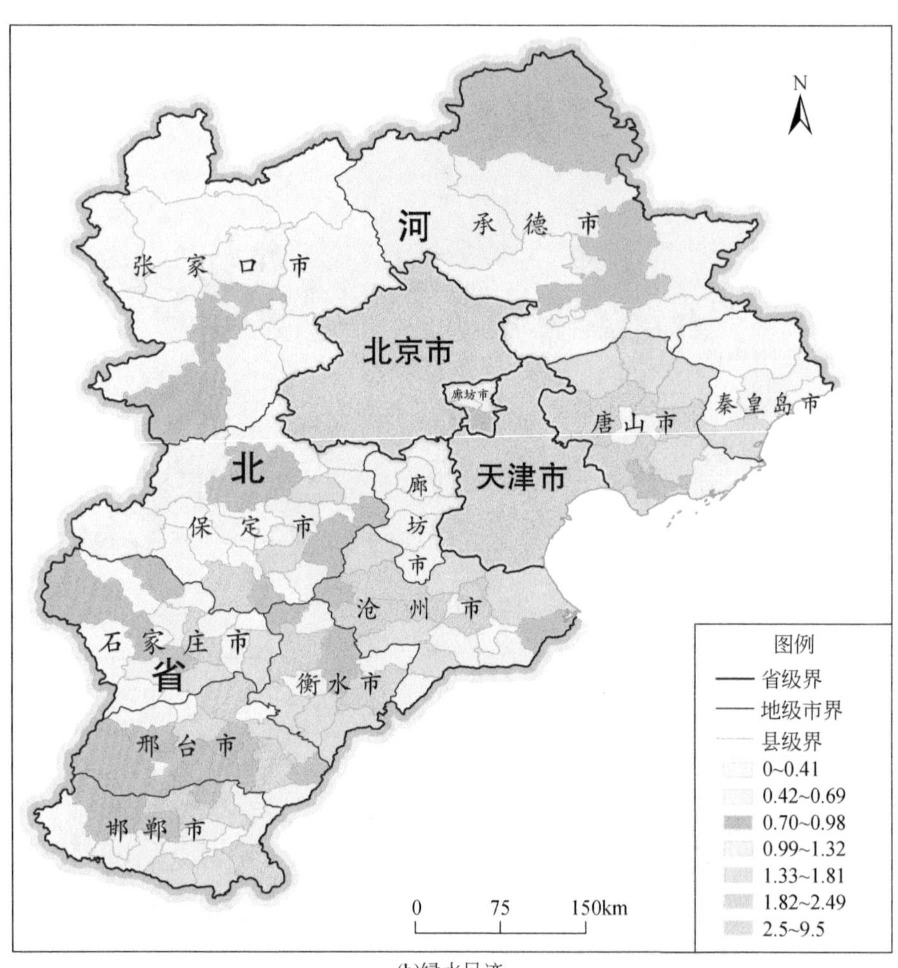
N
河
承 德 市
张 家 口 市
北京市
廊坊市
唐山市
秦皇岛市
北
天津市
保 定 市
廊
坊
市
沧 州 市
石 家 庄 市
省
衡水市
邢 台 市
邯 郸 市
图例
省级界
地级市界
县级界
0~0.41
0.42~0.69
0.70~0.98
0.99~1.32
1.33~1.81
1.82~2.49
2.5~9.5
0
75
150km

(b)绿水足迹

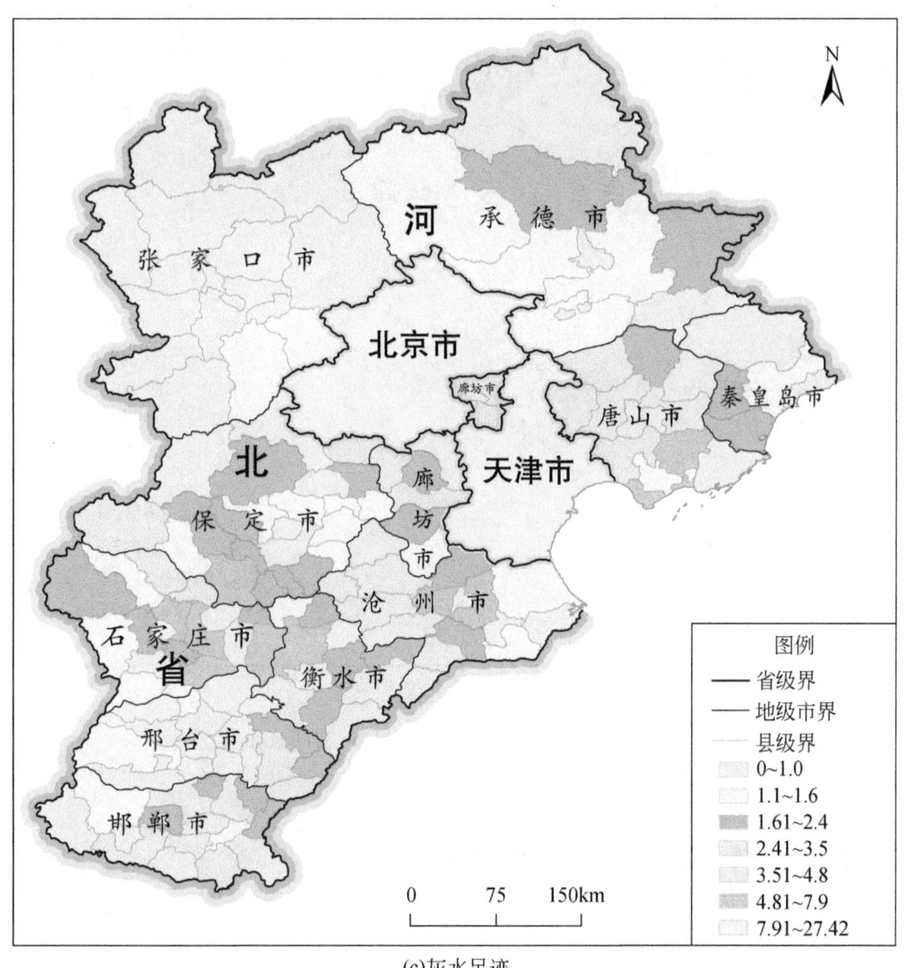
N
河
承 德 市
张 家 口 市
北京市
廊坊市
唐 山 市
秦 皇 岛 市
天津市
北
廊
坊
市
保 定 市
沧 州 市
石 家 庄 市
省
衡 水 市
邢 台 市
邯 郸 市
图例
省级界
地级市界
县级界
0~1.0
1.1~1.6
1.61~2.4
2.41~3.5
3.51~4.8
4.81~7.9
7.91~27.42
0
75
150km
(c)灰水足迹

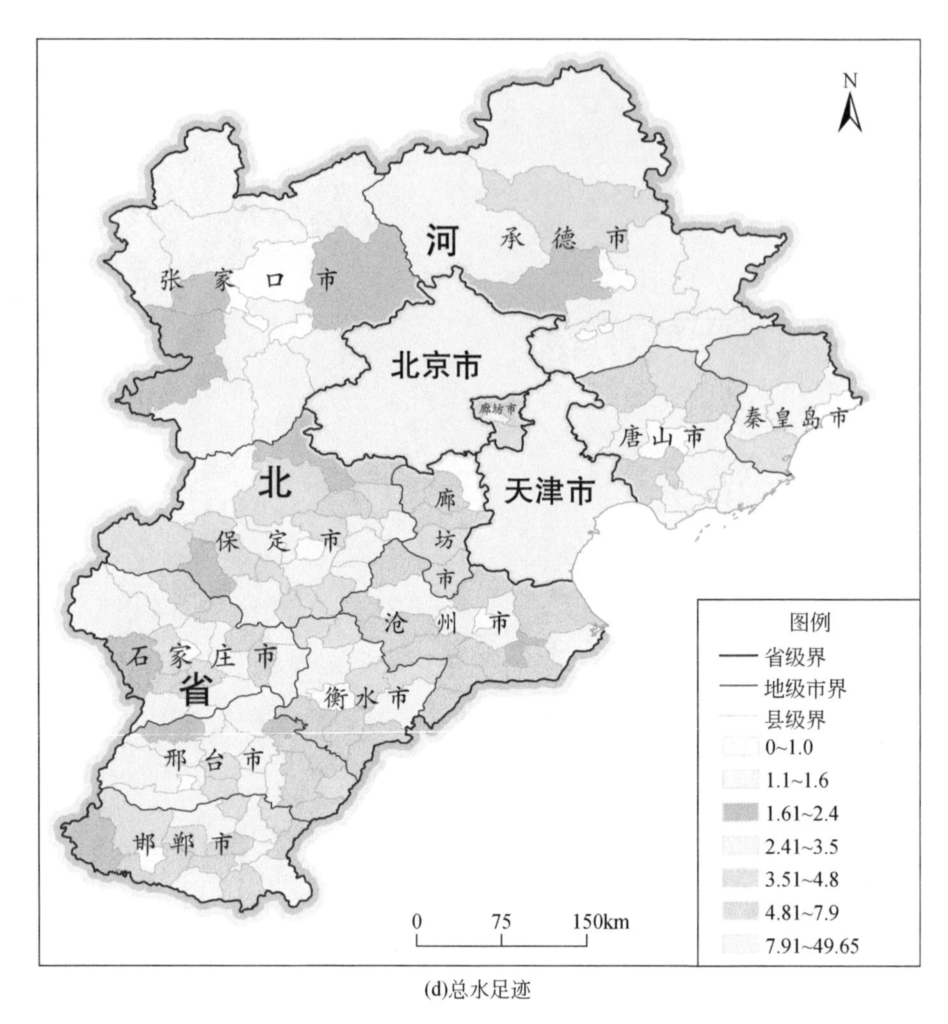

(d)总水足迹

图 5-11　2000～2015 年京津冀地区水足迹空间分布（亿 m^3）

5.2.3　京津冀作物虚拟水流通状况

1. 主要作物单位质量水足迹

表 5-8 为 2000～2015 年京津冀地区单位质量水足迹含量年际变化。京津冀作物单位质量水足迹含量表现出豆类>粮食>瓜果>蔬菜，其中豆类产品单位质量水足迹含量远高于其他三种作物，生产同等质量豆类产品需水量远高于其他三种作物产品。从水足迹角度来考虑水资源短缺情况下，豆类产品在该区域无种植优势。

表 5-8　2000~2015 年京津冀地区作物单位质量水足迹年际变化　（单位：m^3/t）

年份	北京				天津				河北			
	粮食	瓜果	豆类	蔬菜	粮食	瓜果	豆类	蔬菜	粮食	瓜果	豆类	蔬菜
2000	1010.9	333.4	2174.3	77.2	1081.5	217.7	3520.7	79.5	805.2	375.1	2858.3	82.2
2001	1281.9	340.4	2293.3	81.8	668.5	204.7	1943.9	83.8	809.5	359.0	2434.0	72.1
2002	1301.5	332.6	2558.1	79.3	700.8	243.4	2159.6	80.6	797.8	349.5	2528.1	66.3
2003	1437.1	392.1	3591.8	75.5	799.8	242.5	1999.4	79.0	805.3	351.6	2271.9	78.0
2004	1554.6	403.4	2486.1	70.8	1017.6	299.2	2987.8	77.6	893.5	400.4	2406.2	75.1
2005	1194.0	318.1	2712.9	72.4	966.6	300.5	3111.5	83.6	762.5	357.2	2312.6	71.8
2006	1009.5	264.7	2262.0	69.1	879.8	255.6	3452.6	81.2	668.7	302.0	1879.3	75.7
2007	1132.1	306.2	3433.1	69.5	1006.4	271.8	3810.7	80.3	703.0	314.3	2030.4	73.4
2008	1038.6	354.0	2282.4	66.4	989.0	305.6	3710.0	80.1	750.0	346.1	2057.1	71.0
2009	916.5	266.8	2662.5	73.6	934.4	278.9	3347.7	74.3	701.9	298.6	2253.1	67.9
2010	1006.8	290.1	2997.7	73.5	753.0	241.1	2904.7	73.1	698.9	296.5	2115.2	62.9
2011	944.5	275.5	2287.8	73.3	830.2	235.2	2988.1	72.2	617.1	253.3	1704.5	62.4
2012	824.0	312.7	2438.1	84.7	917.0	342.7	3473.4	79.5	646.2	269.1	1895.2	69.3
2013	831.0	259.0	2598.4	79.8	724.6	238.6	3097.5	71.8	641.4	264.1	1976.7	58.9
2014	1024.6	288.2	3704.7	80.4	687.4	240.8	2792.4	72.4	538.6	208.0	1418.7	61.6
2015	771.2	305.9	2519.5	85.4	721.7	258.1	1963.1	70.8	551.2	222.1	1669.5	62.6
多年平均	1079.9	315.2	2687.7	75.8	854.9	261.0	2953.9	77.5	711.9	310.4	2113.2	69.5

2000~2015 年北京、天津和河北粮食单位质量水足迹多年平均 1079.9 m^3/t、854.9 m^3/t 和 711.9 m^3/t 分别以−34.1 m^3/t、−8.9 m^3/t 和−18.5 m^3/t 的年速率变化；瓜果单位质量水足迹多年平均为 315.2 m^3/t、261.0 m^3/t 和 310.4 m^3/t 分别以−5.3 m^3/t、1.9 m^3/t 和−10.7 m^3/t 的年速率变化；豆类单位质量水足迹多年平均 2687.7 m^3/t、2953.9 m^3/t 和 2113.2 m^3/t 分别以 20.1 m^3/t、14.4 m^3/t 和−66.5 m^3/t 的年速率变化；蔬菜单位质量水足迹多年平均 75.8 m^3/t、77.5 m^3/t 和 69.5 m^3/t 分别以 0.33 m^3/t、−0.7 m^3/t 和−1.1 m^3/t 的年速率变化。气候变化和农业生产投入共同影响作物单位质量水足迹变化，受气候因素不确定性的影响，京津冀地区作物单位质量水足迹呈现上下波动状态，2000~2015 年整体呈现出明显下降的趋势，这与持续的农业投入密切相关，同时也显示出区域水资源利用效率的提高。

不同区域作物单位质量水足迹和趋势变化表现出区域独特性。从相同作物不同区域生产角度来看，在河北生产同等产量的粮食、蔬菜和瓜果，作物需水要低于北京和天津。区域生产规模稳定，需求程度较高的粮食和蔬菜单位质量水足迹均呈现出下降趋势。豆类单位质量水足迹北京和天津呈现出略有增长趋势，而河北呈现出下降趋势，这与北京和天津作物种植结构调整有关，两地豆类种植面积均呈现出大幅度减少，间接影响豆类作物在农业投入和配套设施的分配，从而影响作物单位质量水足迹的变化。

2. 作物生产水足迹

图 5-12 为 2000 ~ 2015 年京津冀地区作物生产水足迹年际变化。其中河北作物生产水足迹（年均 350.1 亿 m^3）远高于北京和天津，在 313.4 亿 ~ 395.6 亿 m^3 上下波动，整体呈现下降趋势，但变化趋势并不明显。天津年均作物生产水足迹为 21.9 亿 m^3，年际变化幅度较小。北京由于作物种植面积和生产结构的调整，作物生产水足迹呈现出持续下降的趋势，由 2000 年的 23.1 亿 m^3 下降到 2015 年的 9.5 亿 m^3。从作物水足迹构成来看，玉米水足迹所占的比例逐渐增加，而小麦和水稻所水足迹所占的比例逐步降低。京津冀地区玉米等单位质量蓝水需求量较低，对灌溉需水较少；水稻、小麦等对灌溉需水较多；这种种植结构的变化一定程度上减轻了农业灌溉需水压力（韩宇平等，2018）。

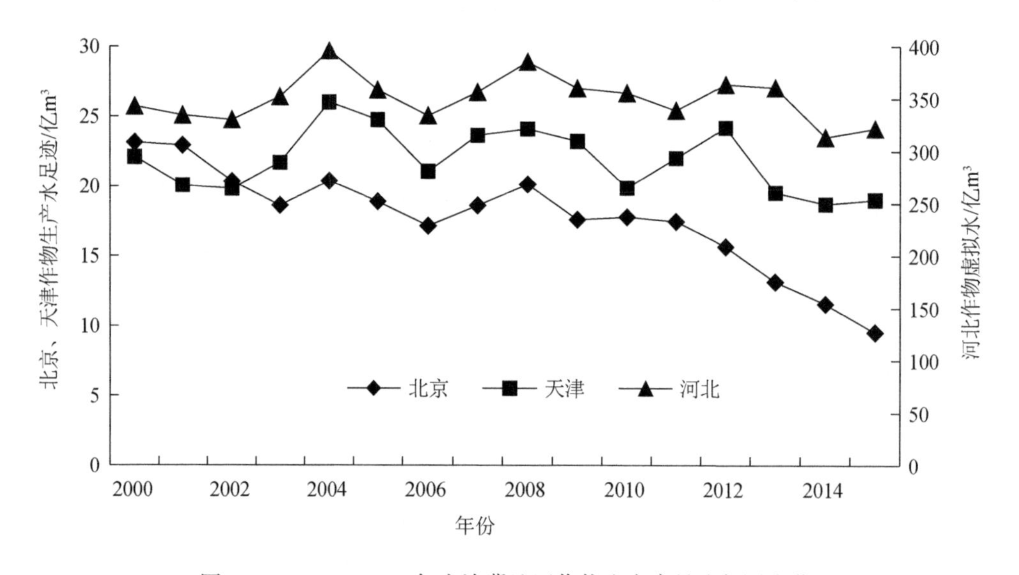

图 5-12　2000 ~ 2015 年京津冀地区作物生产水足迹年际变化

3. 畜牧产品水足迹

2000 ~ 2015 年京津冀地区畜牧产品水足迹年际变化如图 5-13 所示。京津冀地区畜牧产品水足迹呈现出先增加后减少最后趋于平稳的变化态势，这种变化分为 2000 ~ 2005 年和 2006 ~ 2015 年两个变化阶段。2000 ~ 2005 年北京、天津和河北畜牧产品水足迹均呈现出上升趋势，其中河北上升趋势最为显著，北京增长趋势最为平缓。2006 年畜牧产品水足迹发生了锐减，这与当地畜牧养殖规模的改变有着密切的关联，较 2005 年北京、天津和河北畜牧产品水足迹分别减少了 11.6 亿 m^3、14.0 亿 m^3 和 124.7 亿 m^3，相当于当年畜牧产品水足迹的 1/3。2006 ~ 2015 年天津和河北畜牧产品水足迹呈现出上升趋势，而北京呈现出略微下降的变化趋势。2000～2015 年河北、天津和北京畜牧产品水足迹分别为 445.3 亿 m^3、47.6 亿 m^3、36.7 亿 m^3。从生产结构来看，高耗水的畜牧产品水足迹如牛肉所占比例逐渐下降，禽蛋和猪肉等低耗水产品所占比例进一步增加，这种生产结构的变化有利于减轻畜牧业对水资源的需求。

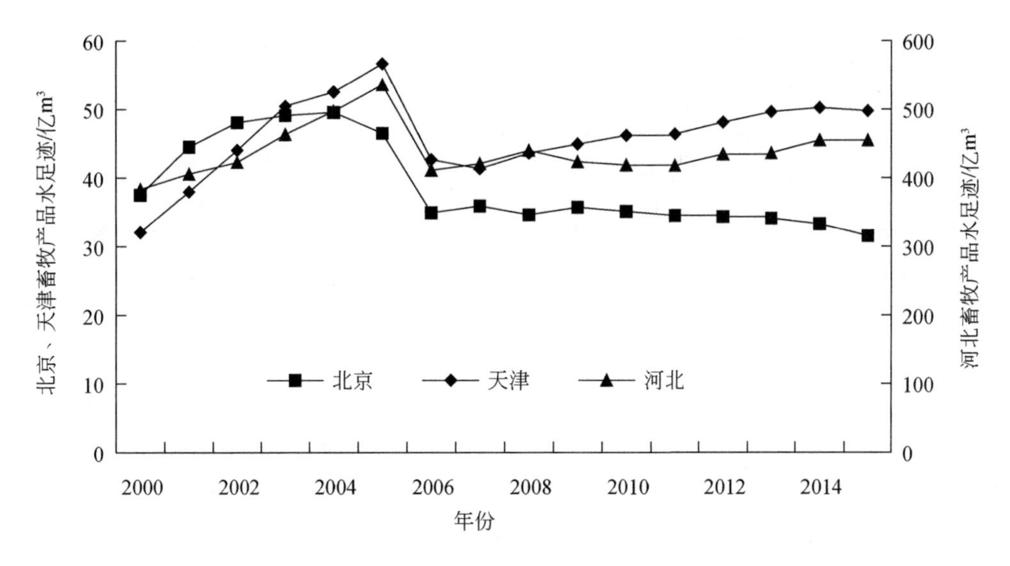

图 5-13　2000～2015 年京津冀地区畜牧产品水足迹年际变化

4. 虚拟水消费时间分布特征

居民虚拟水消费变化主要体现为居民虚拟水消费量的变化（表 5-9）和人均虚拟水消费量及结构的变化，前者反映区域虚拟水消费规模，后者反映虚拟水消费群体差异。2000～2015 年北京、天津和河北多年平均居民虚拟水消费量分别为 84.97 亿 m^3、56.64 亿 m^3 和 237.31 亿 m^3，居民虚拟水消费量呈现上升趋势，居民虚拟水消费规模表现出河北>北京>天津。北京和天津城镇虚拟水消费占主体地位，并且呈现出增长趋势。河北随着人口结构变化，城镇虚拟水消费呈现出上升趋势，并逐渐占主体地位，农村虚拟水消费呈现出下降趋势。随着生活水平的提高和虚拟水消费结构的改变，居民虚拟水消费量的增加必然对区域水资源安全保障提出更高的要求。

表 5-9　京津冀地区居民虚拟水消费量年际变化　　（单位：亿 m^3）

年份	北京		天津		河北	
	城镇	农村	城镇	农村	城镇	农村
2000	47.31	11.98	35.10	12.08	73.65	146.80
2001	50.86	14.83	31.13	10.05	79.34	142.88

续表

年份	北京		天津		河北	
	城镇	农村	城镇	农村	城镇	农村
2002	54.79	15.84	31.01	10.46	87.96	140.00
2003	59.84	15.17	35.52	10.82	99.99	136.28
2004	61.41	13.35	38.15	11.79	108.08	135.39
2005	64.85	10.85	38.88	11.36	110.88	126.90
2006	63.89	9.73	39.32	11.31	108.50	116.92
2007	81.85	10.42	38.99	11.82	108.97	113.79
2008	80.53	10.15	42.73	12.03	118.27	115.64
2009	73.20	10.95	47.38	12.66	122.46	109.40
2010	82.66	10.50	49.14	11.62	119.41	111.51
2011	86.07	11.11	52.92	10.50	123.06	110.19
2012	85.76	11.11	61.38	11.43	128.10	113.98
2013	91.59	12.11	58.56	10.44	149.16	130.29
2014	97.85	12.80	60.87	11.35	134.39	113.98
2015	84.70	11.40	63.87	11.57	144.31	116.50
多年平均	72.95	12.02	45.31	11.33	113.53	123.78

5. 作物虚拟水流通量时间序列特征

本书采用农业虚拟水生产与消费差额表示虚拟水流动量的指标，分析区域生产-消费模式下的虚拟水流动状况。输入产品相当于节省了同样产量的本地产品生产需要消耗的虚拟水量，按照生产-消费的同类型产品，单位质量虚拟水含量采用与当地作物生产虚拟水是相等的思想进行论述。

2000～2015年京津冀地区农业虚拟水流动变化如图5-14所示。在生产结构、消费结构和人口变化等原因的共同影响下，区域农业虚拟水流动发生了明显的变化。其中河北为虚拟水输出型，输出量呈明显的下降趋势，由2000年的139.2亿m^3减少到2015年的84.4亿m^3。北京和天津为虚拟水输入型，输入量呈增加趋势。相比2000年，2015年天津和北京虚拟水输入量增加了31.3亿m^3和50.5亿m^3。考虑京津冀一体化的大背景，在生产-消费模式下可以看出京津冀从虚拟水输出型转变为虚拟水输入型，区域农业生产虚拟水已经不能满足区域虚拟水需求，京津冀对外部虚拟水输入的依靠性逐步加强，虚拟水输入逐渐成为缓解京津冀水资源短缺问题的重要一环。

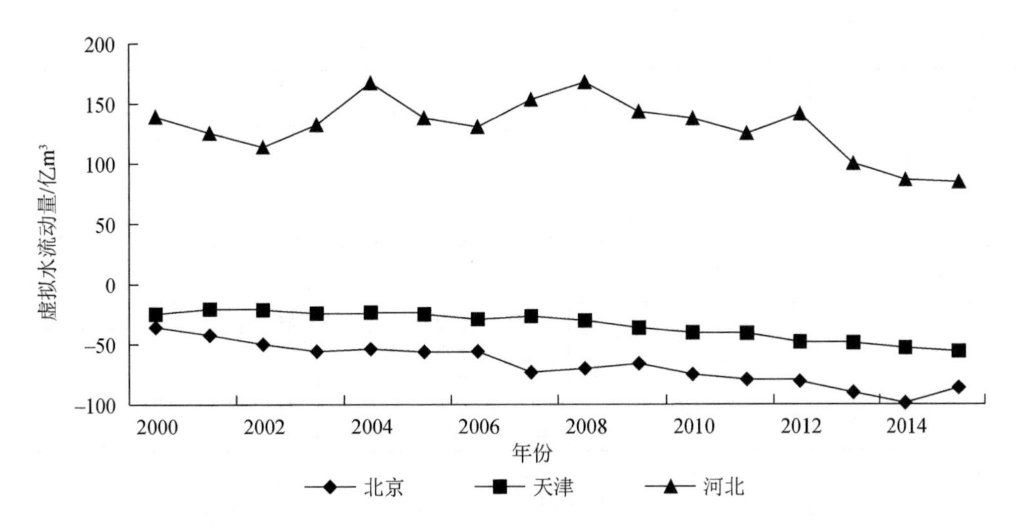

图5-14 2000～2015年京津冀地区农业虚拟水流动变化

虚拟水流动量正值表示为输出量，负值表示为输入量

5.3 京津冀产业结构与水足迹协调度

5.3.1 农业水足迹生产-消费匹配评价指标

在不同空间尺度，如国家、流域、行政区水资源短缺和空间分布不均状况普遍存在，不同区域产品生产优势也不尽相同，由此往往形成产品生产-消费空间不匹配的状态。区域间货物和服务贸易成为解决产品生产-消费空间分布不匹配问题的重要途径，通过虚拟水转移实现水资源在地理空间的再次分配。区域不同产品生产-消费状况的匹配程度，决定了区域虚拟水流动的结构和格局。对于农业而言，从水足迹和虚拟水的视角，深入了解区域作物水足迹生产-消费的匹配格局和状态，了解其发展态势，对于了解区域水资源利用状况，调整水资源管理策略有重要的意义。由此本书提出了农业水足迹生产-消费匹配评价指标，并根据指标数值范围，对其进行了分级评价（表5-10）。

表5-10 评价指标分值

区间	评价	类型	状态描述
<0.5	高度对外依赖型	Ⅳ（输入）	区域水足迹生产远不足以支撑区域消费，水足迹消费中超过50%需要外部输入，严重对外依赖
0.5～0.7	中度对外依赖型	Ⅲ（输入）	区域水足迹生产不足以支撑区域消费，水足迹消费中30%～50%需要外部输入，对外依赖程度较高

续表

区间	评价	类型	状态描述
0.7～0.9	轻度对外依赖型	Ⅱ（输入）	区域水足迹生产不足以支撑区域消费，水足迹消费中10%～30%需要外部输入，对外依赖程度较高
0.9～1.1	生产-消费适宜型	Ⅰ（适宜）	区域水足迹生产与区域水足迹消费相近，水足迹消费中仅有10%之内需要外部输入，或者生产水足迹约10%进行对外输出
1.1～1.4	轻度对外输出型	Ⅱ（输出）	区域生产水足迹除满足区域消费外有10%～30%进行对外输出
1.4～2.0	中度对外输出型	Ⅲ（输出）	区域生产水足迹除满足区域消费外有30%～50%进行对外输出，造成部分水资源外流
>2.0	高度对外输出型	Ⅳ（输出）	区域生产水足迹除满足区域消费外有超过50%水足迹进行对外输出，造成大量水资源外流

农业水足迹生产-消费匹配评价指标（matching index of agricultural water footprint production and consumption，MI-AWF）等于区域农业产品生产水足迹与消费水足迹的比值，反映区域农业产品生产水足迹与消费水足迹的差异状态。

$$\text{MI-AWF}=WF_{pi}/WF_{ci} \tag{5-26}$$

式中，WF_{pi}为区域农业i产品生产水足迹；WF_{ci}为区域农业i产品消费水足迹。

MI-AWF反映了区域农业水足迹生产-消费状态，因此我们根据其数值范围进行了分级描述。

水足迹概念给人们了解水问题增添了新视角，充分了解区域水足迹协调变化有着重要意义。水足迹协调性十分复杂，涉及生产条件、经济条件、对水资源的影响等众多因素。为评价区域农业水足迹系统协调发展状况，本节介绍了基于生产-消费双重视角的水足迹协调评价指标体系，建立了区域农业水足迹协调性的评价指标体系（表5-11）。

表5-11　农业水足迹协调性评价指标体系

目标层	准则层	指标层	权重		
			北京	天津	河北
农业水足迹协调性	水足迹生产适宜性	亩均农业机械总动力	0.061	0.078	0.073
		单方水粮食生产率	0.112	0.138	0.125
		单位面积耕地水足迹	0.090	0.086	0.080
		水足迹经济效益	0.163	0.144	0.144
		水资源压力指数	0.150	0.141	0.145
	水足迹消费适宜性	城镇人口比例	0.074	0.095	0.068
		居民恩格尔系数	0.071	0.058	0.096
		消费多样性指数	0.076	0.054	0.070
		水资源匮乏度	0.101	0.103	0.109
		水资源自给率	0.102	0.103	0.090

区域水足迹协调发展主要表现为水足迹生产适宜性和水足迹消费适宜性。其中水足迹生产适宜性全面反映从水足迹生产为视角协调状况，可以从水足迹生产条件、经济条件和对水资源的影响等特征建立指标体系；水足迹消费适宜性是从消费端衡量满足区域人们发展需求下区域水足迹状态，可以从消费水平、消费发展状态和消费影响程度等特征建立指标体系。

由于区域地理差异和发展模式异同，水足迹系统构成及其影响因素在不同区域有着明显的差异。相应的水足迹协调性评价指标体系的建立要结合具体问题有所区别，如建立起区域之间水足迹协调性空间的差异评价、同一区域水足迹协调性时序变化评价等，从而基于评价目的，从区域水足迹共性和个性角度出发构建切实可行的水足迹协调性评价指标体系。基于数据可获取性，建立了区域农业水足迹协调性评价指标体系。

在进行评价时，由于评价指标的单位、量级不同，需要对评价指标进行标准化处理，结合书中指标的选用情况，选用极差法对评价指标进行标准化。对于指标权重的确定应均衡主观意愿和客观信息对评价结果的影响，从而增强评价结果的合理性。书中采用基于层次分析法和熵权法的组合赋权法确定权重（Zhang et al., 2013），公式如下：

$$\gamma_i=\rho\alpha_i+(1-\rho)\beta_i \tag{5-27}$$

式中，γ_i 为几何平均赋权；α_i 为层次分析法赋权；β_i 为熵权法赋权；ρ 为偏好系数，本研究取 0.5。

水足迹适宜性指数是反映水足迹系统和系统要素间适宜状况的定量指标。用 x_1、x_2，…，x_m 定量表征水足迹生产适宜性状况，用指标 y_1、y_2，…，y_n 表示水足迹消费适宜性，则水足迹生产适宜性 $f(x)$ 和水足迹消费适宜性 $g(y)$ 可用式（5-28）计算（翟晶等，2016）：

$$f(x)=\sum_{i=1}^{m}\omega_i x_i,\ g(y)=\sum_{j=1}^{n}\omega_j y_j \tag{5-28}$$

式中，ω_i、ω_j（$1\leqslant i\leqslant m$，$1\leqslant j\leqslant m$）分别为水足迹生产适宜性和水足迹消费适宜性指标权重。

协调是两种或两种以上系统或者系统要素之间相互协作、配合得当、相互促进的一种良性的循环关系。根据水足迹研究范围，区域水足迹系统可以划分为水足迹生产系统和水足迹消费系统，两者相辅相成，同时相互影响。

离差系数可以反映系统间协调的数量程度，系统间的协调度可以用离差系数来度量，$f(x)$ 与 $g(y)$ 的离差越小，协调度越大，计算公式如下（赵丽娜和徐国宾，2013）：

$$C=(1-C_{fg}^2)^k,\ C_{fg}=\sqrt{1-\frac{f(x)\ g(y)}{\left[\frac{f(x)+g(y)}{2}\right]^2}} \tag{5-29}$$

式中，C 为水足迹生产适宜性和水足迹消费适宜性的协调度；C_{fg} 为水足迹生产适宜性和水足迹消费适宜性的离差系数；k 为调节系数，一般情况下，$2\leqslant k\leqslant 5$。

协调度反映了系统运动的相似性，但当两系统都具有较低和较高的发展程度时，协调度却可能相同。为了既能反映出水足迹生产适宜性与水足迹消费适宜性的协调状况，又能反映出其发展水平状况，引入协调发展度的概念，计算公式如下（Li et al., 2008）：

$$D=\sqrt{CT}, T=\alpha f(x)+\beta g(y) \tag{5-30}$$

式中，D 为协调发展度，反映水足迹生产适宜性与水足迹消费适宜性的协调发展状况，协调发展度越大反映出系统越趋于稳定和有序；T 为综合评价指标，反映水足迹适宜状态指数；α、β 为待定权重或者政策系数，取值均为 0.5。

5.3.2 主要农业产品生产-消费匹配状况

京津冀主要农业产品生产-消费匹配度见表 5-12，更清晰明了地表示了区域间和不同产品匹配状况差异性及其时间变化状况。由于生产-消费的空间不匹配性，不同产品匹配程度差异显著，各区域产品匹配程度同样表现出明显差异。

表 5-12　京津冀主要农业产品生产-消费匹配状况

地区	种类	2000～2005 年	2006～2010 年	2011～2015 年
北京	粮食	Ⅱ（输入）	Ⅱ（输入）	Ⅳ（输入）
	豆类	Ⅳ（输入）	Ⅳ（输入）	Ⅳ（输入）
	蛋奶	Ⅱ（输出）	Ⅰ（适宜）	Ⅱ（输入）
	油料	Ⅳ（输入）	Ⅳ（输入）	Ⅳ（输入）
	肉类	Ⅰ（适宜）	Ⅲ（输入）	Ⅳ（输入）
	瓜果蔬菜	Ⅲ（输出）	Ⅱ（输出）	Ⅱ（输入）
天津	粮食	Ⅰ（适宜）	Ⅱ（输出）	Ⅰ（适宜）
	豆类	Ⅱ（输入）	Ⅳ（输入）	Ⅳ（输入）
	蛋奶	Ⅲ（输出）	Ⅲ（输出）	Ⅱ（输出）
	油料	Ⅳ（输入）	Ⅳ（输入）	Ⅳ（输入）
	肉类	Ⅲ（输出）	Ⅲ（输出）	Ⅱ（输出）
	瓜果蔬菜	Ⅳ（输出）	Ⅲ（输出）	Ⅱ（输出）
河北	粮食	Ⅳ（输出）	Ⅳ（输出）	Ⅳ（输出）
	豆类	Ⅳ（输出）	Ⅰ（适宜）	Ⅱ（输入）
	蛋奶	Ⅳ（输出）	Ⅳ（输出）	Ⅳ（输出）
	油料	Ⅲ（输入）	Ⅳ（输入）	Ⅳ（输入）
	肉类	Ⅳ（输出）	Ⅳ（输出）	Ⅳ（输出）
	瓜果蔬菜	Ⅳ（输出）	Ⅳ（输出）	Ⅳ（输出）

北京农业种植规模和结构有较大的调整，农业产品匹配状况变化明显。2000～2005 年粮食、豆类和油料为输入状态，其中粮食为轻度对外依赖型，豆类和油料为高度对外依赖型。蛋奶、瓜果蔬菜为输出状态，其中蛋奶为轻度对外输出型，瓜果蔬菜为中度对外输出型。肉类为生产–消费适宜型。随着作物种植面积的不断缩减、城镇化进程的推进等因素的影响，区域水足迹生产–消费不匹配程度逐渐加大。2006～2010 年蛋奶由轻度对外输出型转变为生产–消费适宜型，肉类由生产–消费适宜型转变为中度对外依赖型。2011～2015 年主要农业产品均表现为输入型，粮食、豆类、油料和肉类均表现为高度对外依赖型，蛋奶和瓜果蔬菜表现为轻度对外依赖型。天津农业产品水足迹整体呈现对输出程度减弱和对外依赖程度增加的趋势。蛋奶、肉类和瓜果蔬菜分别由 2000～2005 年的中度、中度和高度对外输出型转变为 2011～2015 年的轻度对外输出型。豆类由轻度对外依赖型转变为高度对外依赖型。河北是我国的农业大省，对外输出了大量的农业产品。2000～2005 年粮食、豆类、蛋奶、肉类和瓜果蔬菜表现为高度对外输出型。2011～2015 年豆类和油料分别表现为轻度对外依赖型和高度对外依赖型，其余产品仍表现为高度对外输出型。综合主要农业产品匹配程度来看，北京是典型的农业产品水足迹输入型城市，水足迹的输入极大地缓解了区域水资源紧张的状态和支撑了区域发展。天津主要产品匹配状况较为适中，水足迹消费的增长降低了部分产品输出能力，增加了对部分产品的对外依赖程度。河北省是农业产品输出型，对外输出产品占比较高，加大了区域水资源压力。

5.3.3 基于农业生产–消费协调度的水足迹评价

按照农业水足迹协调分析评价方法，构建基于水足迹生产适宜性和水足迹消费适宜性两个系统之间的协调发展度评价模型，评价结果见表 5-13。可以看出各区域水足迹生产适宜性 $f(x)$ 和水足迹消费适宜性 $g(y)$ 在各年份的变化趋势，水足迹生产适宜性和水足迹消费适宜性在年际间有所波动，但整体呈现上升趋势。水足迹生产适宜性受益于各区域政府部门对农业发展的重视，政府部门做出了不懈努力，加大农业投入，保障农业经济效益，加大农业水利建设力度，科学减少农业用水量，使农业水足迹生产适宜性不断增强。水足迹消费适宜性呈现先增加后降低的发展趋势，在 2000～2012 年呈现上升随后略有下降趋势。

表 5-13 京津冀水足迹生产适宜性和水足迹消费适宜性系统协调发展度评价模型计算结果

年份	北京					天津					河北				
	$f(x)$	$g(y)$	C	T	D	$f(x)$	$g(y)$	C	T	D	$f(x)$	$g(y)$	C	T	D
2000	0.23	0.43	0.09	0.33	0.17	0.11	0.20	0.02	0.16	0.06	0.32	0.35	0.11	0.34	0.20
2001	0.21	0.41	0.08	0.31	0.16	0.56	0.52	0.29	0.54	0.40	0.28	0.28	0.08	0.28	0.15

续表

年份	北京					天津					河北				
	$f(x)$	$g(y)$	C	T	D	$f(x)$	$g(y)$	C	T	D	$f(x)$	$g(y)$	C	T	D
2002	0.24	0.40	0.09	0.32	0.17	0.50	0.51	0.25	0.50	0.36	0.21	0.21	0.04	0.21	0.09
2003	0.29	0.40	0.11	0.35	0.20	0.50	0.61	0.30	0.55	0.41	0.34	0.43	0.14	0.39	0.24
2004	0.23	0.38	0.08	0.31	0.16	0.37	0.68	0.23	0.53	0.35	0.22	0.47	0.09	0.35	0.18
2005	0.36	0.58	0.20	0.47	0.31	0.43	0.68	0.28	0.55	0.39	0.36	0.49	0.17	0.42	0.27
2006	0.44	0.56	0.24	0.50	0.35	0.56	0.65	0.36	0.61	0.47	0.41	0.50	0.20	0.45	0.30
2007	0.39	0.47	0.18	0.43	0.28	0.44	0.65	0.27	0.54	0.38	0.40	0.62	0.24	0.51	0.35
2008	0.42	0.53	0.22	0.48	0.32	0.47	0.65	0.30	0.56	0.41	0.42	0.68	0.27	0.55	0.38
2009	0.47	0.58	0.27	0.53	0.38	0.51	0.61	0.31	0.56	0.42	0.51	0.66	0.33	0.59	0.44
2010	0.47	0.55	0.26	0.51	0.36	0.71	0.58	0.41	0.65	0.52	0.57	0.64	0.36	0.61	0.47
2011	0.54	0.50	0.27	0.52	0.37	0.64	0.66	0.43	0.65	0.53	0.72	0.66	0.48	0.69	0.57
2012	0.68	0.69	0.47	0.69	0.57	0.54	0.70	0.37	0.62	0.48	0.73	0.77	0.56	0.75	0.65
2013	0.72	0.52	0.36	0.62	0.47	0.72	0.69	0.50	0.71	0.59	0.70	0.66	0.46	0.68	0.56
2014	0.70	0.39	0.25	0.55	0.37	0.78	0.65	0.50	0.71	0.60	0.83	0.57	0.46	0.70	0.56
2015	0.89	0.58	0.49	0.74	0.60	0.74	0.65	0.48	0.69	0.58	0.85	0.64	0.53	0.74	0.63

通过对区域农业水足迹协调性指数各准则层中相应指标对比分析，北京农业水足迹协调性提升主要是由于农业经济效应的大幅提升、水资源压力的减小、水资源利用效率的提高。天津农业水足迹协调性提升主要是受益于农业经济效应的提升、水资源压力的减小、水资源利用效率的提高和水资源匮乏度的降低。河北农业水足迹协调性提升主要是受益于农业投入的增加、农业经济效应的提升、居民生活水平的提高。

各年份协调度 C 较低，而协调发展度 D 较高，表明各年份协调发展水平受水足迹生产适宜性、水足迹消费适宜性和综合评价指数的制约，今后区域农业水足迹管理应提高农业水足迹生产适宜性和农业水足迹消费适宜性两者的适宜水平。

5.4 虚拟水对适水发展的影响

京津冀地区水资源极度缺乏，水资源供需矛盾突出，水资源与经济发展规模的不平衡导致一系列的环境问题，如河道断流、水体严重污染、地下水位下降等，很多地区出现“有河皆干，有水皆污”的状况。随着京津冀一体化的加速推进，人口流、资金流和信息流将加快向该区域聚集，进一步加大对水资源的压力。在强人类活动的干预下，京津冀生态环境错综复杂，水资源成为制约区域发展的关键要素。

2015 年，北京、天津、河北的水资源总量分别为 26.8 亿 m^3、12.8 亿 m^3、135.1 亿 m^3；

人均水资源量分别为 123 m³、83 m³、182 m³。表 5-14 为 2015 年京津冀地区用水情况，分别为 38.1 亿 m³、25.6 亿 m³和 187.2 亿 m³，北京、天津的实体水消耗量小于虚拟水输入量，虚拟水在区域经济发展中发挥着重要作用（表 5-14）。北京农业用水占比最低，但天津、河北农业用水仍在区域用水中占绝对优势，因此调整农业用水效率及农业节水对区域适水发展具有重要意义。

表 5-14 2015 年京津冀地区用水情况 （单位：亿 m³）

用水	北京	天津	河北
农业	6.4	12.5	135.3
工业	3.8	5.3	22.5
生活	17.5	4.9	24.4
生态	10.4	2.9	5.0
总量	38.1	25.6	187.2

本节利用系统动力学研究区域农业水资源调控，把区域农业生产过程作为研究系统，选取一定的要素作为衡量水资源承载力的指标，对农业生产进行系统仿真模拟。在水资源承载力系统动力学模型中引入蓝水和绿水的概念，从更广泛的角度探讨提高区域水资源承载力的途径。通过系统动力学模型得到区域农业用水和各作物承载能力关系，判断分析农业水资源承载力的关键且可控因素，设置合理的调控参数，分析区域农业水资源承载力的变化，并提出相应的优化策略。这种方法可以实现模拟现阶段提高水资源承载力的关键因素，结合具体参数优化进行情景模拟，有针对性地对提高水资源承载力的发展方案进行预期成果判断。

5.4.1 农业水资源承载力系统动力学模型

1. 系统动力学——系统界限

基于研究目的明确研究范围，如研究区域和研究目标，在系统界限内查明农业水资源承载力主要相关变量和概念。根据本研究的主要目的，构建京津冀农业水资源承载力系统动力学模型，探讨农业水资源调控措施，据此建立京津冀农业水资源调控仿真模型，模型地理边界为京津冀的行政辖区。

2. 影响承载力的变量分析及参数选取

京津冀农业水资源承载力系统动力学模型模拟的是水资源系统在农业生产结构和规模变化下其承载力的发展变化状况。农业生产模型中选用若干变量，通过变量之间的关系，反映水资源系统内部间的反馈信息。考虑资料可获取性、完备性及其分类统计特征，同时保证选取变量的代表性。变量类型分为常量（C）、状态变量（L）、速率变量（R）和辅助变量（A）等。基于农业用水和农业种植概况，选取作物种植面积、产量、蓝水用水量，以及绿水利用量、灌溉水利用系数等变量，见表5-15。

表5-15 京津冀农业水资源承载力系统动力学模型变量

变量名称	类型	变量名称	类型
小麦单产变化速度	A	杂粮单位质量蓝水	R
小麦单产年变化量	R	杂粮蓝水用水量	R
小麦单产量	L	蔬菜单产变化速度	A
小麦产量	L	蔬菜单产年变化量	R
小麦种植面积变化速度	A	蔬菜单产量	L
小麦单位面积蓝水变化速度	A	蔬菜产量	L
小麦单位质量蓝水	R	蔬菜种植面积变化速度	A
小麦蓝水用水量	R	蔬菜单位面积蓝水变化速度	A
大豆单产变化速度	A	蔬菜单位质量蓝水	R
大豆单产年变化量	R	蔬菜蓝水用水量	R
大豆单产量	L	玉米单产变化速度	A
大豆产量	L	玉米单产年变化量	R
大豆种植面积变化速度	A	玉米单产量	L
大豆单位面积蓝水变化速度	A	玉米产量	L
大豆单位质量蓝水	R	玉米种植面积变化速度	A
大豆蓝水用水量	R	玉米单位面积蓝水变化速度	A
油料单产变化速度	A	玉米单位质量蓝水	R
油料单产年变化量	R	玉米蓝水用水量	R
油料单产量	L	棉花单产变化速度	A
油料产量	L	棉花单产年变化量	R
油料种植面积变化速度	A	棉花单产量	L
油料单位面积蓝水变化速度	A	棉花产量	L
油料单位质量蓝水	R	棉花种植面积变化速度	A
油料蓝水用水量	R	棉花单位面积蓝水变化速度	A
杂粮单产变化速度	A	棉花单位质量蓝水	R
杂粮单产年变化量	R	棉花蓝水用水量	R
杂粮单产量	L	水稻单产变化速度	A
杂粮产量	L	水稻单产年变化量	R
杂粮种植面积变化速度	A	水稻单产量	L
杂粮单位面积蓝水变化速度	A	水稻产量	L

续表

变量名称	类型	变量名称	类型
水稻种植面积变化速度	A	瓜果蓝水用水量	R
水稻单位面积蓝水变化速度	A	农作物虚拟水蓝水用水量	R
水稻单位质量蓝水	R	灌溉水利用系数	A
水稻蓝水用水量	R	绿水足迹	A
瓜果单产变化速度	A	有效利用系数	C
瓜果单产年变化量	R	作物绿水利用量	R
瓜果单产量	L	作物蓝水利用量	R
瓜果产量	L	作物总利用水量	R
瓜果种植面积变化速度	A	农业水资源供需比	R
瓜果单位面积蓝水变化速度	A	作物需水量	L
瓜果单位质量蓝水	R	—	—

基于各子系统和变量之间的反馈关系，京津冀农业水资源承载力系统动力学如图 5-15 所示。

根据各变量之间的关系确定系统方程，京津冀农业水资源承载力系统动力学模型共 50 个方程，其中 9 个状态方程，9 个速率方程，32 个辅助方程，还包括众多的表函数和一些常数。

1）状态方程

（1）小麦单产量 = INTEG（小麦单产年变化量，4.57）（t/hm^2）；

（2）玉米单产量 = INTEG（玉米单产年变化量，3.985）（t/hm^2）；

（3）大豆单产量 = INTEG（大豆单产年变化量，1.281）（t/hm^2）；

（4）稻谷单产量 = INTEG（稻谷单产年变化量，4.637）（t/hm^2）；

（5）油料单产量 = INTEG（油料单产年变化量，2.116）（t/hm^2）；

（6）杂粮单产量 = INTEG（杂粮单产年变化量，2.485）（t/hm^2）；

（7）棉花单产量 = INTEG（棉花单产年变化量，0.985）（t/hm^2）；

（8）蔬菜单产量 = INTEG（蔬菜单产年变化量，49.75）（t/hm^2）；

（9）瓜果单产量 = INTEG（瓜果单产年变化量，9.440）（t/hm^2）。

2）速率方程

（1）小麦单产年变化量 = 小麦单产量×小麦单产变化速度×农业水资源供需比；

（2）玉米单产年变化量 = 玉米单产量×玉米单产变化速度×农业水资源供需比；

（3）大豆单产年变化量 = 大豆单产量×大豆单产变化速度×农业水资源供需比；

（4）稻谷单产年变化量 = 稻谷单产量×稻谷单产变化速度×农业水资源供需比；

（5）油料单产年变化量 = 油料单产量×油料单产变化速度×农业水资源供需比；

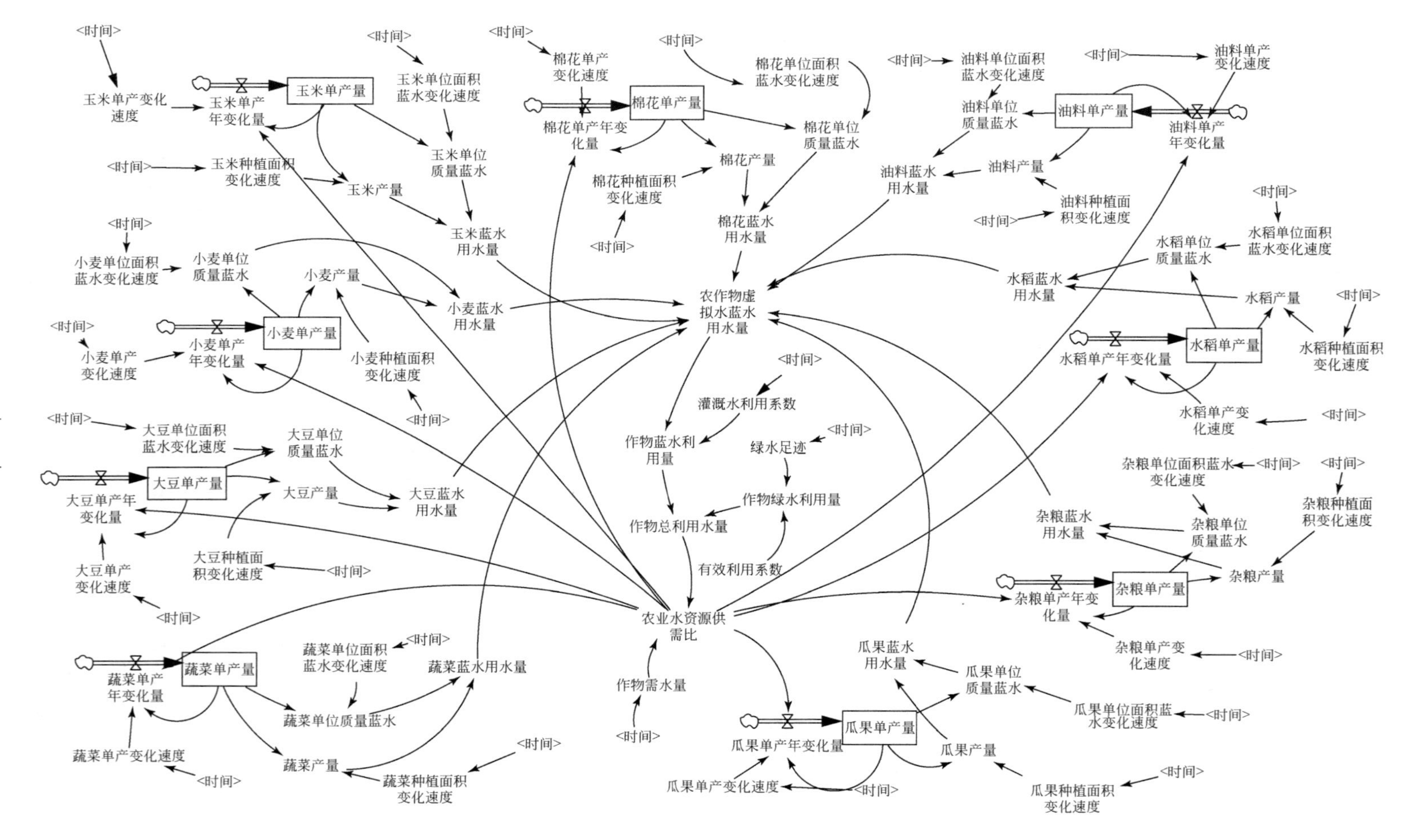

图5-15 京津冀农业水资源承载力系统动力学模型

(6) 杂粮单产年变化量=杂粮单产量×杂粮单产变化速度×农业水资源供需比；
(7) 棉花单产年变化量=棉花单产量×棉花单产变化速度×农业水资源供需比；
(8) 蔬菜单产年变化量=蔬菜单产量×蔬菜单产变化速度×农业水资源供需比；
(9) 瓜果单产年变化量=瓜果单产量×瓜果单产变化速度×农业水资源供需比。

3) 辅助方程

(1) 小麦产量=小麦单产量×小麦种植面积变化速度（万 t）；
(2) 小麦单位质量蓝水=小麦单位面积蓝水变化速度/小麦单产量（m^3/t）；
(3) 小麦蓝水用水量=小麦单位质量蓝水×小麦产量（万 m^3）；
(4) 玉米产量=玉米单产量×玉米种植面积变化速度（万 t）；
(5) 玉米单位质量蓝水=玉米单位面积蓝水变化速度/玉米单产量（m^3/t）；
(6) 玉米蓝水用水量=玉米单位质量蓝水×玉米产量（万 m^3）；
(7) 大豆产量=大豆单产量×大豆种植面积变化速度（万 t）；
(8) 大豆单位质量蓝水=大豆单位面积蓝水变化速度/大豆单产量（m^3/t）；
(9) 大豆蓝水用水量=大豆单位质量蓝水×大豆产量（万 m^3）；
(10) 稻谷产量=稻谷单产量×稻谷种植面积变化速度（万 t）；
(11) 稻谷单位质量蓝水=稻谷单位面积蓝水变化速度/稻谷单产量（m^3/t）；
(12) 稻谷蓝水用水量=稻谷单位质量蓝水×稻谷产量（万 m^3）；
(13) 油料产量=油料单产量×油料种植面积变化速度（万 t）；
(14) 油料单位质量蓝水=油料单位面积蓝水变化速度/油料单产量（m^3/t）；
(15) 油料蓝水用水量=油料单位质量蓝水×油料产量（万 m^3）；
(16) 杂粮产量=杂粮单产量×杂粮种植面积变化速度（万 t）；
(17) 杂粮单位质量蓝水=杂粮单位面积蓝水变化速度/杂粮单产量（m^3/t）；
(18) 杂粮蓝水用水量=杂粮单位质量蓝水×杂粮产量（万 m^3）；
(19) 棉花产量=棉花单产量×棉花种植面积变化速度（万 t）；
(20) 棉花单位质量蓝水=棉花单位面积蓝水变化速度/棉花单产量（m^3/t）；
(21) 棉花蓝水用水量=棉花单位质量蓝水×棉花产量（万 m^3）；
(22) 蔬菜产量=蔬菜单产量×蔬菜种植面积变化速度（万 t）；
(23) 蔬菜单位质量蓝水=蔬菜单位面积蓝水变化速度/蔬菜单产量（m^3/t）；
(24) 蔬菜蓝水用水量=蔬菜单位质量蓝水×蔬菜产量（万 m^3）；
(25) 瓜果产量=瓜果单产量×瓜果种植面积变化速度（万 t）；
(26) 瓜果单位质量蓝水=瓜果单位面积蓝水变化速度/瓜果单产量（m^3/t）；
(27) 瓜果蓝水用水量=瓜果单位质量蓝水×瓜果产量（万 m^3）；
(28) 农作物虚拟水蓝水用水量=小麦蓝水用水量+玉米蓝水用水量+大豆蓝水用水量

+稻谷蓝水用水量+油料蓝水用水量+杂粮蓝水用水量+棉花蓝水用水量+蔬菜蓝水用水量+瓜果蓝水用水量（万 m^3）；

（29）作物蓝水利用量=农作物虚拟水蓝水用水量×灌溉水利用系数（万 m^3）；

（30）作物绿水利用量=绿水足迹×有效利用系数/0.7（万 m^3）；

（31）作物总利用水量=作物蓝水利用量+作物绿水利用量（万 m^3）；

（32）农业水资源供需比=作物总利用水量/作物需水量。

3. 影响变量关系分析

系统动力学模型一般包含数量较多的变量，各变量间相互影响，Vensim PLE 软件可以根据已经够构建的模型提取原因树、结果树，反映不同变量之间的相互关系，为确定各变量间的关系方程式提供帮助。图 5-16 显示了农作物蓝水用水量的原因树，共由 9 个部分组成，包括各作物蓝水用水量。农业水资源供需比是衡量区域水资源满足作物需水程度的重要指标，其原因树和结果树如图 5-17 和图 5-18 所示。

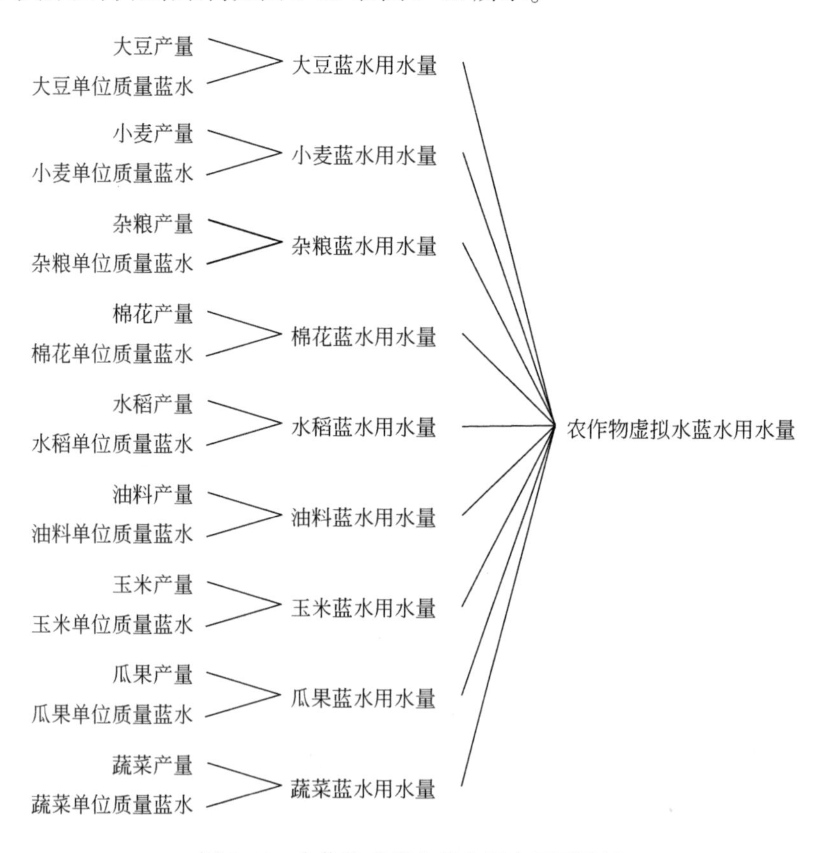

图 5-16　农作物虚拟水蓝水用水量原因树

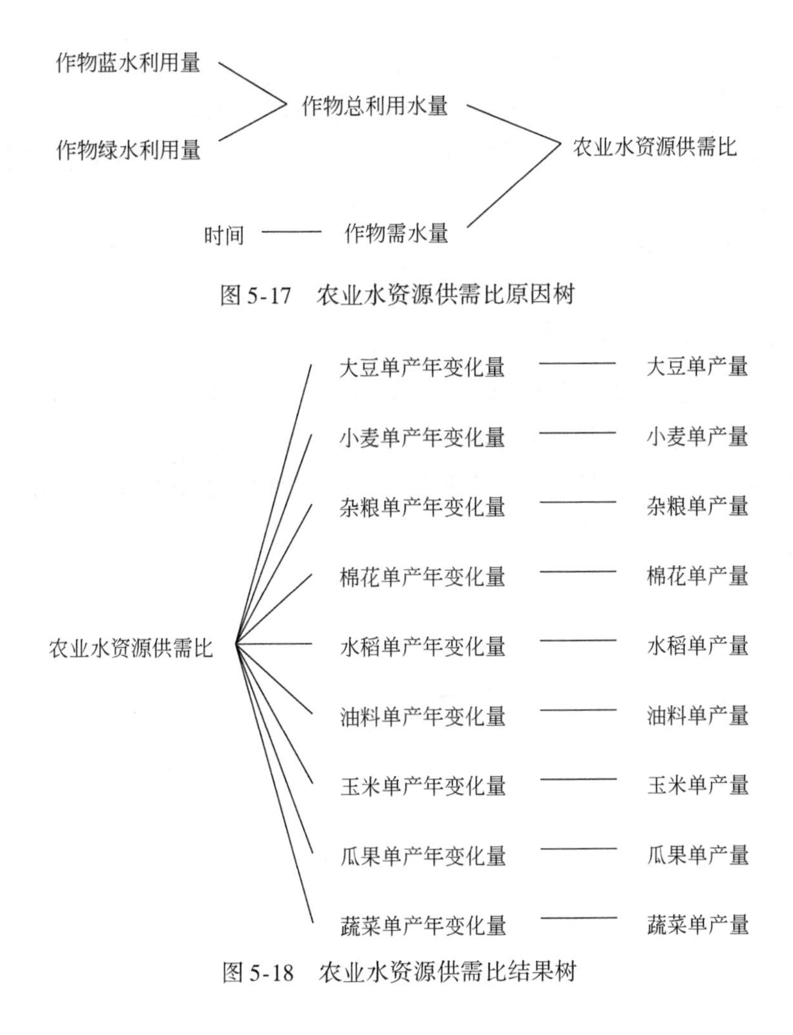

图 5-17　农业水资源供需比原因树

图 5-18　农业水资源供需比结果树

4. 关键变量参数确定

系统动力学模型能够很好地进行信息反馈，模型结构决定了模型的运行具体参数值对其影响程度，参数变量满足建模需求即可。但准确的模型参数预估和率定依旧十分重要。模型参数的大小跟模型应用领域及建模目的关系密切，对于水足迹视角下的农业水资源承载力系统动力学模型而言，其主要目的在于策略的判断，从而提出调控措施，某些参数变化对模型所隐含的政策影响较大。

利用 2000～2015 年数据建立京津冀农业水资源承载力系统动力学模型，对主要因素进行分析选定，在已知年份实际数据的基础上进行仿真模拟。对主要参数设置不同的情景，进行调控模拟，分析水资源承载力的调控空间和策略。

以往农业用水一般指灌溉用水，即蓝水，农作物蓝水需水量主要与作物生育期有效降水相关，而在生产过程中尤其是北方干旱缺水地区，灌溉用水往往受区域用水政策影响，由第2章用水概况可以看出京津冀地区农业用水区域下降与水资源量年际波动相关性不大。在满足作物生长需水过程中，蓝水和绿水共同保证其正常生长。

结合区域农业用水情况，提高京津冀农业水资源承载力的途径为在维持现状农业用水规模状况下，加强作物绿水管理，提高灌溉水利用系数，从而减少灌溉水需求量。

针对系统动力学模型构建所需参数较多，本节选取部分主要参数，并给出参数推求过程。

1）作物水足迹各参数确定

小麦水足迹相关数据如图5-19所示，小麦是京津冀主要的粮食作物之一，在作物种植结构调整背景下，京津冀小麦种植面积呈现略微下降的趋势，而小麦产量整体呈现上升趋势，这与区域农业投入力度的加大和管理水平提升等相关措施的开展密切相关，切实地保障区域粮食安全。

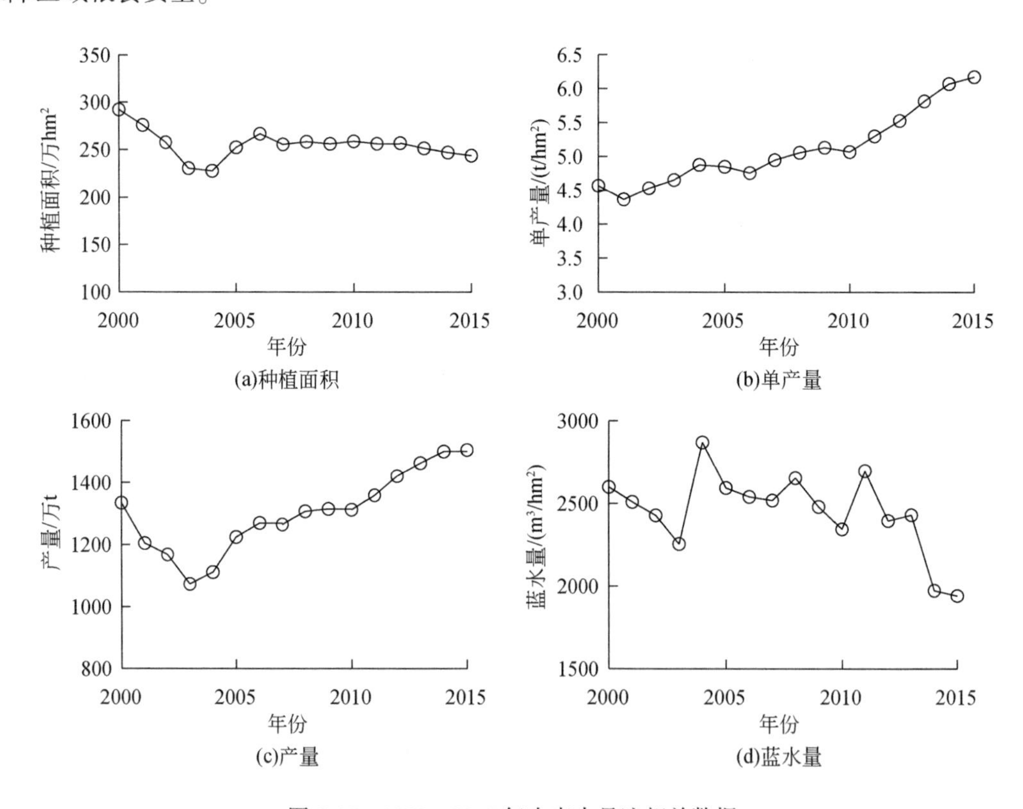

图5-19 2000～2015年小麦水足迹相关数据

京津冀小麦系统动力学模型表函数的设计为

小麦单产变化速度={[(2000，0)-(2015，1)]，(2000，0.018)，(2005，0.015)，(2010，0.005)，(2015，0.13)}

小麦种植面积变化速度={[(2000，0)-(2015，1500)]，(2000，292.123)，(2005，

252. 437), (2010, 258. 793), (2015, 243. 858)}

小麦单位面积蓝水变化速度 = {[(2000, 0) - (2015, 5000)], (2000, 2598. 69), (2005, 2593. 11), (2010, 2344. 59), (2015, 1942. 07)}

玉米水足迹相关数据如图 5-20 所示，2000 ~ 2015 年京津冀玉米种植面积呈现上升趋势，2015 年种植面积约为 354 万 hm^2，作物产量也呈现上升趋势，2015 年产量约为 1827 万 t。玉米单产呈现先增长后稳定的变化规律。

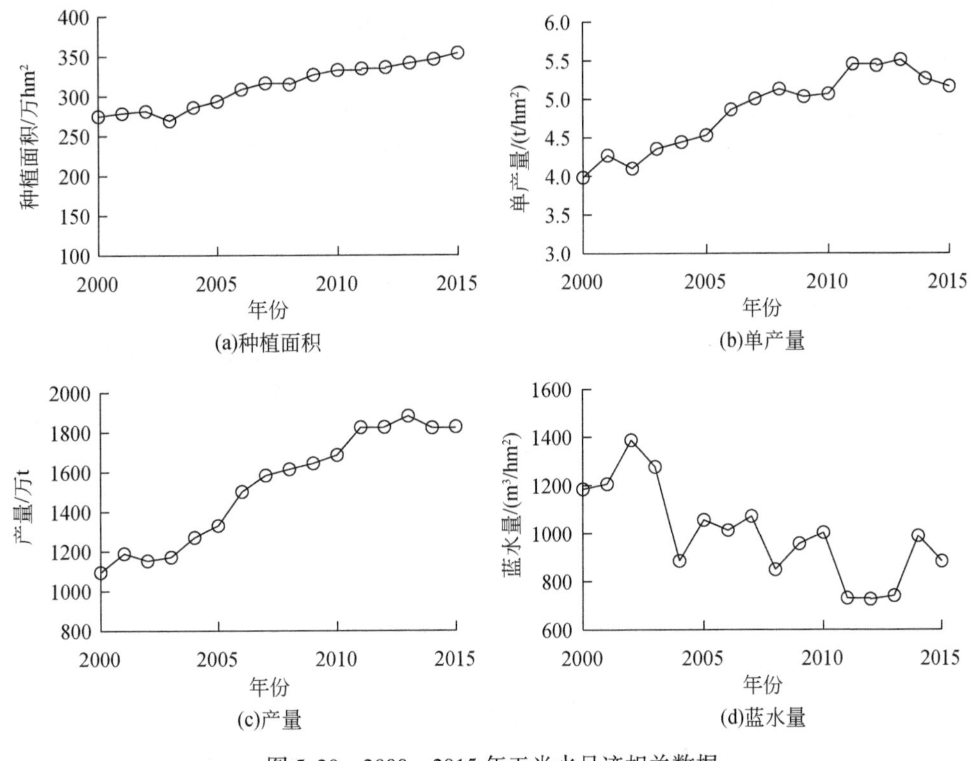

图 5-20　2000 ~ 2015 年玉米水足迹相关数据

京津冀玉米系统动力学模型表函数的设计为

玉米单产变化速度 = {[(2000, 0) - (2015, 1)], (2000, 0. 038), (2005, 0. 033), (2010, 0. 022), (2015, -0. 021)}

玉米种植面积变化速度 = {[(2000, 0) - (2015, 500)], (2000, 274. 558), (2005, 293. 595), (2010, 332. 727), (2015, 353. 912)}

玉米单位面积蓝水变化速度 = {[(2000, 0) - (2015, 5000)], (2000, 1184. 69), (2005, 1055. 92), (2010, 1002. 64), (2015, 882. 96)}

大豆水足迹相关数据如图 5-21 所示，2000 ~ 2015 年京津冀大豆种植面积和产量大规模减少，种植面积由 2000 年的约 65 万 hm^2减少至 2015 年的约 16 万 hm^2，种植面积减少幅度约为75%，虽然大豆单产量有明显的提高，但在种植面积大幅度减少的情况下，大豆产量由2000年的约83万t减少至2015年的约31万t，减少了52万t，京津冀居民大豆消费主要依靠外部地区输入。

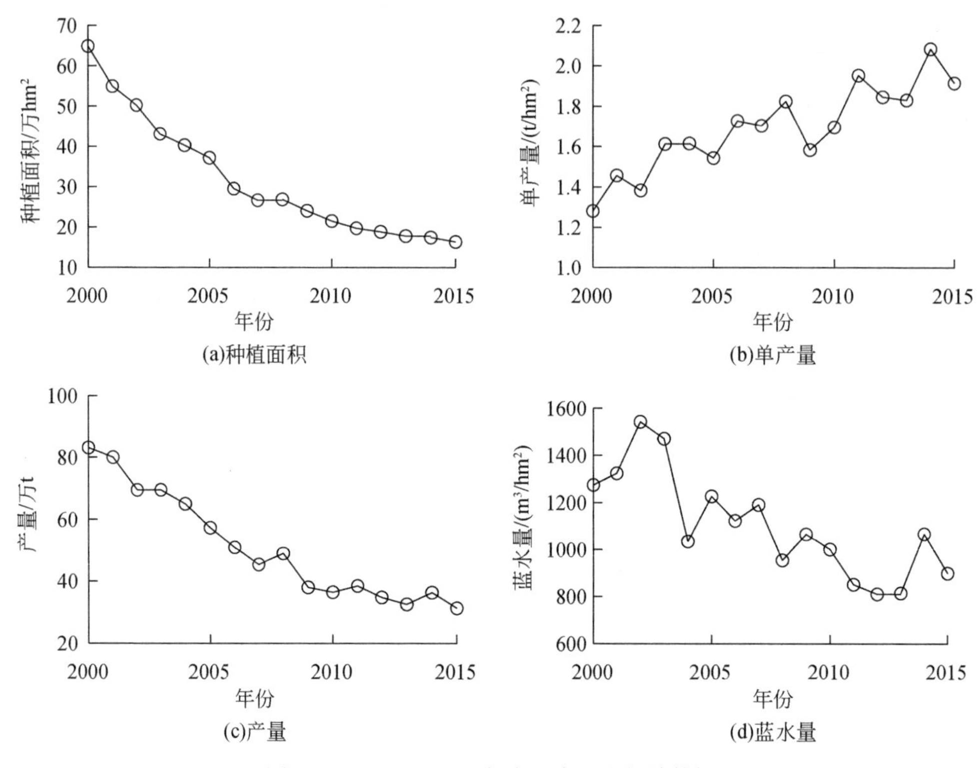

图5-21　2000～2015年大豆水足迹相关数据

京津冀大豆系统动力学模型表函数的设计为

大豆单产变化速度={[(2000，0)-(2015，1)]，(2000，0.055)，(2005，0.05)，(2010，-0.015)，(2015，0.11)}

大豆种植面积变化速度={[(2000，0)-(2015，1500)]，(2000，64.88)，(2005，37.148)，(2010，21.493)，(2015，16.346)}

大豆单位面积蓝水变化速度={[(2000，0)-(2015，5000)]，(2000，1274.28)，(2005，1226.41)，(2010，1000.52)，(2015，899.48)}

稻谷水足迹相关数据如图5-22所示，京津冀稻谷种植面积在2001年发生锐减，而后呈较为稳定的波动状态，2015年种植面积约为10万hm^2，占粮食作物的比例较小。

京津冀稻谷系统动力学模型表函数的设计为

稻谷单产变化速度={[(2000，0)-(2015，1)]，(2000，0.1)，(2005，0.048)，(2010，0.006)，(2015，-0.04)}

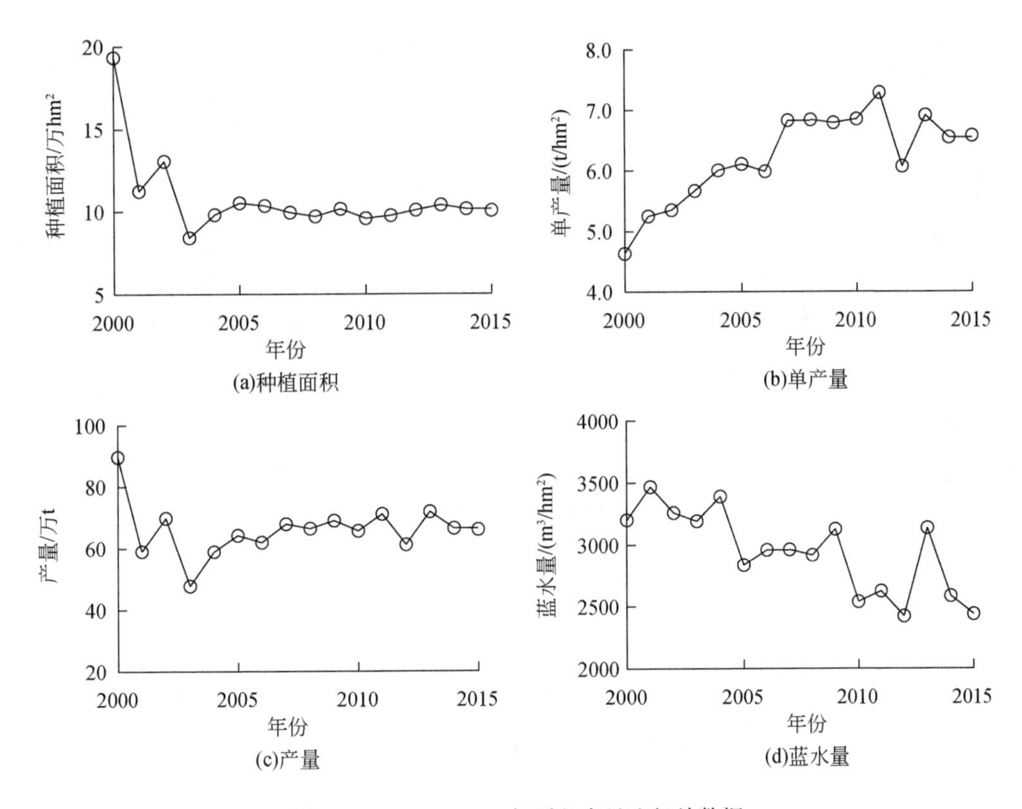

图 5-22　2000 ~ 2015 年稻谷水足迹相关数据

稻谷种植面积变化速度 = {[(2000, 0) - (2015, 500)], (2000, 19.3392), (2005, 10.512), (2010, 9.5779), (2015, 10.037)}

稻谷单位面积蓝水变化速度 = {[(2000, 0) - (2015, 5000)], (2000, 3200.99), (2005, 2834.33), (2010, 2538.41), (2015, 2437.73)}

油料水足迹相关数据如图 5-23 所示，2000 ~ 2015 年京津冀油料种植面积呈递减趋势，2000 年种植面积约为 73 万 hm^2，至 2015 年共计减少约 26 万 hm^2。油料产量在 140 万 ~ 170 万 t，变化幅度较小，略呈下降趋势，单产量的提升很大程度上抵消了种植面积减少带来的作物产量的降低。

京津冀油料系统动力学模型表函数的设计为

油料单产变化速度 = {[(2000, 0) - (2015, 1)], (2000, 0.097), (2005, 0.039), (2010, 0.005), (2015, 0.045)}

油料种植面积变化速度 = {[(2000, 0) - (2015, 500)], (2000, 72.8138), (2005, 57.2676), (2010, 47.1949), (2015, 46.5016)}

油料单位面积蓝水变化速度 = {[(2000, 0) - (2015, 5000)], (2000, 1341.08), (2005, 1279.9), (2010, 1363.07), (2015, 1104.07)}

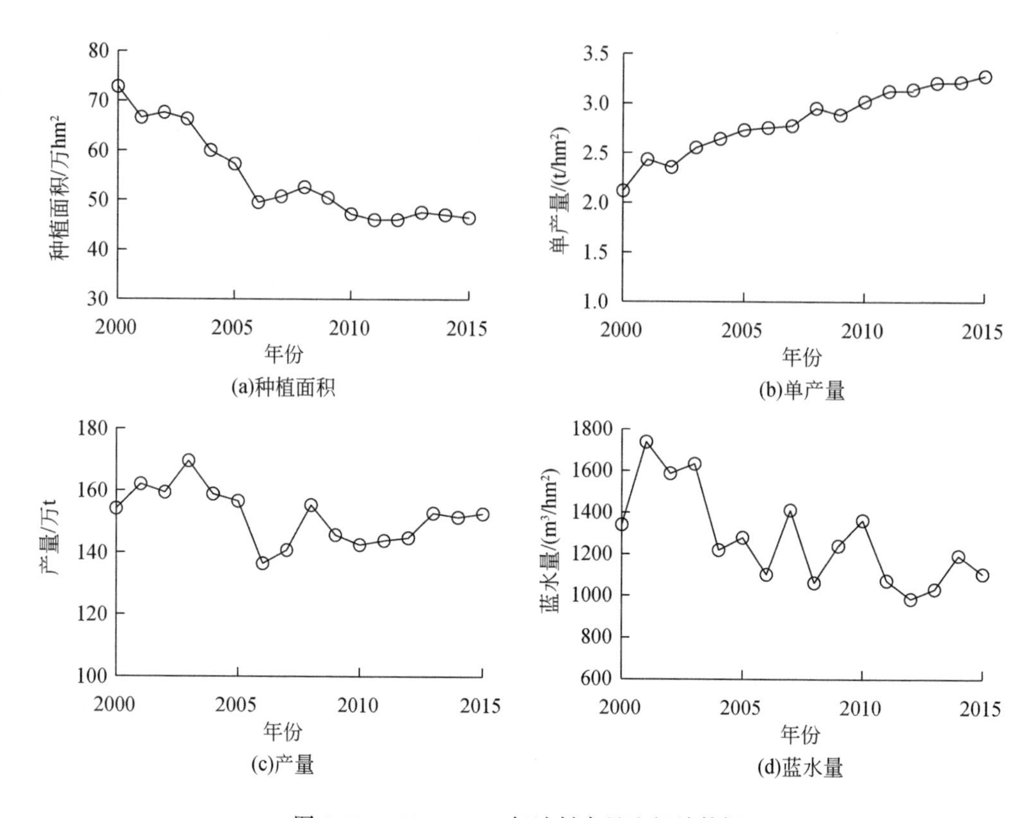

图 5-23　2000～2015 年油料水足迹相关数据

杂粮水足迹相关数据如图 5-24 所示，2000～2015 年京津冀杂粮种植面积呈递减趋势，2000 年种植面积约为 83 万 hm^2，2015 年为 44 万 hm^2，减少了 39 万 hm^2，杂粮单产量呈上升趋势，而杂粮产量呈先下降后上升趋势。

京津冀杂粮系统动力学模型表函数的设计为

杂粮单产变化速度 = {[(2000, 0)-(2015, 1)], (2000, 0.027), (2005, 0.041), (2010, 0.052), (2015, -0.026)}

杂粮种植面积变化速度 = {[(2000, 0)-(2015, 1500)], (2000, 83.326), (2005, 53.195), (2010, 43.319), (2015, 44.071)}

杂粮单位面积蓝水变化速度 = {[(2000, 0)-(2015, 5000)], (2000, 1312.08), (2005, 1008.74), (2010, 1205.73), (2015, 1032.43)}

棉花水足迹相关数据如图 5-25 所示，2000～2015 年京津冀棉花种植面积和产量变化趋势一致，2000～2008 年呈上升趋势，2008～2015 年呈下降趋势，2008 年种植面积最高，达到 76 万 hm^2，棉花产量达到 82 万 t，2015 年棉花种植面积降至 38 万 hm^2。棉花单产量 2000～2015 年呈起伏波动状态，无明显的变化趋势。

京津冀棉花系统动力学模型表函数的设计为

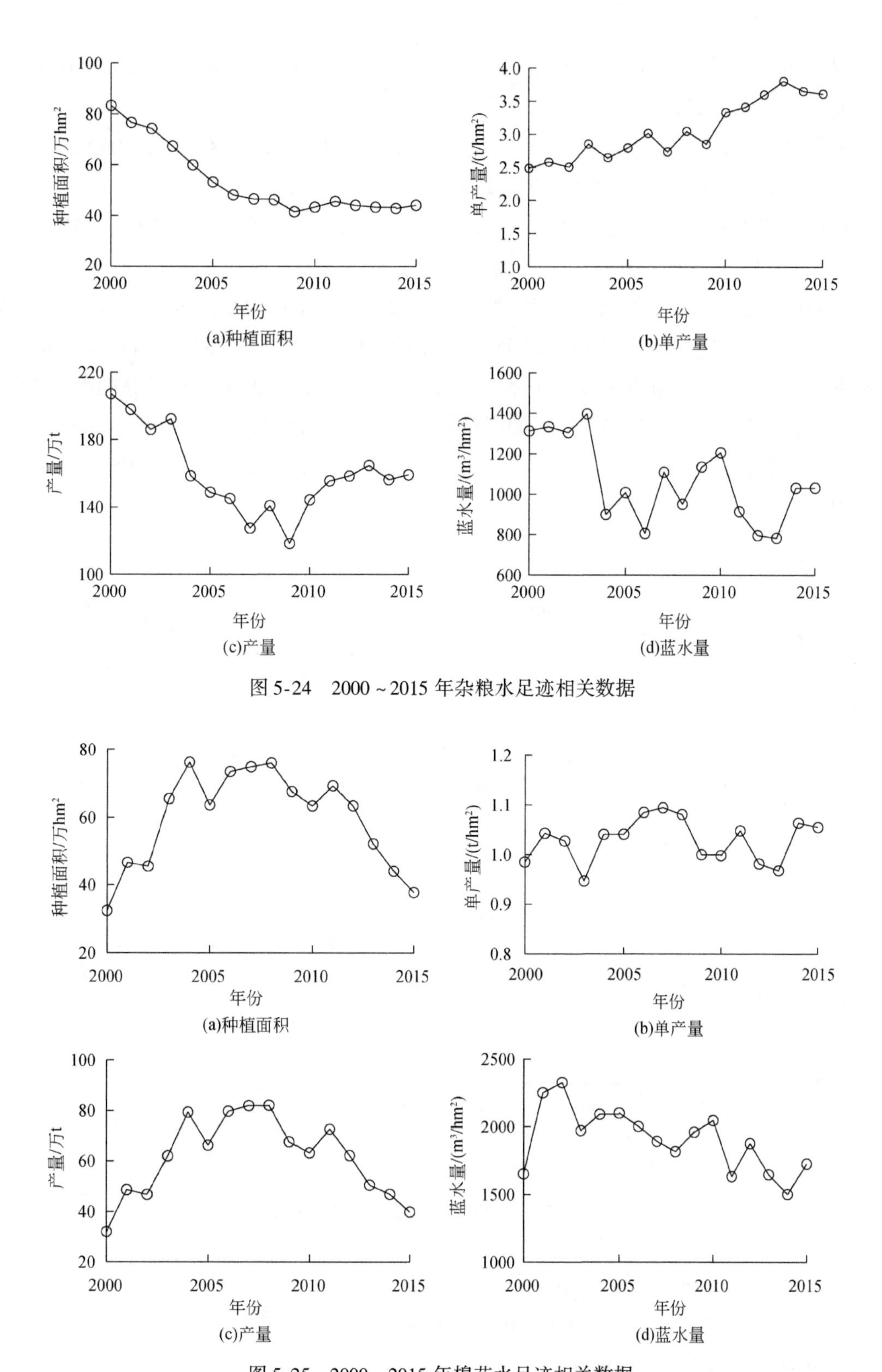

图 5-24　2000 ~ 2015 年杂粮水足迹相关数据

图 5-25　2000 ~ 2015 年棉花水足迹相关数据

棉花单产变化速度 = {[(2000, 0) - (2015, 1)], (2000, 0.018), (2005, 0.012), (2010, -0.044), (2015, 0.11)}

棉花种植面积变化速度 = {[(2000, 0) - (2015, 500)], (2000, 32.409), (2005, 63.653), (2010, 63.376), (2015, 37.821)}

棉花单位面积蓝水变化速度 = {[(2000, 0) - (2015, 5000)], (2000, 1652.52), (2005, 2100.3), (2010, 2046.62), (2015, 1726.96)}

蔬菜水足迹相关数据如图 5-26 所示，2000 ~ 2015 年京津冀蔬菜种植规模较大，种植面积为 110 万 ~ 139 万 hm^2，2000 ~ 2005 年呈时间呈上升趋势，在 2006 年种植面积较大幅度降低，而后种植面积逐渐恢复，2015 年达 138 万 hm^2。蔬菜属于亩产较高的经济作物，年均单产量为 58 t/hm^2，作物单产量和产量均呈明显的上升趋势，很大程度上保障了区域居民的“菜篮子”。由图 5-26 可以看出，蔬菜单位面积蓝水量较高，蔬菜种植面积的增加一定程度上增加了农业用水压力。

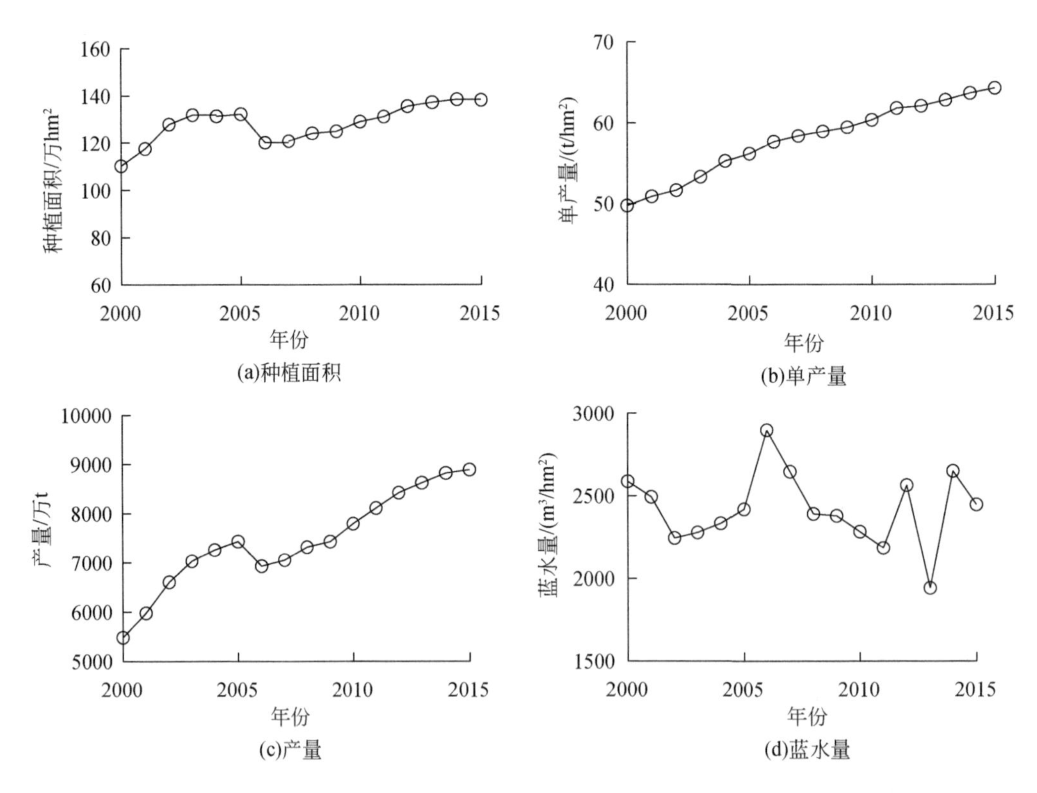

图 5-26　2000 ~ 2015 年蔬菜水足迹相关数据

京津冀蔬菜系统动力学模型表函数的设计为

蔬菜单产变化速度 = {[(2000, 0) - (2015, 1)], (2000, 0.04), (2005, 0.026), (2010, 0.007), (2015, 0.032)}

蔬菜种植面积变化速度 = {[(2000, 0) - (2015, 500)], (2000, 110.227), (2005, 132.302), (2010, 129.096), (2015, 138.242)}

蔬菜单位面积蓝水变化速度 = {[(2000, 0) - (2015, 5000)], (2000, 2587.76), (2005, 2419.57), (2010, 2283.79), (2015, 2447)}

瓜果水足迹相关数据如图 5-27 所示，2000 ~ 2015 年京津冀瓜果种植面积呈先增加后减少又增加的变化趋势，种植面积年际变化幅度不大，瓜果单产量和产量逐年上升。

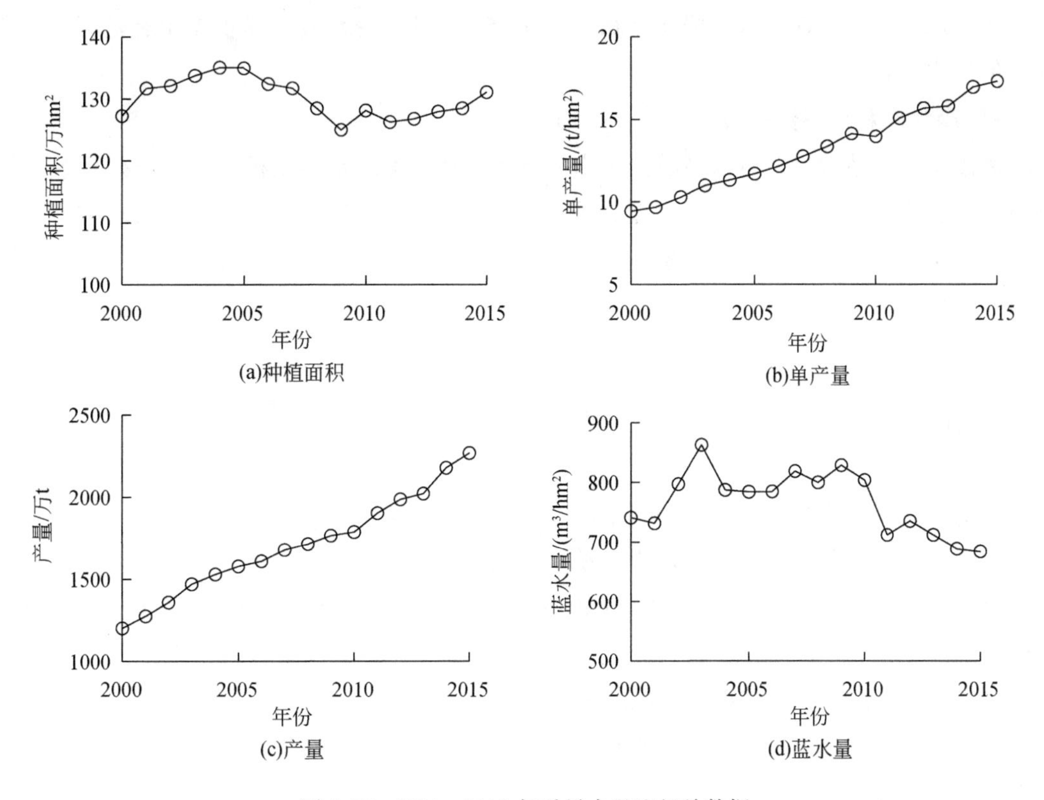

图 5-27　2000 ~ 2015 年瓜果水足迹相关数据

京津冀瓜果系统动力学模型表函数的设计为

瓜果单产变化速度 = {[(2000, 0) - (2015, 1)], (2000, 0.07), (2005, 0.048), (2010, 0.040), (2015, 0.060)}

瓜果种植面积变化速度 = {[(2000, 0) - (2015, 500)], (2000, 127.268), (2005, 134.952), (2010, 128.137), (2015, 131.072)}

瓜果单位面积蓝水变化速度 = {[(2000, 0) - (2015, 5000)], (2000, 741.01), (2005, 784.03), (2010, 803.6), (2015, 683.81)}

2）有效利用系数

有效利用系数很大程度上反映了作物对绿水的利用程度，在农业需水管理中，提高对绿水的利用效率能够很大程度上减少对蓝水的依赖，对农业节水来讲，主要应提高作物生长发育期的绿水进而减少蓝水的使用。5.1.2 节中对作物绿水的计算采用美国农业部土壤保持局推荐的计算公式，在系统动力学模型中涉及多种作物，不同作物生长发育期不同，生长月份不同，生长期降水类型差别明显，在系统动力仿真模拟时，若针对不同作物，不同生育阶段均设计不同的有效利用系数，参数数量过于庞大，在软件中很难实现且对于利用仿真模拟来探讨提高地区水资源承载力的措施意义不大。通过核算，不同作物多年生育期有效降水量和生育期降水量之比在 0.65 ~ 0.75，在本节系统动力学模型中有效利用系数初始值设定为 0.7。

3）灌溉水利用系数的设计

灌溉水利用系数是评价区域灌溉用水的有效利用程度的重要指标，能够有效反映区域灌溉技术和管理水平，是指导节水灌溉重要综合参考指标。通过统计北京、天津和河北历年的灌溉水利用系数，对缺测年份进行插补延长。利用式（5-31）估算京津冀整体的灌溉水利用系数。

$$\mu = \frac{\sum_{i=1}^{n} A_i \mu_i}{\sum_{i=1}^{n} A_i} \tag{5-31}$$

式中，A_i 为区域 i 的耕地面积（hm^2）；μ_i 为区域 i 的灌溉水利用系数。

京津冀灌溉水利用系数系统动力学模型表函数的设计为

灌溉水利用系数 = {[(2000, 0) - (2015, 1)], (2000, 0.6), (2005, 0.62), (2010, 0.64), (2015, 0.67)}

4）作物需水量和作物绿水足迹的设计

作物需水量和作物绿水足迹可根据已有计算成果获取，其系统动力学模型表函数的设计为

作物绿水足迹 = {[(2000, 0) - (2015, 8×10^8)], (2000, 2.03153×10^6), (2005, 2.32501×10^6), (2010, 2.32708×10^6), (2015, 2.11242×10^6)}

作物需水量 = {[(2000, 0) - (2015, 1×10^{10})], (2000, 5.38166×10^6), (2005, 5.16094×10^6), (2010, 4.77488×10^6), (2015, 4.87102×10^6)}

5.4.2 水资源承载力与农业水足迹调控的响应关系

1. 京津冀初始状态下农业水资源承载力

根据京津冀农业水资源承载力系统动力学模型，本章选取各作物产量模拟结果作为对

象进行检验。仿真模拟区间为 2000 ~ 2015 年，2000 年为基准年，选用 2005 年、2010 年、2015 年的原始值和仿真拟合值进行误差分析，结果见表 5-16。

表 5-16 模型结果及误差检验

作物	模拟值/万 t			实际值/万 t			误差/%		
	2005 年	2010 年	2015 年	2005 年	2010 年	2015 年	2005 年	2010 年	2015 年
玉米	1304. 9	1627. 2	1761. 1	1329. 6	1685. 6	1827. 1	-1. 9	-3. 5	-3. 6
小麦	1214. 3	1291. 6	1453. 0	1224. 5	1312. 2	1505. 9	-0. 8	-1. 6	-3. 5
大豆	55. 8	35. 0	29. 7	57. 3	36. 5	31. 3	-2. 6	-4. 1	-5. 1
蔬菜	7304. 1	7579. 0	8585. 1	7434. 2	7795. 9	8890. 3	-1. 8	-2. 8	-3. 4
瓜果	1531. 0	1692. 0	2096. 8	1578. 0	1688. 0	2023. 0	-3. 0	0. 2	3. 6
杂粮	146. 0	138. 3	151. 2	148. 8	144. 3	159. 2	-1. 9	-4. 2	-5. 0
稻谷	61. 7	62. 4	62. 7	64. 2	65. 6	66. 0	-3. 9	-4. 9	-5. 0
油料	151. 0	135. 4	143. 8	156. 5	142. 5	144. 0	-3. 5	-5. 0	-0. 1
棉花	65. 7	63. 1	39. 7	66. 3	63. 3	39. 9	-0. 9	-0. 3	-0. 5

检验结果表明，所有变量的相对误差绝对值最高在 5. 1%，在 10% 以下，满足模型模拟要求。当仿真模型构造变量之间的关系时，它只能概化变量之间的关系。误差只要不超过一定范围，就可以客观反映事实情况。模型检验结果表明，该模型变量的实际值与拟合值之间的相对误差小，模型有效。

2. 不同农业措施调控下农业水资源承载力变化分析

模型建立之后，可根据实际需要进行模拟，设定相关参数的不同调整范围来模拟不同的调控情景和状态下水资源对农业承载能力的变化，并据此基于水足迹视角分析判断提高京津冀农业水资源承载力的调控措施。结合京津冀农业水资源的具体情况，可控的关键变量主要有各作物单位面积蓝水使用量、有效利用系数、灌溉水利用系数等。根据京津冀农业种植构成，衡量农业水资源承载力大小的指标则主要选择农业水资源供需比、小麦产量、玉米产量、油料产量、蔬菜产量等。

1）有效利用系数的仿真调控

A. 有效利用系数调控策略

作物充分灌溉能够有效保障作物增产增收，水资源短缺情况下灌溉用水往往得不到充分保障，通过多重措施促进绿水资源的利用，是增加作物用水来源的重要途径，能够有效提高农业水资源承载力。

通过改进传统耕作方式，如深松耕作、地膜覆盖、秸秆还田、免耕种植等，能够改善土壤持水性能、降低土层容重、增加土壤总孔度、提高土壤饱和导水率，从而提高绿水利用效率，在灌溉用水短缺时保障作物生长发育。

耕作措施改进：京津冀处于我国的华北地区，春季少雨易发生春旱，不利于作物生长。土壤结构紧实，耕层逐年变浅、变硬，水分蒸发强烈，造成耕层土壤水分无效损失，不利于作物根系发育和降水入渗，水分利用效率低下。因地制宜地改进耕作措施能提升耕层蓄水保墒能力。例如，深松耕作能够打破犁底层、增加土壤含水率、改善土壤结构、减少土壤紧实度从而提高雨水利用效率。此外免耕秸秆覆盖和免耕地膜覆盖等耕作组合模式能够增加土壤性能，促进水分利用效率。地膜覆盖和秸秆覆盖是较为常用的保护性耕作措施。地膜覆盖一般生产较高经济效益作物，能够有效减少蒸发，增加降水径流。秸秆覆盖可以提高入渗，改善土壤结构，蓄水保墒，提升作物对降水利用效率。

B. 有效利用系数确定与模拟

通过核算各作物有效利用系数（在0.65～0.75），系统动力学模型中有效利用系数初始值设定为0.7。通过工程及非工程措施，能够有效提高作物生育期有效利用系数，有效使用绿水资源，考虑到区域作物有效利用系数所处范围以及相关技术措施的可行性，在系统动力学仿真模拟中，假定有效利用系数增加0.07，调整为0.77，有效利用系数提高10%，系数调整后，模拟结果见表5-17。

表5-17　有效利用系数调整下水资源承载力模型模拟结果

年份	水资源供需比	小麦/万t	玉米/万t	油料/万t	蔬菜/万t	瓜果/万t
2000	0.62	1335.0	1094.1	154.1	5483.8	1201.4
2005	0.70	1218.4	1314.3	153.1	7353.9	1549.3
2010	0.75	1299.2	1649.6	138.1	7662.7	1729.9
2015	0.67	1479.1	1787.4	147.5	8713.4	2171.8

在不改变蓝水用水量的情况下，通过有效利用系数的提升，以2015年为例，农业水资源承载力得到一定提升，小麦产量增加26.1万t，玉米产量增加26.3万t，蔬菜产量增加128.3万t，其他作物产量同样获得了不同程度的提高。

2）灌溉水利用系数的仿真调控

A. 灌溉水利用系数调控策略

灌溉水被作物利用一般分为4个阶段，第一为引水阶段，水被从水源地输送到灌溉区域；第二为灌溉阶段，通过水泵、灌渠等经取水口取水到田间转化为作物需要的土壤水；第三为吸收利用阶段，作物利用灌溉水保障其正常生长发育；第四为作物形成经济产量阶段。井灌区往往不需要引水阶段，只需要后三个阶段完成作物用水过程。通过一系列工程和非工程措施能够有效提升灌溉水利用系数。减少渠系输水损失是提高灌溉水利用系数的主要手段，渠道砌衬，低压管道输水，优化输水和分水路线，实现最优的合理配置，是降低渠系损失的有效措施。研究期间通过对京津冀各地区农业灌溉田间实地调研，农户节水意识和节水能力仍有待进一步提高，由于人力物力短缺，田间漫灌造成大量的水资源浪费。田间灌溉应进一步提升节水灌溉意识，增强农户节水意愿，加强基础农田灌溉基础建设，避免大水漫灌，合理采用滴灌、喷灌等节水灌溉技术。加强田间管理和优良品种的研制，促进作物对水分的高效利用。

B. 灌溉水利用系数确定与模拟

京津冀灌溉水利用系数在 0.6 ~ 0.75，综合灌溉水利用系数在 0.65 左右，在全国范围处于前列，但地区差异较大，距离世界先进水平仍有很大距离，灌溉水利用系数北京最高，天津次之。灌溉水利用系数仍有较大的提升空间。在系统动力学仿真模拟中，以北京灌溉水利用系数为参照作为模拟输入量，调整为 0.732，灌溉水系数调整后，模拟结果见表 5-18。

表 5-18　灌溉水利用系数调整下水资源承载力模型模拟结果

年份	水资源供需比	小麦/万 t	玉米/万 t	油料/万 t	蔬菜/万 t	瓜果/万 t
2000	0.63	1335.0	1094.1	154.1	5483.8	1201.4
2005	0.70	1218.6	1314.7	153.3	7356.7	1550.3
2010	0.74	1298.7	1647.6	138.1	7658.3	1726.7
2015	0.65	1469.9	1784.6	147.1	8692.4	2154.9

在不改变蓝水用水量的情况下，通过提高灌溉水利用系数，以 2015 年为例，农业水资源承载力得到一定提升，小麦产量增加 16.9 万 t，玉米产量增加 23.5 万 t，蔬菜产量增加 107.3 万 t，其他作物产量同样获得了不同程度的提高。

3）有效利用系数+灌溉水利用系数综合仿真调控

综合仿真调控在有效利用系数和灌溉水利用系数的基础上进行，探究有效利用系数和灌溉水利用系数共同调整下区域农业水资源承载力变化，在系统动力学仿真模拟中有效利用系数为 0.77，灌溉水利用系数为 0.732，模拟结果见表 5-19。

表 5-19　综合性调控措施下的水资源承载力数据

年份	水资源供需比	小麦/万 t	玉米/万 t	油料/万 t	蔬菜/万 t	瓜果/万 t
2000	0.67	1335.0	1094.1	154.1	5483.8	1201.4
2005	0.74	1222.7	1324.1	155.4	7406.8	1568.8
2010	0.79	1306.4	1670.2	140.8	7742.8	1765.3
2015	0.69	1496.3	1811.2	150.8	8822.3	2231.8

通过有效利用系数和灌溉水利用系数的提升，以 2015 年为例，农业水资源承载力得到一定提升，小麦产量增加 43.3 万 t，玉米产量增加 50.1 万 t，蔬菜产量增加 237.2 万 t，其他作物产量同样获得了不同程度的提高。

针对京津冀农业水资源承载力系统动力学模型的适水发展调控措施：对农业水资源承

载力系统动力学模型中的主要调控因素进行研究和情景模拟调控，分析不同情景下的农业水资源承载力变化状况，京津冀农业水资源承载力仍有一定的提升空间，主要调控措施为培养农户的节水意愿，提高农业的用水效率，加强对蓝水足迹和绿水足迹的同步管理，进一步提升灌溉水利用系数和对降水的利用，在这些综合调控措施下，科学地提高水资源承载力。

第 6 章 京津冀适水发展战略布局

6.1 水资源约束条件下区域发展模式

发展模式是指国家或地区在特有的历史、经济、文化、资源等背景下所形成的发展方向，以及在体制、结构、思维和行为方式等方面的特点。区域发展模式可以理解为由不同单元组成的整体在特定的条件下所选择的经济、社会、科技、文化、生态等的发展路径。其突出特点在于需要考虑区域内不同单元之间的相互作用关系，这种关系可能表现为竞争、合作、互惠互利、命运共同体等多种形式。在区域经济社会发展的管理实践与科学研究中，往往以城市群为主要研究对象，根据陆大道院士的观点，城市群是以 1 ~ 2 个特大城市为核心，包括周围由若干个城市组成的内部具有垂直的和横向的经济联系，并具有发达的一体化管理的基础设施系统给以支撑的经济区域。例如，国外的美国东北部大西洋沿岸城市群、北美五大湖城市群、日本太平洋沿岸城市群、英伦城市群、欧洲西北部城市群等，国内的京津冀城市群、长三角城市群、粤港澳大湾区、成渝城市群、长江中游城市群、中原城市群、关中平原城市群等，这些城市群的存在推动了相关区域经济、社会、科技、文化等的发展，极大地提高了区域生产力水平。

国内外围绕城市群发展模式及其历史已经形成了可供借鉴的研究成果，城市群研究的发展可分为启蒙发展和丰富深化两个阶段（贺东梅，2017）。有关城市群发展的理论包括田园城市理论、区域规划理论、中心地理论、增长极理论、大都市带理论、城市空间相互作用理论、核心-边缘理论、点轴系统理论、双核（港城）模式等，这些理论各有特色，但都认为区域内各个城市单元存在密切的相互作用关系，不同之处在于对这种关系及其发展、调控等的认识与理解。以上理论对于分析区域发展模式可以提供有益借鉴，但是对于区域内的水资源、土地、生态环境等自然资源对区域发展的限制作用考虑不足。资源约束是指在经济社会可持续发展过程中，天然资源稀缺、资源供给量锐减、资源质量下降或是开发利用难度提高所引起的资源匮乏和资源相对不足对经济发展形成制约的过程与现象（刘凤珍，2013）。

水资源是生命之源、生产之要、生态之基，水资源条件对区域经济社会的发展有巨大的支撑作用，同时由于水资源总量有限，对区域发展也会产生约束作用，具体表现为区域用水总量、用水结构、用水效率等会对各城市单元的人口、经济、产业、社会的规模、结构及布局产生影响。水资源开发利用水平与区域用水增长对应关系如图 6-1 所示（贺东梅，2017）。

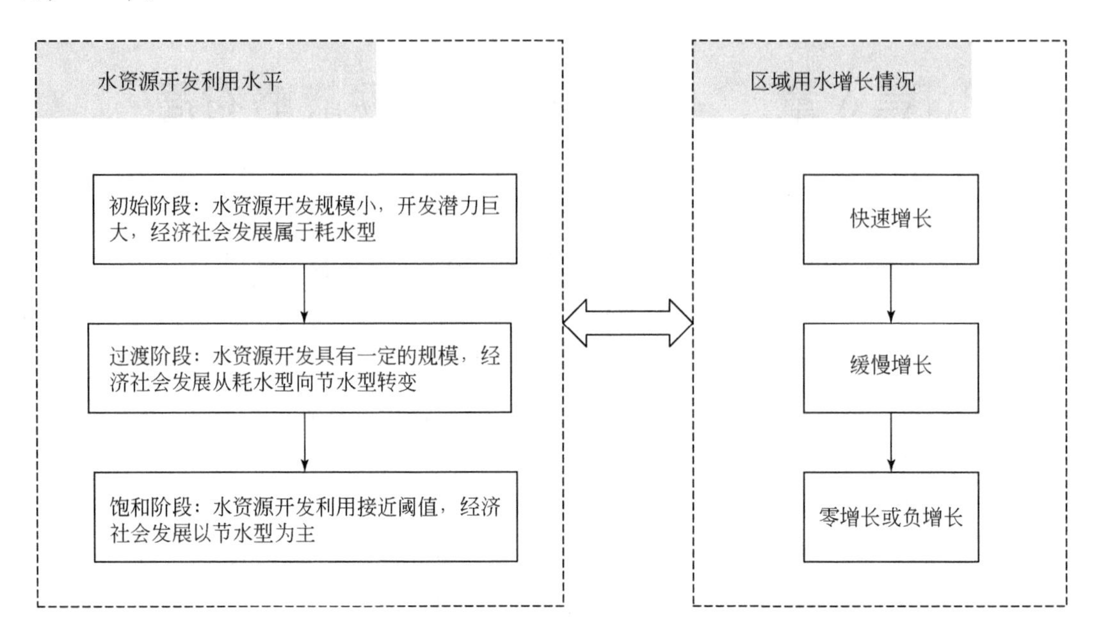

图 6-1　水资源开发利用水平与区域用水增长对应关系

确定区域发展模式不仅仅要综合考虑不同区域之间的经济社会发展状况及需求、功能定位等因素，在当前最严格水资源管理制度、生态文明建设、水资源刚性约束、适水发展等治水新思想的指引下，还必须考虑广义水资源条件下的水资源对经济社会发展、生态环境保护的约束条件。从水资源的角度对区域的发展进行综合模拟，探究合理的水资源开发利用模式，根据对区域发展的情景模拟、规模阈值、结构调整的分析，从区域整体的角度出发，确定面向适水发展、区域协同发展的区域发展新模式，提出区域社会经济发展和水资源开发利用协调发展的对策建议，促进区域经济社会的可持续发展。

6.2　京津冀适水发展下的产业规模与布局

6.2.1　基于虚拟水和系统动力学的京津冀适水发展模型

1. 模型基础

1）模型界定及构成

京津冀适水发展模型是在京津冀协同发展与雄安新区建设（图 6-2）、水资源高效利用、水资源刚性约束等背景下，考虑水足迹和虚拟水贸易，由供水、社会、经济、需水、水污染治理等模块组成的水资源优化配置与调控模型（李怡涵，2015；刘宁，2016；张钧茹，2016；贺东梅，2017；张蕴博，2018；曾翔，2018）。模型包括 5 个子系统，即供水子系统、人口子系统、产业结构子系统、需水子系统和污水子系统。子系统之间的关联关系如图 6-3 所示。

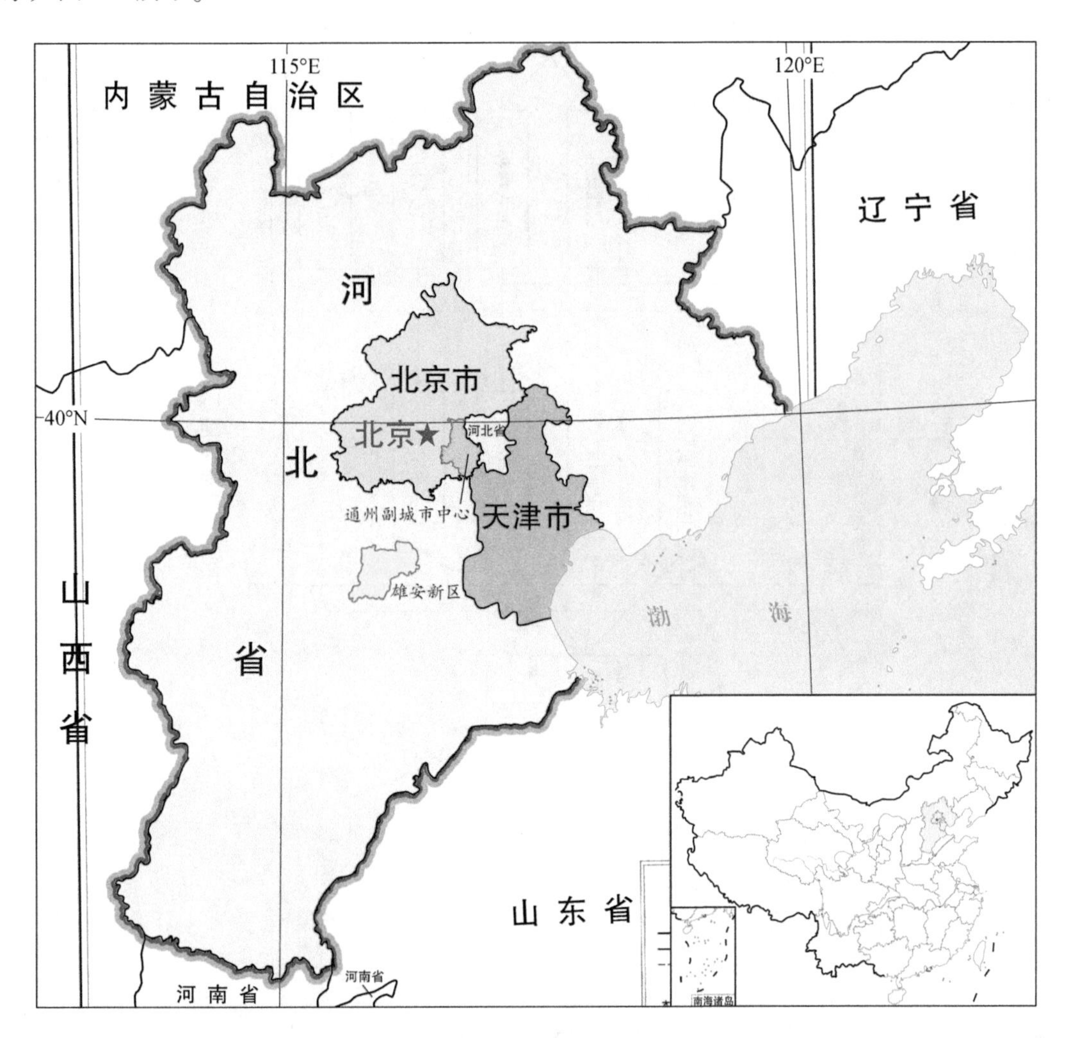

图 6-2　京津冀协同发展背景下区域图

2）模型边界

模型的空间边界为北京市、天津市和河北省所组成的行政区划的地理界线，时间尺度为 2000～2030 年，2018 年为基准年，其中 2000～2018 年为历史统计数据年，用于对模型效果的检验，2019～2035 年为仿真预测年，选取 2025 年、2030 年和 2035 年为规划对比年，根据《京津冀协同发展规划纲要》，考虑适水发展要求，设定产业规模与布局、用水

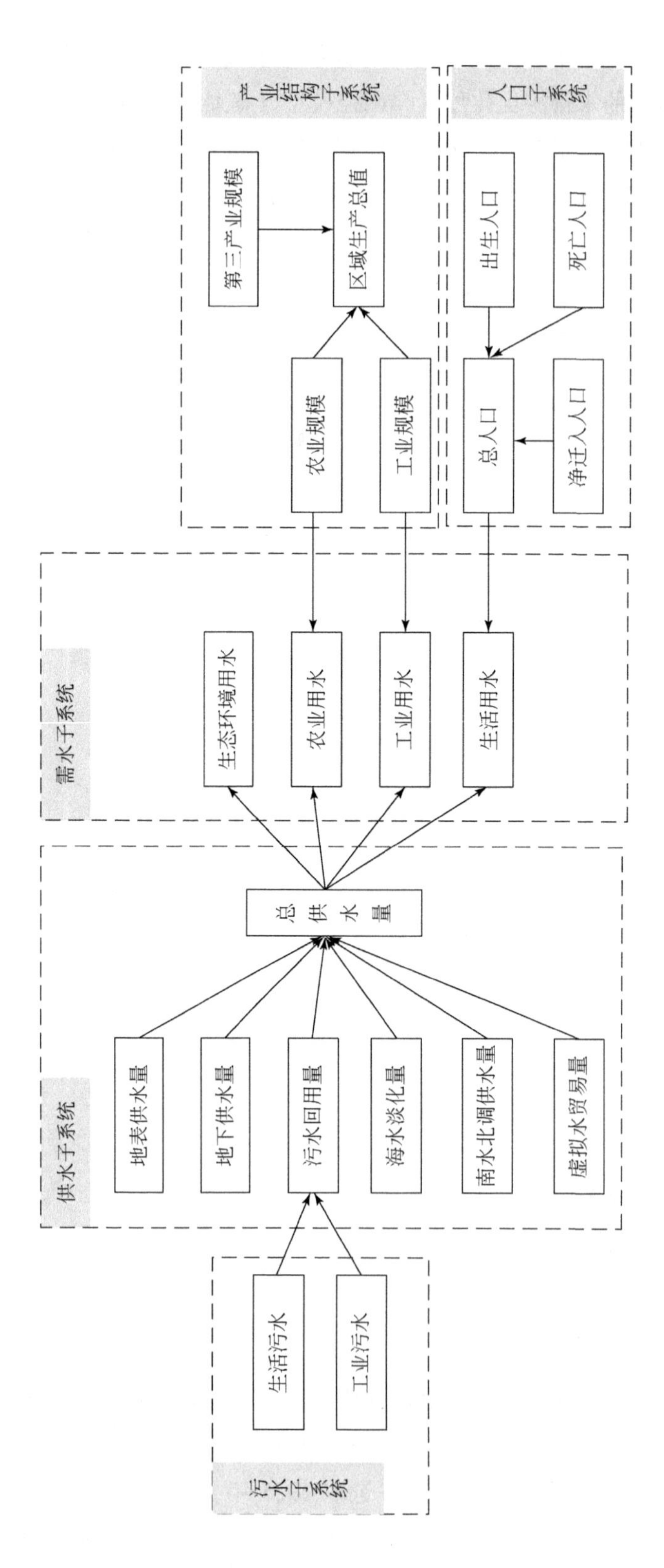

图6-3 京津冀适水发展模型

水平，并使用仿真模型预测、对比、优化京津冀适水发展布局，模型的时间步长为 1 年。

3）模型假设

京津冀适水发展模型是由经济、社会、生态、供水、需水等多要素组成的复杂巨系统，各要素及其相互作用关系处于不断变化之中，不确定性高，基于水足迹和系统动力学理论构建的模型虽然可以在一定程度上反映并模拟各子系统的互馈关系，但与各类数学、物理模型类似，其科学性、正确性、合理性也需建立在特定的模型假设基础上，具体如下：

（1）区域自然条件稳定。假定京津冀区域水文、气象、地理条件保持一定程度的稳定性，可供水资源量不发生大的变化，外调水量可根据相关政策文件、调水规划确定。

（2）用水与节水技术在预测期内未发生颠覆性创新。假定预测期内，京津冀三次产业用水方式、用水水平保持稳定，节水技术与水平、用水定额不发生大的变化。

（3）经济社会发展具有稳定性。在不考虑政策条件的影响下，经济社会自身发展节奏、规律不发生显著变化。

（4）政策条件稳定和连续。对水资源、经济社会发展具有影响的政策具有连续性和稳定性，使得相关影响可以在模型中予以确定。

2. 模型构建

1）模型因果关系分析

不同变量、不同系统之间的因果互馈关系是构建系统动力学模型的基础，通过反馈回路的形式，可以直观揭示变量相互作用关系的传递路径和方向，分别从人口、经济、虚拟水的角度出发，围绕供需关系变化，对京津冀适水发展模型的内在机理进行梳理。

从人口角度来看，主要有如下两条负反馈回路。两条负反馈回路表明，随着人口增加，生活需水量也随之上升，在水资源总量约束的情况下，供需缺口加大，从而限制了人口的不合理增长。

总用水人口$\xrightarrow{+}$农村人口$\xrightarrow{+}$农村生活需水量$\xrightarrow{+}$生活需水量$\xrightarrow{+}$总需水量$\xrightarrow{+}$供需缺口$\xrightarrow{+}$缺水因素$\xrightarrow{-}$总用水人口

总用水人口$\xrightarrow{+}$城镇人口$\xrightarrow{+}$城镇生活需水量$\xrightarrow{+}$生活需水量$\xrightarrow{+}$总需水量$\xrightarrow{+}$供需缺口$\xrightarrow{+}$缺水因素$\xrightarrow{-}$总用水人口

从经济角度来看，主要有如下 4 条负反馈回路，在其他条件保持不变的情况下，随着行业产值增加，需水量也变大，可供水量将不足以支撑经济的持续发展，对其产生反向调节作用。

地区生产总值$\xrightarrow{+}$生产需水量$\xrightarrow{+}$总需水量$\xrightarrow{+}$供需缺口$\xrightarrow{+}$缺水因素$\xrightarrow{-}$地区生产总值

工业增加值$\xrightarrow{+}$工业需水量$\xrightarrow{+}$总需水量$\xrightarrow{+}$供需缺口$\xrightarrow{+}$缺水因素$\xrightarrow{-}$工业增加值

农业增加值$\xrightarrow{+}$农业需水量$\xrightarrow{+}$总需水量$\xrightarrow{+}$供需缺口$\xrightarrow{+}$缺水因素$\xrightarrow{-}$农业增加值

第三产业增加值$\xrightarrow{+}$第三产业需水量$\xrightarrow{+}$总需水量$\xrightarrow{+}$供需缺口$\xrightarrow{+}$缺水因素$\xrightarrow{-}$第三产业增加值

从虚拟水角度来看，主要有如下两条负反馈回路。第一条负反馈回路表明，京津冀区域生产活动所耗虚拟水量增加，会限制当地生产活动的可持续性，需要通过进口虚拟水弥补本地生产虚拟水的不足；第二条负反馈回路表明，京津冀区域消费所需虚拟水量增加，会增加缺水因素，只能通过加大虚拟水的进口贸易量才能予以缓解。

生产虚拟水$\xrightarrow{+}$需水量$\xrightarrow{+}$供需缺口$\xrightarrow{+}$缺水因素$\xrightarrow{-}$生产虚拟水$\xrightarrow{+}$虚拟水贸易量

消费虚拟水$\xrightarrow{+}$需水量$\xrightarrow{+}$供需缺口$\xrightarrow{+}$缺水因素$\xrightarrow{-}$消费虚拟水$\xrightarrow{+}$虚拟水贸易量

2）模型流图构建

A. 供水子系统

如图 6-4 和表 6-1 所示，供水子系统包括 11 个变量，其中 1 个状态变量，为虚拟水贸易量；3 个辅助变量，分别为水资源总供给量、污水回用量、其他水资源量；7 个表函数，分别为地表水供水量、地下水供水量、南水北调供水量、污水处理率、海水淡化量、消费虚拟水和生产虚拟水。

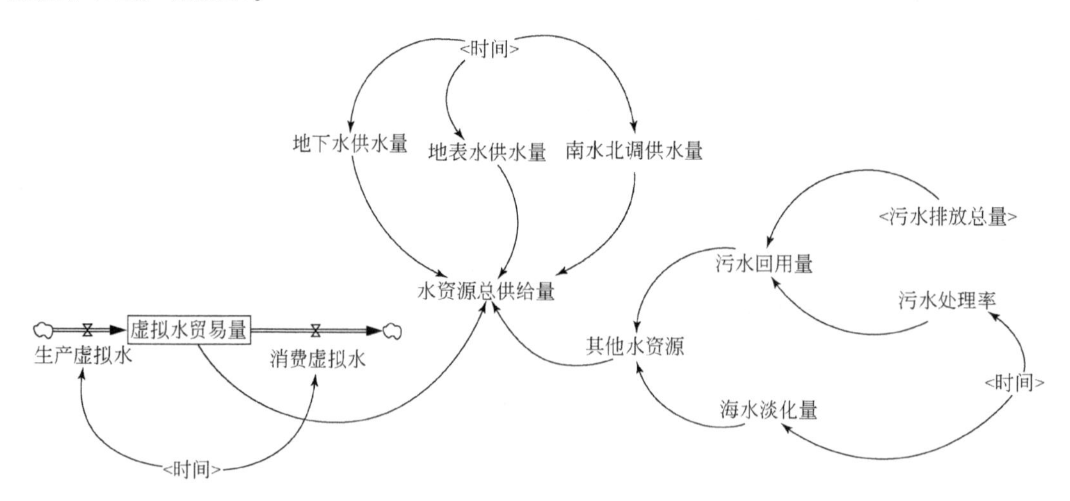

图 6-4　供水子系统流图

表 6-1　供水子系统变量说明

序号	变量名称	单位	变量类型	方程
1	水资源总供给量	亿 m^3	A	供水量 = 地表水供水量+地下水供水量+南水北调供水量+虚拟水贸易量+污水回用量

续表

序号	变量名称	单位	变量类型	方程
2	地表水供水量	亿 m^3	T	地表水供水量=table（time）
3	地下水供水量	亿 m^3	T	地下水供水量=table（time）
4	南水北调供水量	亿 m^3	T	南水北调水供水量=table（time）
5	污水回用量	亿 m^3	A	污水回用量=污水总量×污水处理率
6	污水处理率	%	T	污水处理率=table（time）
7	其他水资源量	亿 m^3	A	其他水资源量=污水回用量+海水淡化量
8	海水淡化量	亿 m^3	T	海水淡化量=table（time）
9	虚拟水贸易量	亿 m^3	L	虚拟水贸易量=消费虚拟水量-生产虚拟水量
10	消费虚拟水	亿 m^3	T	消费虚拟水=table（time）
11	生产虚拟水	亿 m^3	T	生产虚拟水=table（time）

注：table（time）为表函数。

B. 人口子系统

如图 6-5 和表 6-2 所示，人口子系统包括 10 个变量，其中 1 个状态变量，为总用水人口；2 个速率变量，分别为出生人口和死亡人口；2 个辅助变量，分别为城镇人口和农村人口；5 个表函数，分别为出生率、死亡率、城镇化水平、净迁入人口和政策迁出人口。

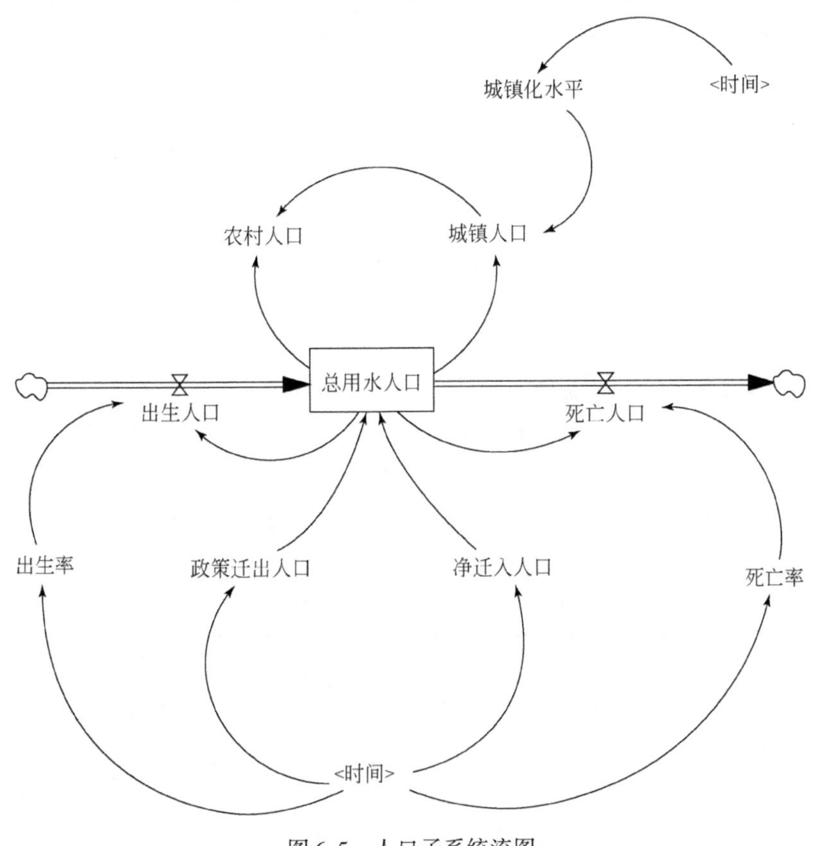

图 6-5　人口子系统流图

表 6-2　人口子系统变量说明

序号	变量名称	单位	变量类型	方程
1	总用水人口	亿人	L	总用水人口 = integer（出生人口-死亡人口，初始值）+净迁入人口-政策迁出人口
2	出生人口	亿人	R	出生人口 = 总人口×出生率
3	死亡人口	亿人	R	死亡人口 = 总人口×死亡率
4	出生率	%	T	出生率=table（time）
5	死亡率	%	T	死亡率=table（time）
6	净迁入人口	亿人	T	净迁入人口 =table（time）
7	政策迁出人口	亿人	T	政策迁出 =table（time）
8	城镇化水平	%	T	城镇化水平 =table（time）
9	农村人口	亿人	A	农村人口 = 总人口-城镇人口
10	城镇人口	亿人	A	城镇人口 = 总人口×城镇化水平

C. 产业结构子系统

如图 6-6 和表 6-3 所示，产业结构子系统包括 10 个变量，其中 3 个状态变量，分别为第一产业产值、第二产业产值、第三产业产值；4 个辅助变量，分别为地区总产值、第一产业产值增加量、第二产业产值增加量和第三产业产值增加量；3 个表函数，分别为第一产业产值增长率、第二产业产值增长率和第三产业产值增长率。

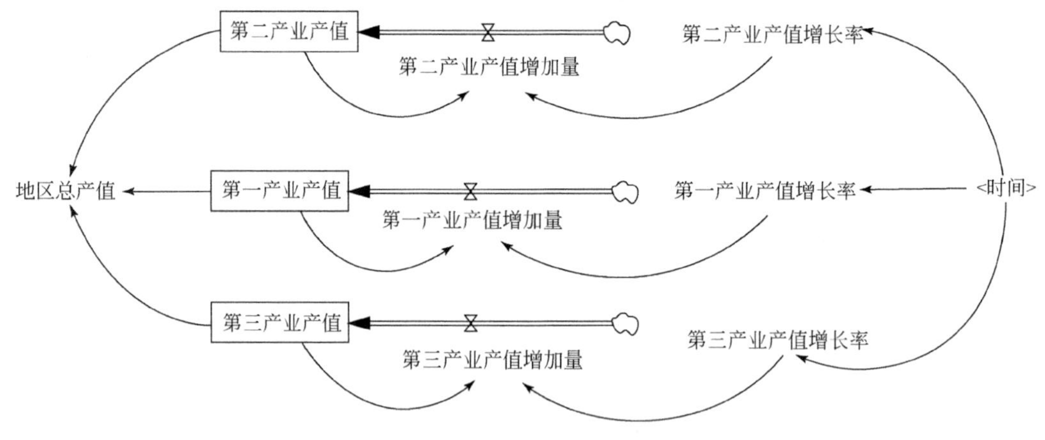

图 6-6　产业结构子系统流图

表 6-3　产业结构子系统变量说明

序号	变量名称	单位	变量类型	方程
1	地区总产值	亿元	A	地区总产值=第一产业产值+第二产业产值+第三产业产值
2	第一产业产值	亿元	L	第一产业产值=integer（第一产业产值增加量，初始值）
3	第二产业产值	亿元	L	第二产业产值=integer（第二产业产值增加量，初始值）
4	第三产业产值	亿元	L	第三产业产值=integer（第三产业产值增加量，初始值）

续表

序号	变量名称	单位	变量类型	方程
5	第一产业产值增加量	亿元	A	第二产业产值增加量=产值×增长率
6	第二产业产值增加量	亿元	A	第二产业产值增加量=产值×增长率
7	第三产业产值增加量	亿元	A	第三产业产值增加量=产值×增长率
8	第一产业产值增长率	%	T	第一产增加值增长率=table（time）
9	第二产业产值增长率	%	T	第二产增加值增长率=table（time）
10	第三产业产值增长率	%	T	第三产增加值增长率=table（time）

注：integer 为求和函数。

D. 需水子系统

如图 6-7 和表 6-4 所示，需水子系统包括 12 个变量，其中 6 个辅助变量，分别为总需

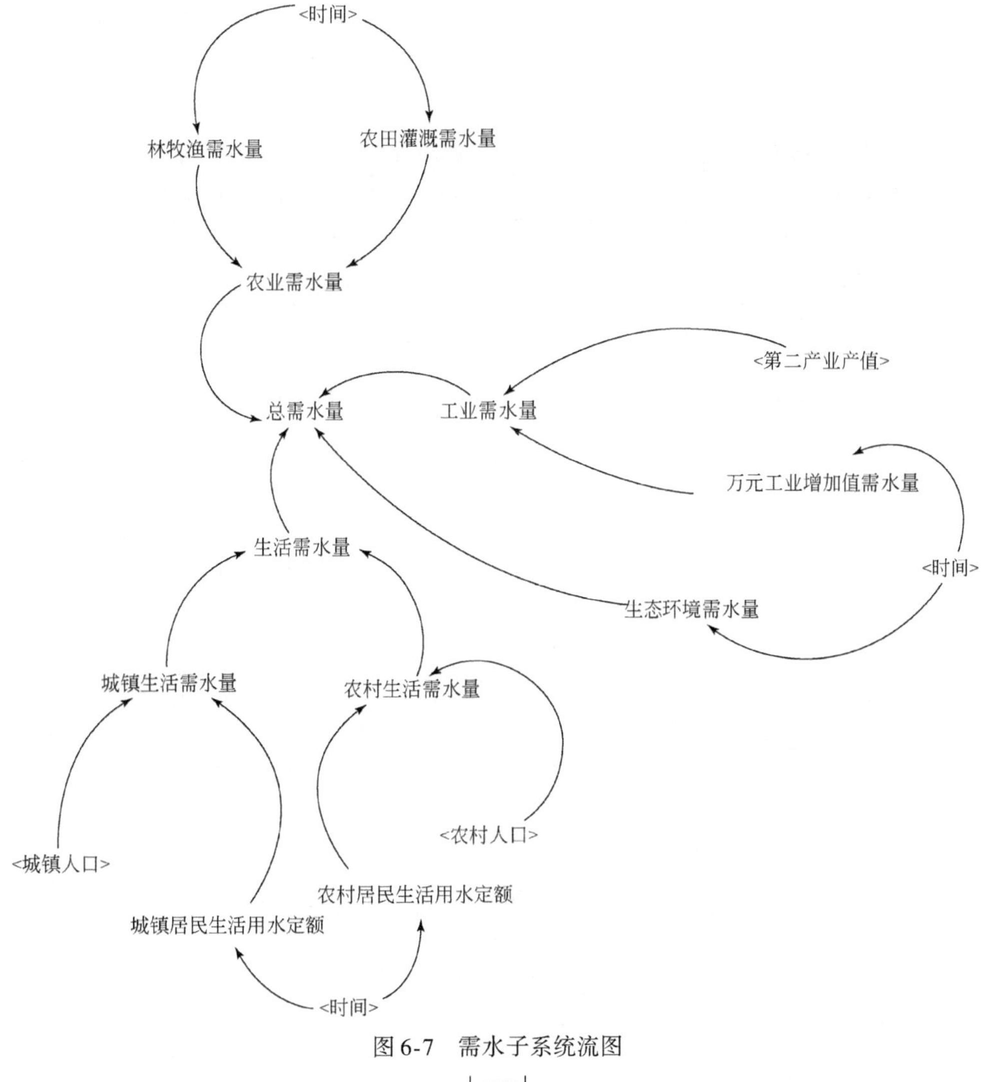

图 6-7　需水子系统流图

水量、农业需水量、工业需水量、生活需水量、城镇生活需水量和农村生活需水量；6 个表函数，分别为生态环境需水量、林牧渔需水量、农田灌溉需水量、万元工业增加值需水量、城镇居民生活用水定额和农村居民生活用水定额。

表 6-4 需水子系统变量说明

序号	变量名称	单位	变量类型	方程
1	总需水量	亿 m^3	A	总需水量=生态环境需水量+农业需水量+工业需水量+生活需水量
2	生态环境需水量	亿 m^3	T	生态环境需水量=table（time）
3	农业需水量	亿 m^3	A	农业需水量=农田灌溉需水量+林牧渔需水量
4	农田灌溉需水量	亿 m^3	T	农田灌溉需水量=table（time）
5	林牧渔需水量	亿 m^3	T	林牧渔需水量=table（time）
6	工业需水量	亿 m^3	A	工业需水量=万元工业增加值需水量×工业增加值
7	万元工业增加值需水量	m^3/万元	T	万元工业增加值需水量=table（time）
8	生活需水量	亿 m^3	A	生活需水量=城镇生活需水量+农村生活需水量
9	城镇生活需水量	亿 m^3	A	城镇生活需水量=城镇人口×城镇居民生活用水定额
10	农村生活需水量	亿 m^3	A	农村生活需水量=农村人口×农村居民生活用水定额
11	城镇居民生活用水定额	L/(人·d)	T	城镇居民生活用水定额=table（time）
12	农村居民生活用水定额	L/(人·d)	T	农村居民生活用水定额=table（time）

E. 污水子系统

如图 6-8 和表 6-5 所示，污水子系统包括 5 个变量，其中 3 个辅助变量，分别为污水排放总量、生活污水排放量、工业废水排放量；2 个固定变量，分别为生活污水排放系数和工业废水排放系数。

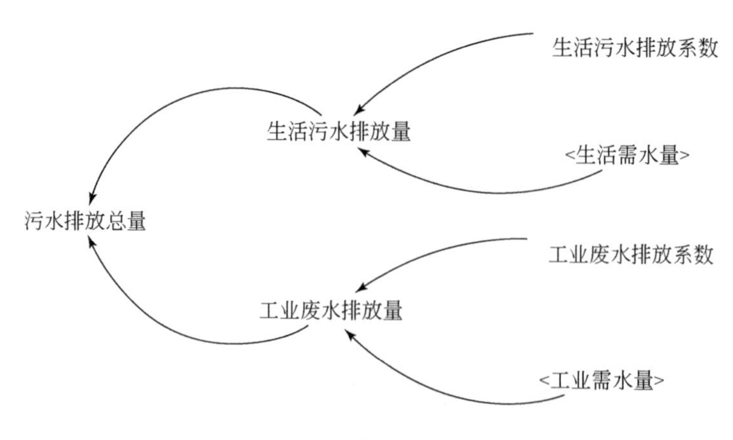

图 6-8 污水子系统流图

表 6-5 污水子系统变量说明

序号	变量名称	单位	变量类型	方程
1	污水排放总量	亿 m^3	A	污水排放总量=工业废水排放量+生活污水排放量
2	生活污水排放量	亿 m^3	A	生活污水排放量=生活需水量×生活污水排放系数
3	工业废水排放量	亿 m^3	A	工业废水排放量=工业需水量×工业废水排放系数
4	生活污水排放系数	无量纲	C	—
5	工业废水排放系数	无量纲	C	—

3）基于系统动力学的京津冀适水发展模型

在以上因果关系图、流图分析基础上，考虑虚拟水的影响，构建基于系统动力学的京津冀适水发展模型，模型各个子系统之间是相辅相成、相互促进、相互制约的关系，模型流图如图 6-9 所示。

3. 模型检验

1）模型结构一致性检验

系统边界、因果关系、反馈回路及系统流图构成了基于水足迹和系统动力学的京津冀适水发展模型的基本结构，状态变量、速率变量、辅助变量、固定变量等之间的方程定量体现了不同要素之间的互馈关系，运用 Vensim PLE 软件对系统进行了模型检验和量纲一致性检验，结果表明所建模型逻辑关系合理，量纲统一，模型较为合理地反映了京津冀区域水资源-经济社会的关系。

2）历史数据检验

历史检验指的是将真实的历史数据输入模型中，与运行模型得到的仿真结果对比，目的在于检验模拟结果与真实数据的拟合度，判断模型的可信度。选取模型中的总用水人口、地区总产值、总需水量等主要变量进行历史检验，检验时间为 2000 ~ 2018 年。

A. 总用水人口

如图 6-10 ~ 图 6-12 所示，2000 ~ 2018 年，北京、天津和河北的用水人口实际值与模拟值的拟合效果较好。

B. 地区生产总值

如图 6-13 ~ 图 6-15 所示，2000 ~ 2018 年，北京、天津和河北的地区生产总值实际值与模拟值的拟合效果较好。

C. 总需水量

如图 6-16 ~ 图 6-18 所示，2000 ~ 2018 年，北京、天津和河北的总需水量实际值与模拟值的拟合效果较好。

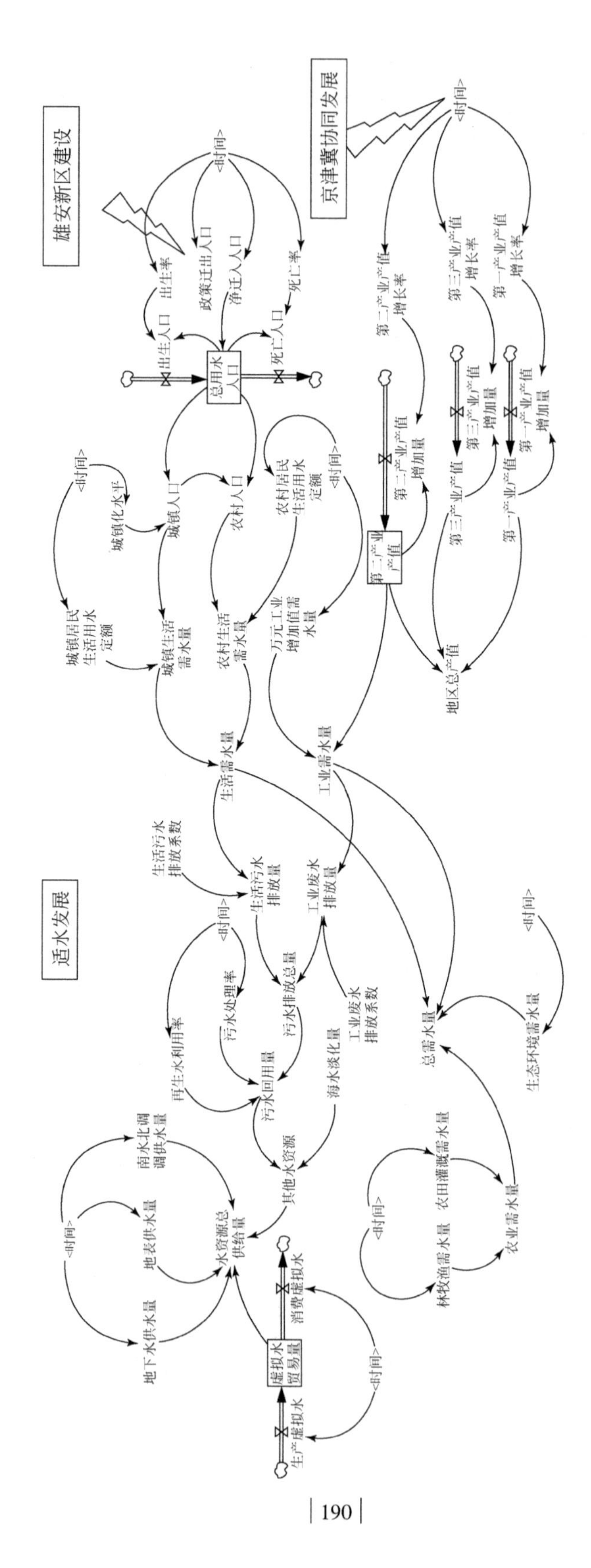

图6-9　基于系统动力学的京津冀适水发展模型流图

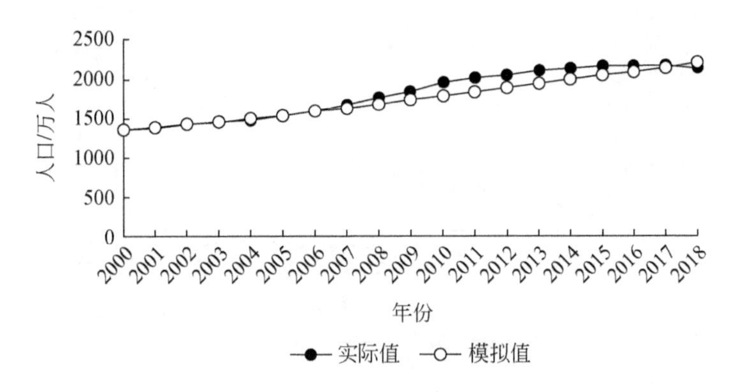

图 6-10　北京用水人口模拟结果检验

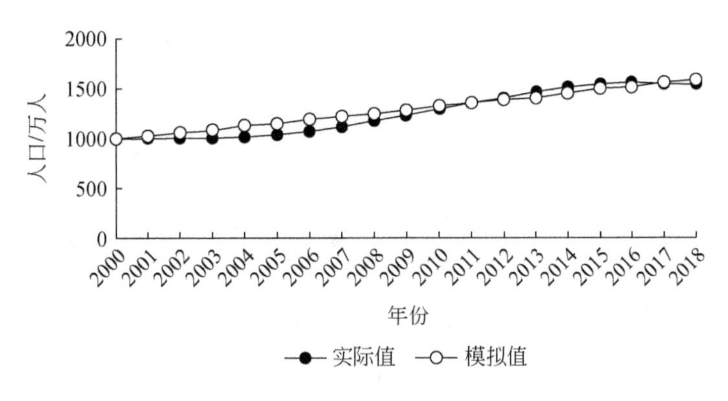

图 6-11　天津用水人口模拟结果检验

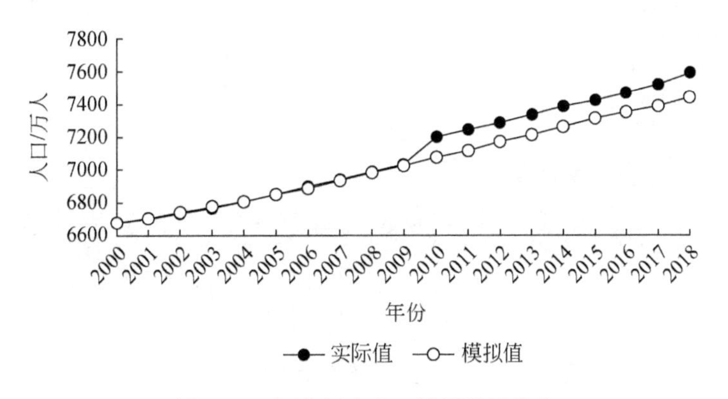

图 6-12　河北用水人口模拟结果检验

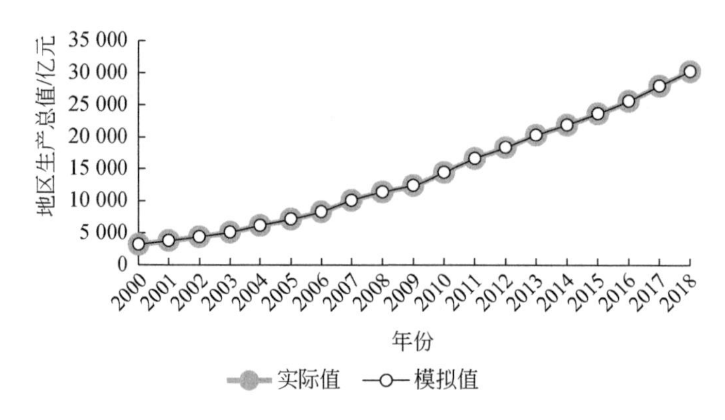

图 6-13　北京地区生产总值模拟结果检验

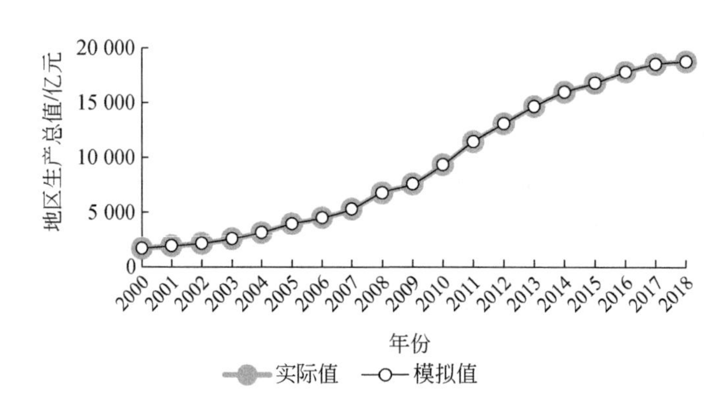

图 6-14　天津地区生产总值模拟结果检验

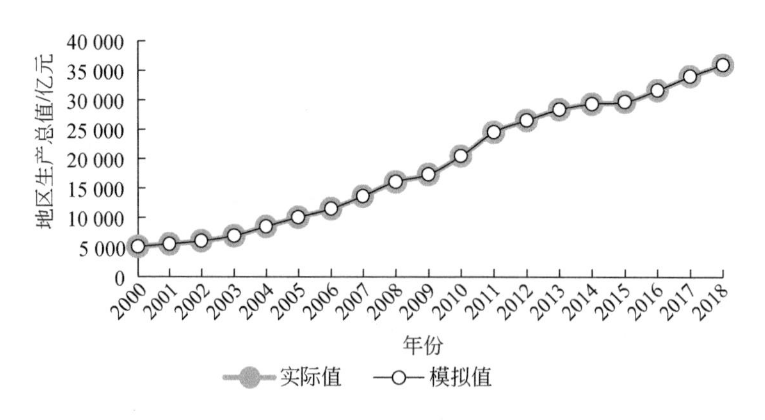

图 6-15　河北地区生产总值模拟结果检验

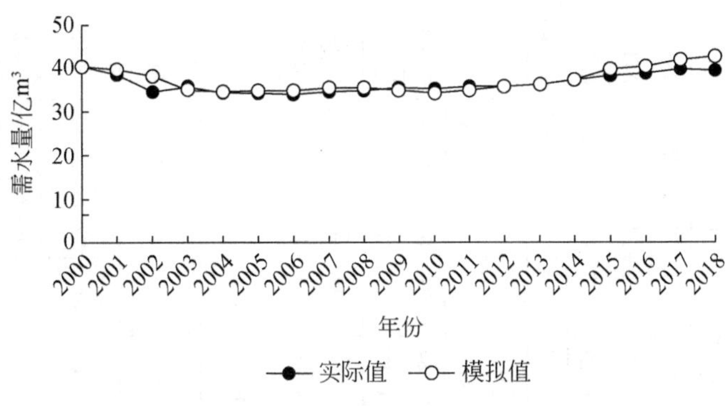

图 6-16　北京总需水量模拟结果检验

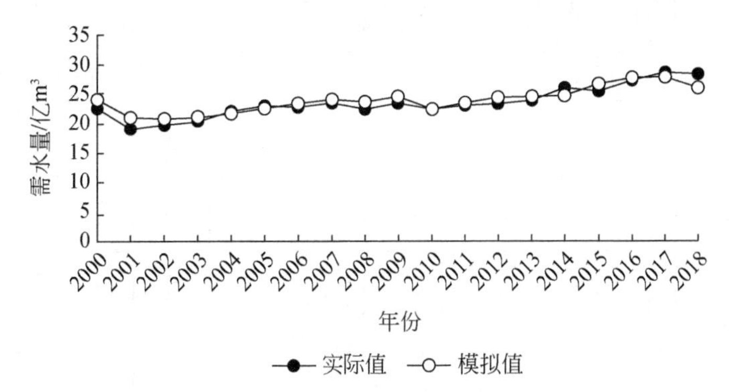

图 6-17　天津总需水量模拟结果检验

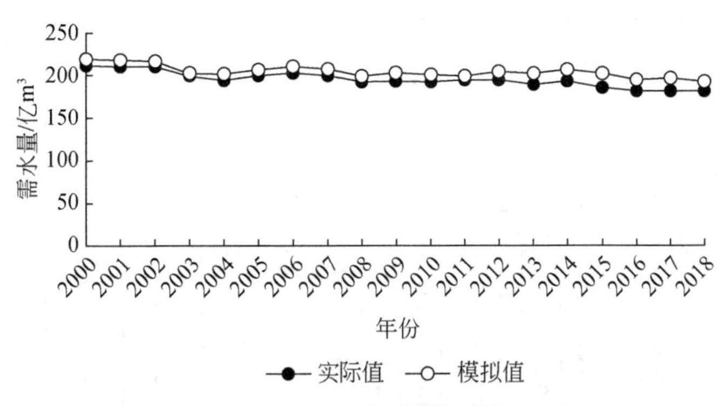

图 6-18　河北总需水量模拟结果检验

6.2.2　基于适水发展理念的京津冀未来发展情景

根据相关研究成果、历史数据、《河北省节水行动实施方案》、《京津冀协同发展规划纲要》等（刘宁，2016；张钧茹，2016；贺东梅，2017；张蕴博，2018），在现状延续与考虑适水发展的情况下，对京津冀经济社会–水资源系统主要参数进行设定，见表 6-6。

表 6-6　京津冀经济社会-水资源系统主要参数设定

变量名称/单位	北京						天津						河北					
	现状延续			适水发展			现状延续			适水发展			现状延续			适水发展		
	2025 年	2030 年	2035 年	2025 年	2030 年	2035 年	2025 年	2030 年	2035 年	2025 年	2030 年	2035 年	2025 年	2030 年	2035 年	2025 年	2030 年	2035 年
南水北调供水量/亿 m^3	11	12	12	11	12	12	10	13	13	10	13	13	30. 58	40. 58	40. 58	30. 58	40. 58	40. 58
海水淡化量/亿 m^3	0	0	0	0	1	2	0. 41	0. 41	0. 41	0. 83	1. 66	3. 31	0	0	0	1. 5	2	2. 5
生产虚拟水/亿 m^3	15. 95	15. 95	15. 95	15. 95	15. 95	15. 95	22. 93	22. 93	22. 93	22. 93	22. 93	22. 93	353. 1	353. 1	353. 1	353. 1	353. 1	353. 1
消费虚拟水/亿 m^3	98. 32	98. 32	98. 32	98. 32	98. 32	98. 32	61. 65	61. 65	61. 65	61. 65	61. 65	61. 65	243. 7	243. 7	243. 7	243. 7	243. 7	243. 7
出生率	0. 089	0. 089	0. 089	0. 089	0. 089	0. 089	0. 073	0. 073	0. 073	0. 073	0. 073	0. 073	0. 127	0. 127	0. 127	0. 127	0. 127	0. 127
死亡率	0. 051	0. 051	0. 051	0. 051	0. 051	0. 051	0. 056	0. 056	0. 056	0. 056	0. 056	0. 056	0. 064	0. 064	0. 064	0. 064	0. 064	0. 064
净迁入人口/万人	30	30	30	10	10	10	30	30	30	30	30	30	0	0	0	0	0	0
政策迁出人口/万人	0	0	0	25	25	25	0	0	0	0	0	0	0	0	0	-25	-25	-25
城镇化水平/%	0. 865	0. 865	0. 865	0. 87	0. 875	0. 875	0. 832	0. 832	0. 832	0. 867	0. 879	0. 879	0. 574	0. 584	0. 594	0. 600	0. 650	0. 700
第一产业产值增长率/%	-3. 45	-3. 45	-3. 45	-4. 45	-4. 45	-4. 45	2. 63	2. 63	2. 63	2. 63	2. 63	2. 63	1. 72	1. 72	1. 72	1. 72	1. 72	1. 72
第二产业产值增长率/%	5. 69	5. 69	5. 69	4. 69	4. 69	4. 69	1. 92	1. 92	1. 92	2. 92	2. 92	2. 92	2. 18	2. 18	2. 18	3. 18	3. 18	3. 18
第三产业产值增长率/%	9. 64	9. 64	9. 64	9. 64	9. 64	9. 64	10. 44	10. 44	10. 44	10. 44	10. 44	10. 44	9. 97	9. 97	9. 97	10. 97	10. 97	10. 97
万元工业增加值需水量/(m^3/万元)	7. 070	7. 070	7. 070	6. 363	5. 656	4. 849	6. 640	6. 640	6. 640	5. 976	5. 312	4. 648	16. 30	16. 30	16. 30	14. 67	13. 04	11. 41
城镇居民生活用水定额/[L/(人·d]	249	249	249	224. 1	199. 2	174. 3	149	149	149	141. 5	134. 1	126. 6	167	167	167	158. 6	150. 3	141. 9
农村居民生活用水定额/[L/(人·d]	126	126	126	113. 4	100. 8	88. 2	46	46	46	43. 7	43. 7	43. 7	61	61	61	57. 95	57. 95	57. 95
污水集中处理率	0. 94	0. 94	0. 94	0. 97	0. 98	0. 99	0. 91	0. 91	0. 91	0. 95	0. 96	0. 97	0. 9	0. 9	0. 9	0. 95	0. 96	0. 97
再生水利用率	0. 65	0. 67	0. 67	0. 7	0. 8	0. 9	0. 43	0. 48	0. 48	0. 6	0. 7	0. 8	0. 20	0. 25	0. 25	0. 30	0. 40	0. 50
农田灌溉需水量/亿 m^3	4. 20	4. 20	4. 20	3. 78	3. 36	2. 94	10. 62	10. 62	10. 62	9. 56	8. 50	7. 43	124. 2	124. 2	124. 2	111. 8	99. 38	86. 95
林牧渔需水量/亿 m^3	0. 00	0. 00	0. 00	0. 00	0. 00	0. 00	1. 17	1. 17	1. 17	1. 05	0. 94	0. 82	11. 41	11. 41	11. 41	10. 27	9. 13	7. 99

根据以上假定的参数，设定 5 种方案进行模拟研究（表 6-7）。

表 6-7　京津冀不同发展方案设定

情景	方案名称	描述
1	现状延续	考虑经济社会发展的稳定性，基本维持现有的发展速度与结构，进行参数设定，具体参数见表 6-6 中现状延续对应数值
2	产业调控	考虑京津冀协同发展、雄安新区建设等政策因素，结合京津冀现状，仅对经济发展模式进行调控，参数第一产业产值增长率、第二产业产值增长率、第三产业产值增长率见表 6-6 中适水发展对应数值，其他参数同现状延续方案
3	人口调控	考虑京津冀协同发展、雄安新区建设等政策因素，结合京津冀现状，仅对人口布局进行调控，参数城镇化水平、净迁入人口和政策迁出人口见表 6-6 中适水发展对应数值，其他参数同现状延续方案
4	用水调控	考虑京津冀协同发展、雄安新区建设等政策因素，结合京津冀现状，对水资源管理、利用、收集与再利用等进行技术升级，万元工业增加值需水量、城镇居民生活用水定额、农村居民生活用水定额、污水集中处理率、再生水利用率、农田灌溉需水量和林牧渔需水量等见表 6-6 中适水发展对应数值，其他参数同现状延续方案
5	综合调控	考虑京津冀协同发展、雄安新区建设等政策因素，结合京津冀现状，对经济发展模式，人口布局，水资源管理、利用、收集与再利用等进行调控，模型涉及的主要参数值见表 6-6 中适水发展对应数值

1. 供水与需水结构

如图 6-19 ~ 图 6-24 所示，按照目前的污水收集管理和技术，北京产业转移（情景 2，即产业调控）和人口迁移（情景 3，即人口调控）将导致非常规用水将略有减少。相比之下，由于从北京市接收人口和工业企业，河北的非常规供水将增加。在用水调控（情景 4）和综合调控（情景 5）中，随着污水处理和再生水利用率的提高，天津和河北地区非常规供水比例将显著提高。

作为工业、科研机构、高校和人口的接收地，2025 ~ 2035 年河北省工业需水和生活需水的比例在情景 2 和情景 3 中持续上升。通过提高用水技术和效率（情景 4 和情景 5），天津市和河北省的工农业需水量比例将下降。然而，随着时间的推移，人口增长，生活用水需求比例将不断增加。而北京市由于人口迁出政策，生活需水量比例将明显下降。以北京市为例，2025 年情景 3 的生活需水量比情景 1 下降了 14. 91%。

2. 供需情况对比分析

天然水资源条件具有一定的稳定性和长期性，因此在适水发展规划下，京津冀地区供水情况主要通过充分利用非常规水资源、虚拟水贸易来调控。如图 6-25 所示，河北的水

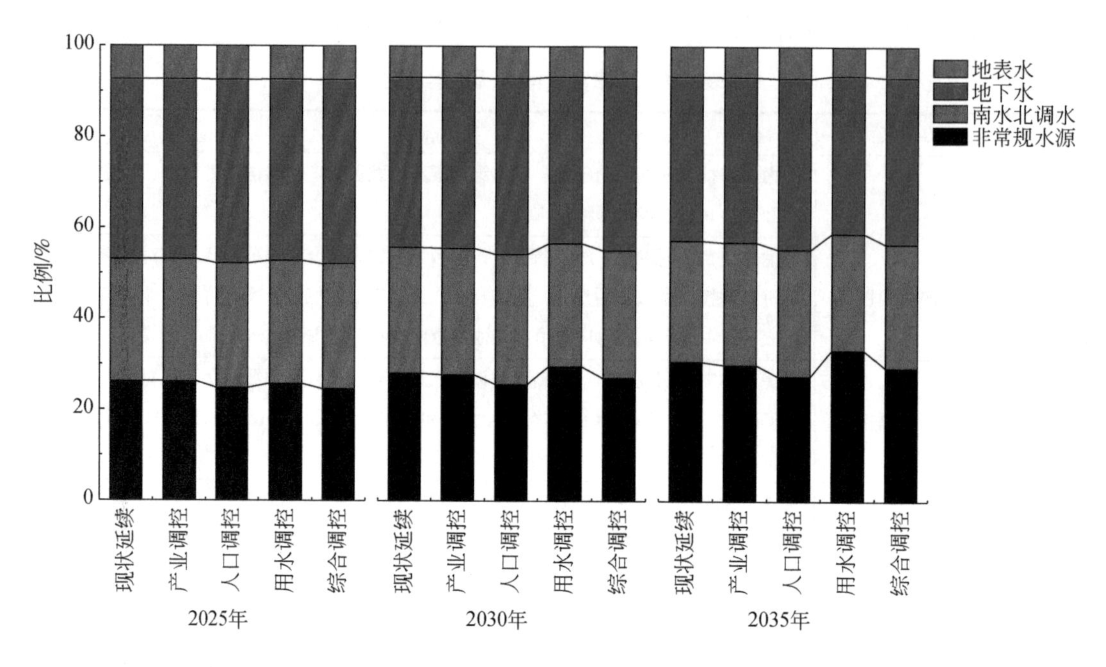

图 6-19 北京 5 种发展情境下 2025 年、2030 年、2035 年供水情况

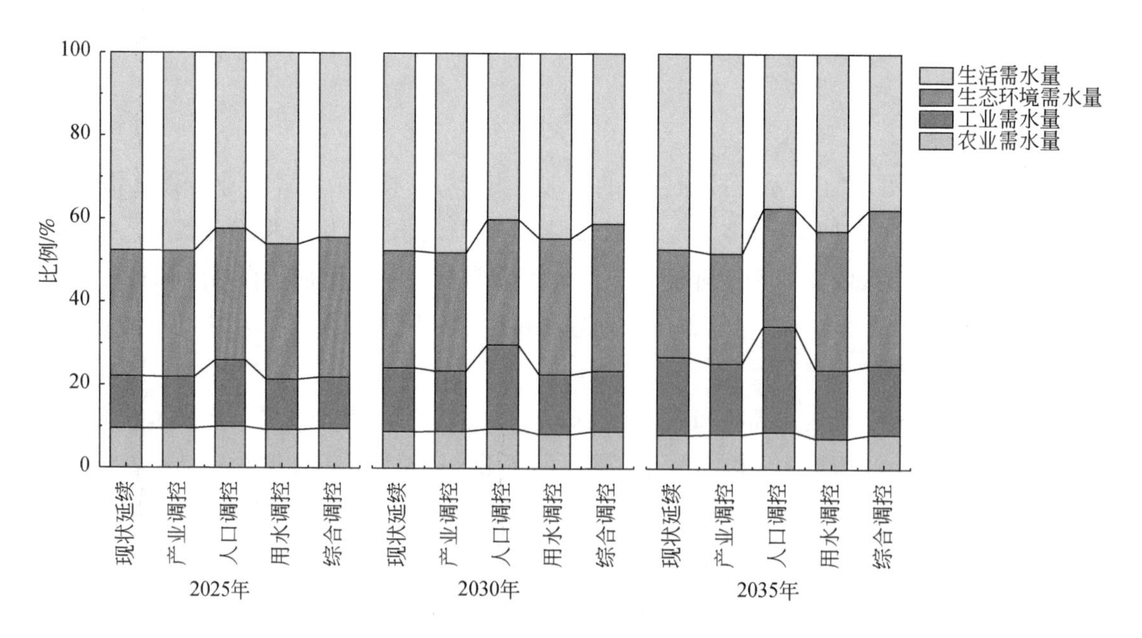

图 6-20 北京 5 种发展情境下 2025 年、2030 年、2035 年需水情况

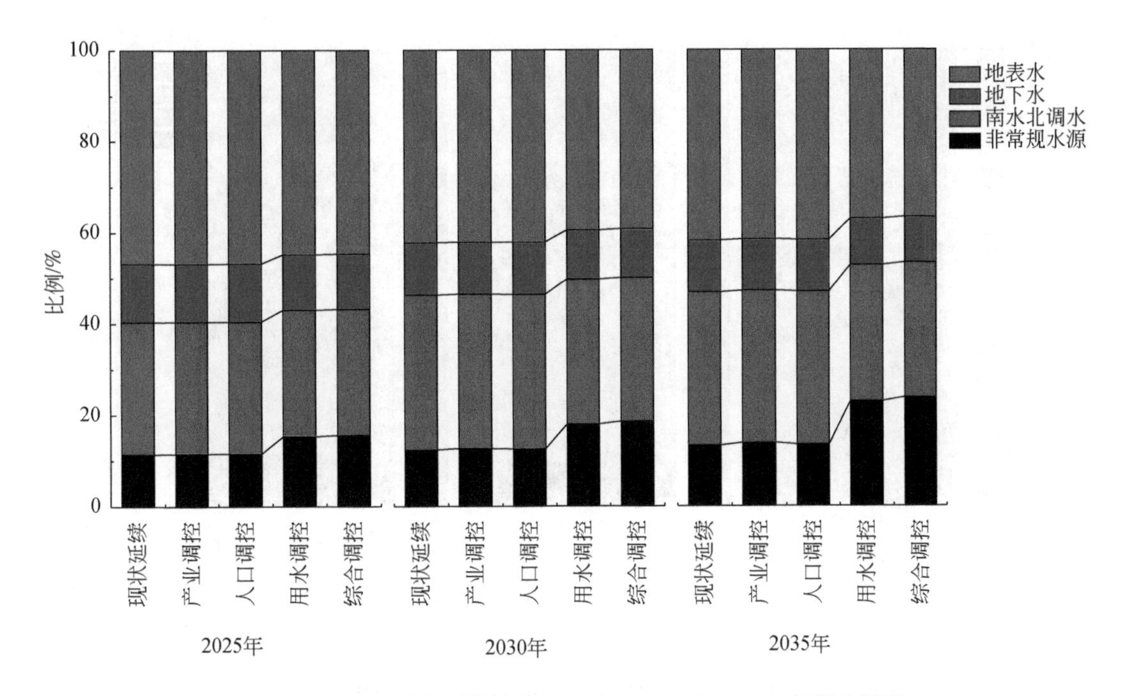

图 6-21　天津 5 种发展情境下 2025 年、2030 年、2035 年供水情况

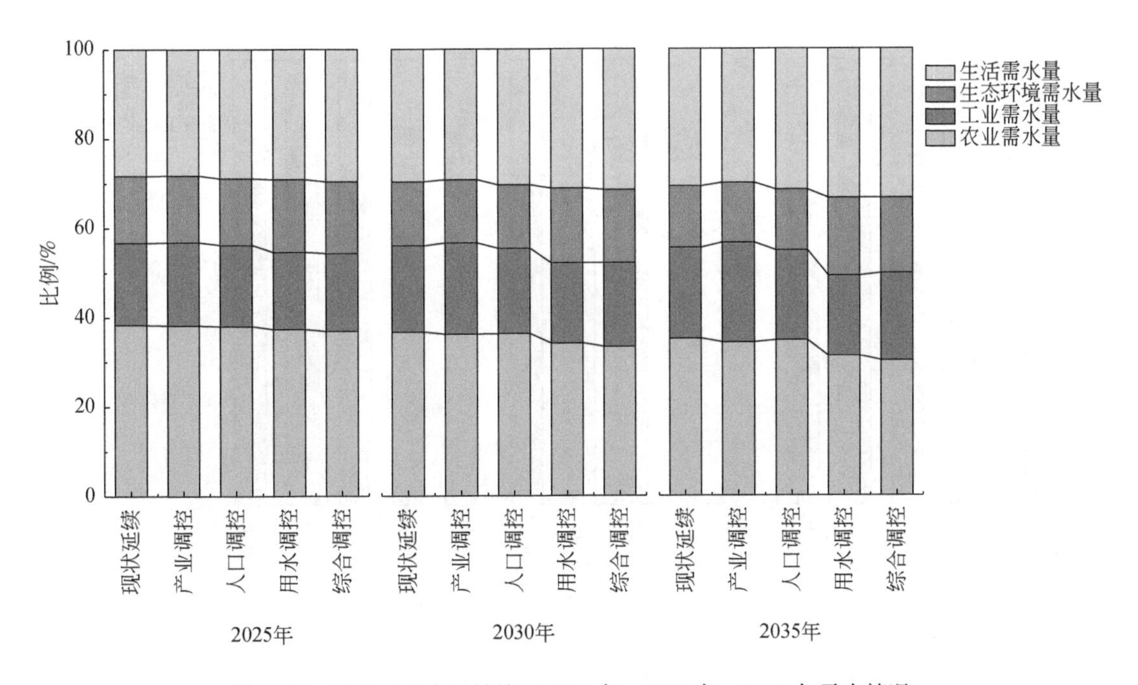

图 6-22　天津 5 种发展情境下 2025 年、2030 年、2035 年需水情况

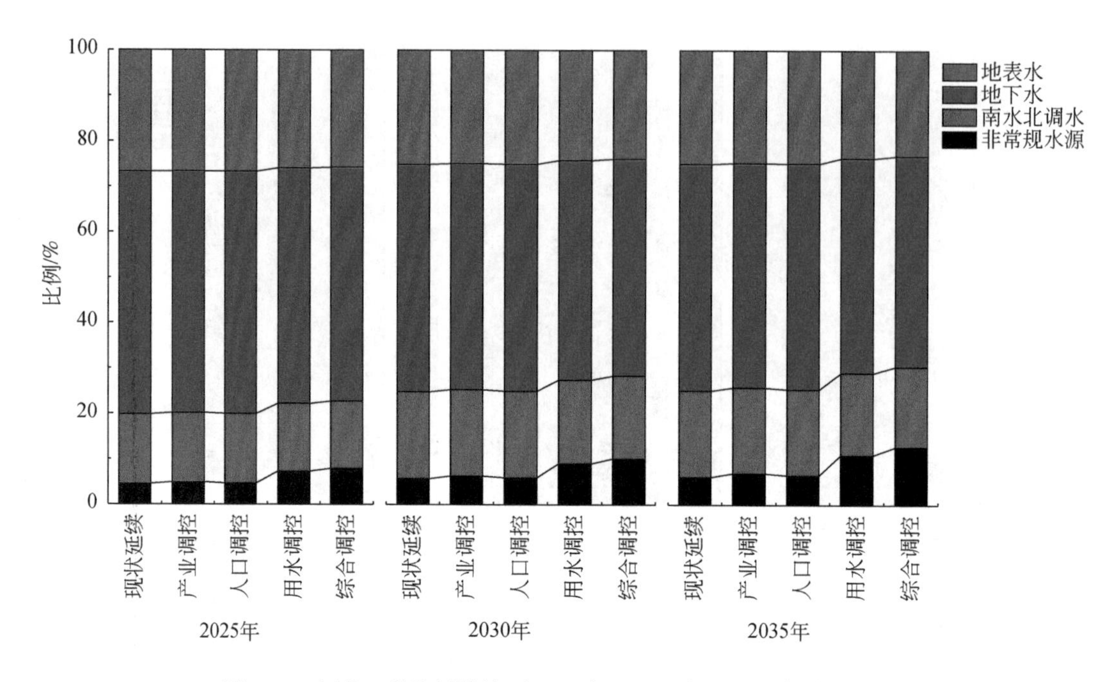

图 6-23　河北 5 种发展情境下 2025 年、2030 年、2035 年供水情况

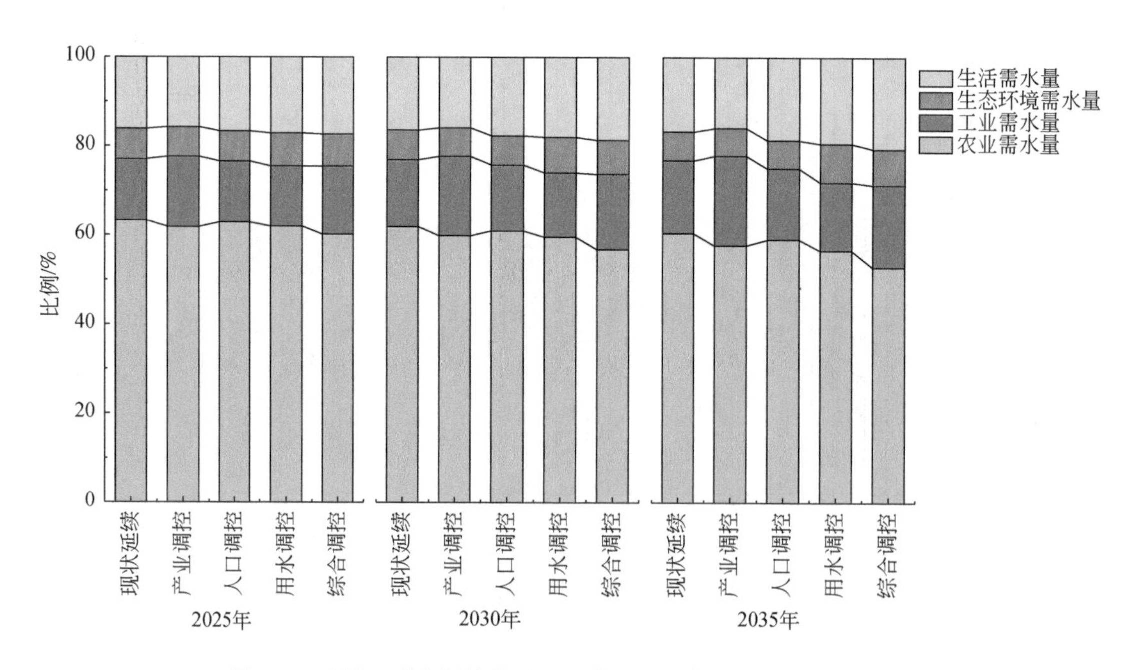

图 6-24　河北 5 种发展情境下 2025 年、2030 年、2035 年需水情况

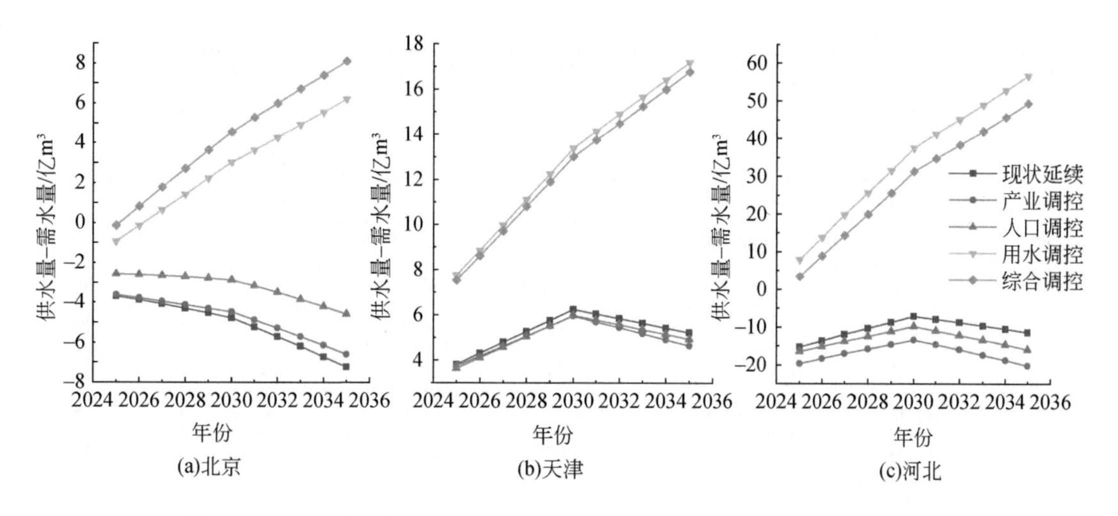

(a)北京 (b)天津 (c)河北

图 6-25 京津冀 5 种发展情境下 2025 ~ 2035 年供水量与需水量差值情况

资源供需缺口明显高于北京和天津。此外，在情景 1 ~ 3 中，北京和河北的供水量低于需水量。2025 ~ 2035 年，在延续现状的发展模式下，由于人口持续增加，北京的供需缺口从 3.68 亿 m^3 增加到 7.23 亿 m^3。河北 2025 ~ 2030 年虽然人口也在增加，但由于南水北调水的供应，水资源缺口由 15.25 亿 m^3 减小到 7.08 亿 m^3，其后 2035 年又增加到 11.39 亿 m^3。在情景 4 和情景 5 中，非常规水资源增加提高了可供水量，同时，由于用水技术和用水效率的提高，需水量下降，京津冀地区水资源供需矛盾得到极大缓解。

如表 6-8 所示，通过虚拟水贸易，北京和天津的水资源供需失衡问题得到缓解，河北作为虚拟水净出口地区，因对外的虚拟水贸易导致水资源供需失衡更加严重。为实现区域适水发展，北京和天津可以进一步通过提高虚拟水净进口量，减少或控制本地水资源的开发与利用数量，通过提高污水处理率和再生水利用率，提高海水淡化利用量，丰富本地水资源来源，降低新鲜水的利用量，优化供水结构；河北是京津冀城市群虚拟水净出口地区，以农业虚拟水出口为主，在供水结构中，虚拟水贸易起到了负效应，未来必须通过优化贸易结构，提高灌溉水利用系数、改进种植方式和结构等，压减水资源出口量，或者控制虚拟水贸易量水平。

表 6-8 扣除虚拟水贸易后京津冀 5 种发展情境下 2025 ~ 2035 年供水量与需水量差值情况

（单位：亿 m^3）

地区	年份	现状延续	产业调控	人口调控	用水调控	综合调控
北京	2025	-86.38	-86.32	-85.28	-83.61	-82.82
	2026	-86.57	-86.47	-85.31	-82.84	-81.87
	2027	-86.78	-86.63	-85.35	-82.05	-80.92
	2028	-86.99	-86.81	-85.41	-81.26	-79.99

续表

地区	年份	现状延续	产业调控	人口调控	用水调控	综合调控
北京	2029	-87.23	-86.99	-85.48	-80.46	-79.06
	2030	-87.47	-87.18	-85.57	-79.66	-78.14
	2031	-87.93	-87.58	-85.87	-79.04	-77.41
	2032	-88.40	-87.99	-86.19	-78.41	-76.69
	2033	-88.89	-88.41	-86.53	-77.77	-75.98
	2034	-89.40	-88.84	-86.89	-77.13	-75.28
	2035	-89.93	-89.28	-87.27	-76.49	-74.58
天津	2025	-34.90	-34.98	-35.08	-30.97	-31.18
	2026	-34.41	-34.54	-34.62	-29.85	-30.10
	2027	-33.93	-34.10	-34.15	-28.73	-29.01
	2028	-33.45	-33.66	-33.68	-27.60	-27.92
	2029	-32.96	-33.22	-33.21	-26.47	-26.82
	2030	-32.47	-32.78	-32.74	-25.33	-25.71
	2031	-32.67	-33.03	-32.94	-24.58	-24.97
	2032	-32.88	-33.29	-33.15	-23.83	-24.23
	2033	-33.08	-33.55	-33.36	-23.07	-23.48
	2034	-33.29	-33.81	-33.57	-22.30	-22.72
	2035	-33.50	-34.09	-33.78	-21.53	-21.96
河北	2025	94.15	89.80	92.94	117.41	112.79
	2026	95.79	91.08	94.27	123.31	118.29
	2027	97.43	92.35	95.59	129.21	123.83
	2028	99.06	93.61	96.92	135.13	129.42
	2029	100.70	94.85	98.24	141.06	135.04
	2030	102.33	96.08	99.57	147.00	140.71
	2031	101.50	94.78	98.40	150.82	144.26
	2032	100.65	93.44	97.22	154.66	147.85
	2033	99.79	92.07	96.01	158.50	151.48
	2034	98.91	90.66	94.78	162.36	155.15
	2035	98.02	89.20	93.54	166.23	158.86

3. 京津冀发展水平与协调度

如图6-26所示，根据GDP总量、第三产业GDP占比、人均GDP、城镇化水平、水资源供需比、万元GDP用水量，采用等权重计算得到京津冀地区的综合发展水平。根据北京、天津、河北的综合发展程度与三角形中心的距离，确定京津冀地区综合发展水平的差

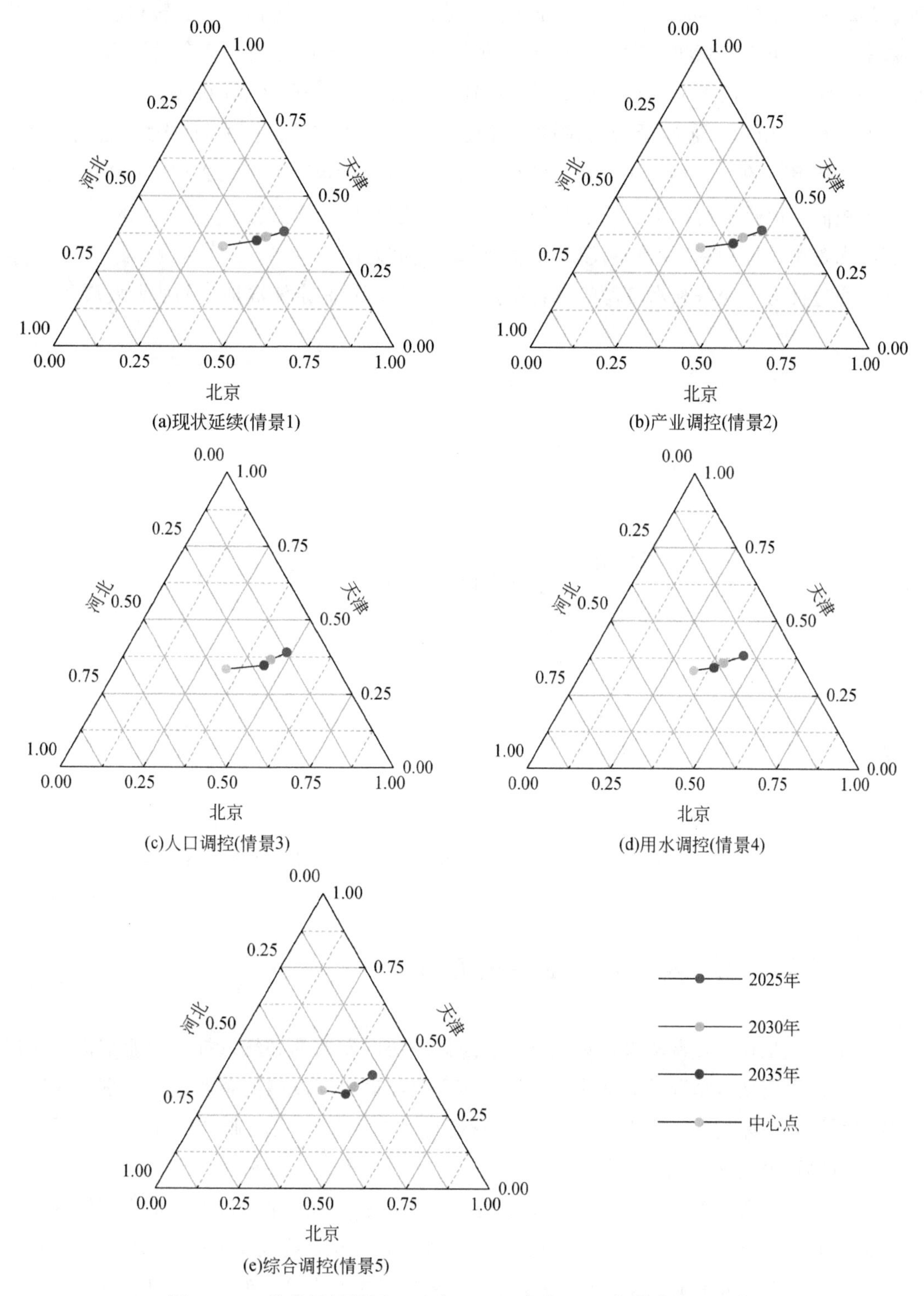

(a)现状延续(情景1)

(b)产业调控(情景2)

(c)人口调控(情景3)

(d)用水调控(情景4)

(e)综合调控(情景5)

图 6-26　5 种发展情景下 2025 年、2030 年和 2035 年综合发展程度

异。2025～2035年，与情景1相比，得益于情景2～5的人口迁移、产业转移、用水技术和效率提升政策等，京津冀发展差异将有所缩小。以2035年为例，综合发展程度与三角形中心的距离将从情景1的0.229下降到情景5的0.145，下降了36.68%。

如图6-27所示，通过耦合协调度方程计算得到京津冀的协同发展程度，总体而言，2025～2035年，在5种情景下，耦合协调发展程度都有所提高。情景2和情景3的结果与情景1相似。但是，情景4和情景5的协调发展程度明显高于情景1。情景4的结果表明，良好的水资源管理和利用水平可以缩小京津冀之间的差距。情景5的结果表明，考虑适水发展，通过社会、经济和水资源的综合调控，可以显著提高京津冀地区的协调发展程度。

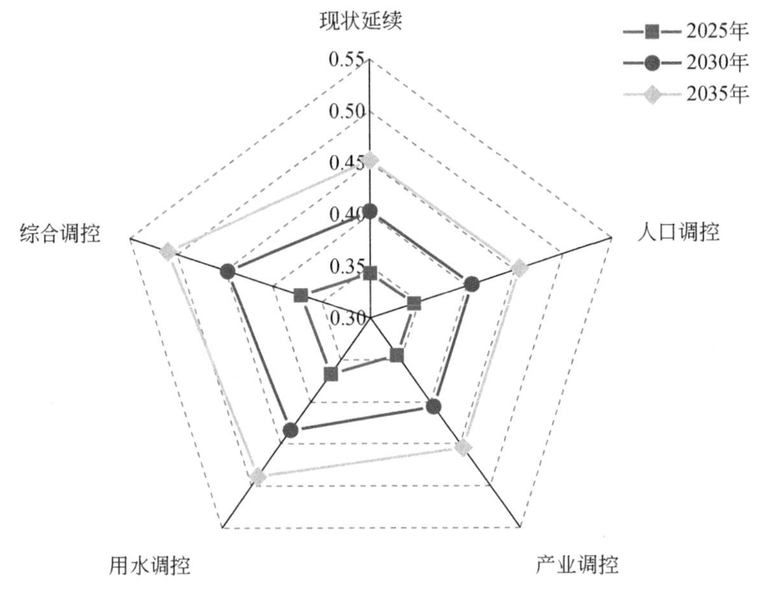

图6-27　5种发展情景下2025年、2030年和2035年京津冀协同发展程度

6.2.3　京津冀地区三大产业空间布局

适水发展是在水资源刚性约束条件下，京津冀协同发展的必然选择，产业结构与布局的优化既是适应缺水情况的有效手段，也是实现京津冀协同发展的重要途径。京津冀三地需要在京津冀一体化的大背景下，结合自身特色，在全面开展产业结构优化与升级的同时，有所侧重地发展不同的行业。

京津冀地区第一产业主要分布在河北，从2010年起，河北第一产业产值占京津冀第一产业总产值的比例一直维持在90%以上，农业用水量占比也始终高于85%。同时，河北还是京津冀唯一的虚拟水净流出区，出口了大量用水密集型农业产品，就第一产业而言，河北虚拟水流向北京和天津（常诚，2018）。结合《京津冀协同发展规划纲要》和河北水资源与经济社会发展的现实条件，在京津冀一体化进程中，一方面，要进一步加强河北在第一产业中的基础性地位；另一方面，要进一步加大北京和天津对河北农业现代化建设的科技、人才、资金、技术等全方位的支持力度，促进标准化、规模化、产业化、绿色化发展，优化棉花、玉米、小麦、大豆、油料、稻谷等的种植结构，改进种植方式，显著降低单位耕地面积和单位农业产值的耗水量，提升农业产出综合效益。

从 2010 年起，京津冀第二产业产值和工业用水占比从大到小依次为河北、天津、北京，北京和河北第二产业的虚拟水流向天津（孙思奥等，2019）。根据《京津冀协同发展规划纲要》，天津的功能定位为“全国先进制造研发基地、北方国际航运核心区、金融创新运营示范区、改革开放先行区”。在北京不再将工业作为重点，且将逐步进行工业转移的背景下，天津和河北必然要承接一部分工业产业，虽然两地均是以工业为基础发展起来的地区，工业结构趋同。但天津工业技术水平更高、海水淡化技术更先进，且河北承担着京津冀农业服务的角色，因此，在未来的协同发展进程中，第二产业应统筹布局在天津、河北，技术要求高、对海水水质适应度高的工业优先布局在天津，天津应当在第二产业的科技革新、产品研发、用水节水技术突破上起到引领作用（吴丹，2018）。

21 世纪以来，北京第三产业产值在京津冀的占比始终维持在 45% 以上，北京第三产业发展水平明显高于天津和河北。根据《京津冀协同发展规划纲要》，北京的功能定位为“全国政治中心、文化中心、国际交往中心、科技创新中心”，说明北京的第三产业优势地位将会延续下去，甚至进一步加强，这也符合京津冀一体化的要求。此外，面向适水发展、可持续发展，第三产业也是天津和河北发展的重中之重，天津可重点发展航运服务和金融服务等第三产业；河北的保定市、承德市、张家口市、秦皇岛市、廊坊市等可立足京津冀，面向全国，结合自身资源特色和区位优势，发展相应的第三产业，如保定市可为北京市的行政事业单位、高等院校、科研院所和医疗养老等单位服务，也可承接一部分相关产业，承德市可充分发挥生态优势，进一步开发旅游资源。

在河北整体布局的情况下，考虑河北 11 个地级市历史情况和雄安新区建设，结合《京津冀产业转移指南》，绘制河北产业结构总体布局方向示意图（图 6-28）。

根据 6. 2. 2 节的分析，考虑适水发展的京津冀综合调控，一方面，可以有效缓解水资源供需失衡的问题；另一方面，有效疏解北京的非首都功能与雄安新区的建设、人口迁移、产业结构的调整，可以同时提高北京、天津、河北的经济社会发展水平，促进三地区的协同发展。为此，根据规划年 2025 年、2030 年和 2035 年的产业结构模拟结果，建议未来情境下，京津冀三地区采取如图 6-29 ~ 图 6-31 所示的三次产业分地区占比。

考虑河北各地区现状情况，根据河北三次产业产值和雄安新区规划，得到雄安新区、河北省 11 个地区、北京和天津 2025 年、2030 年和 2035 年的产值情况，如图 6-32 ~ 图 6-34 所示。

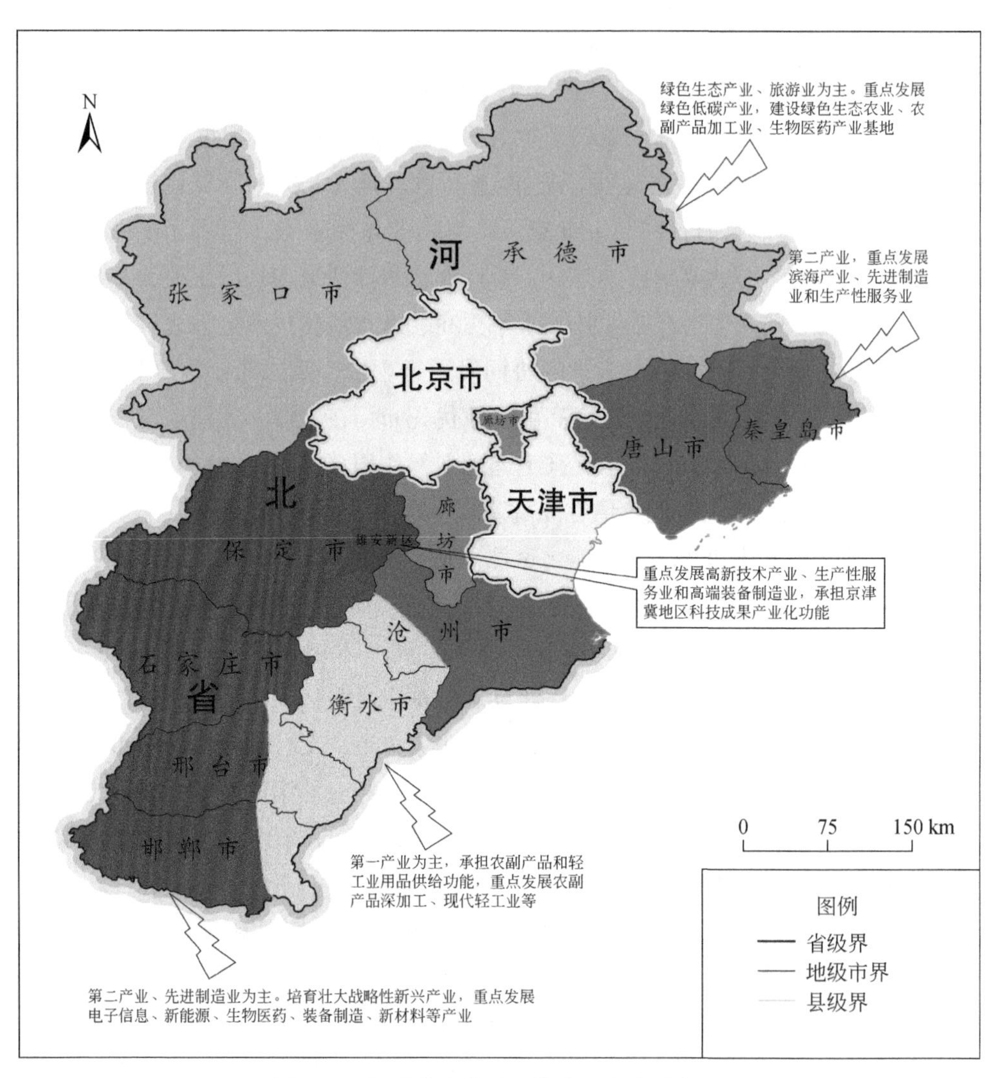

图 6-28　河北产业结构总体布局方向示意图

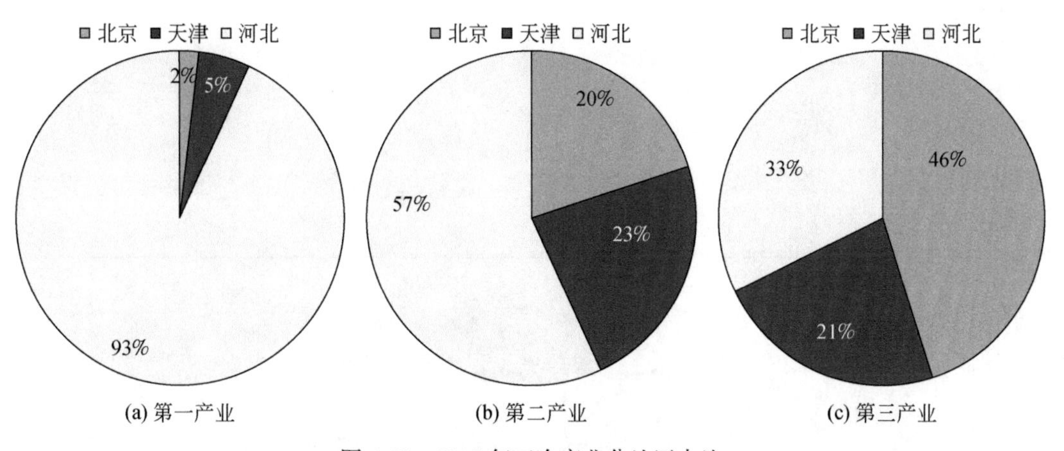

图 6-29　2025 年三次产业分地区占比

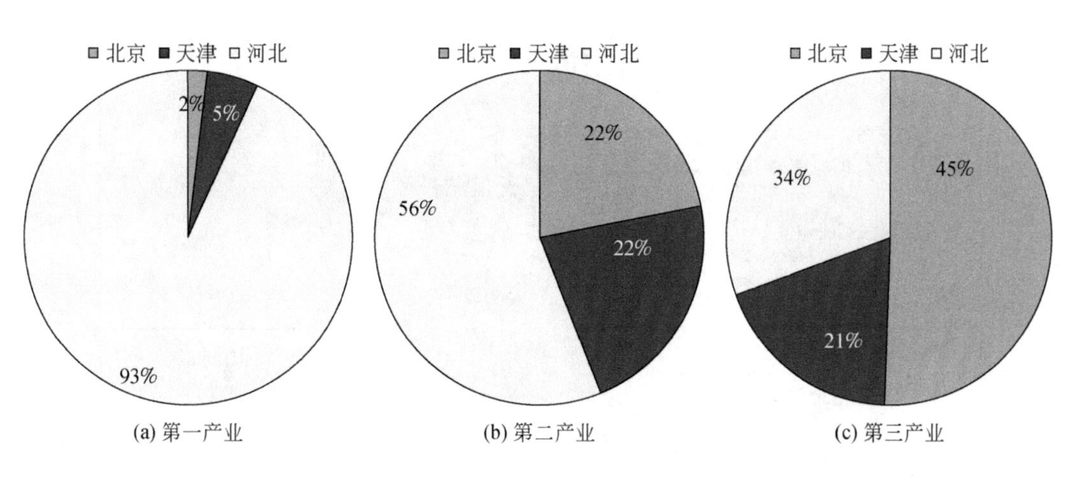

图 6-30　2030 年三次产业分地区占比

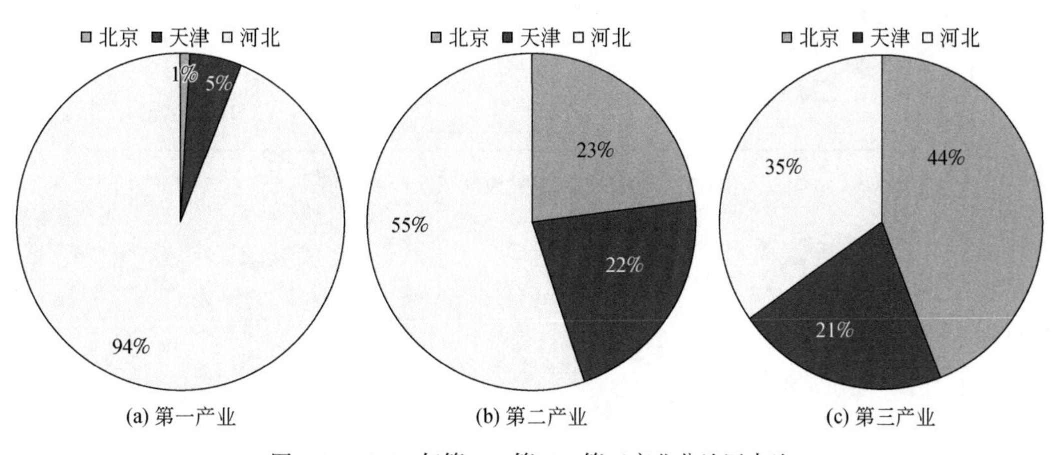

图 6-31　2035 年第一、第二、第三产业分地区占比

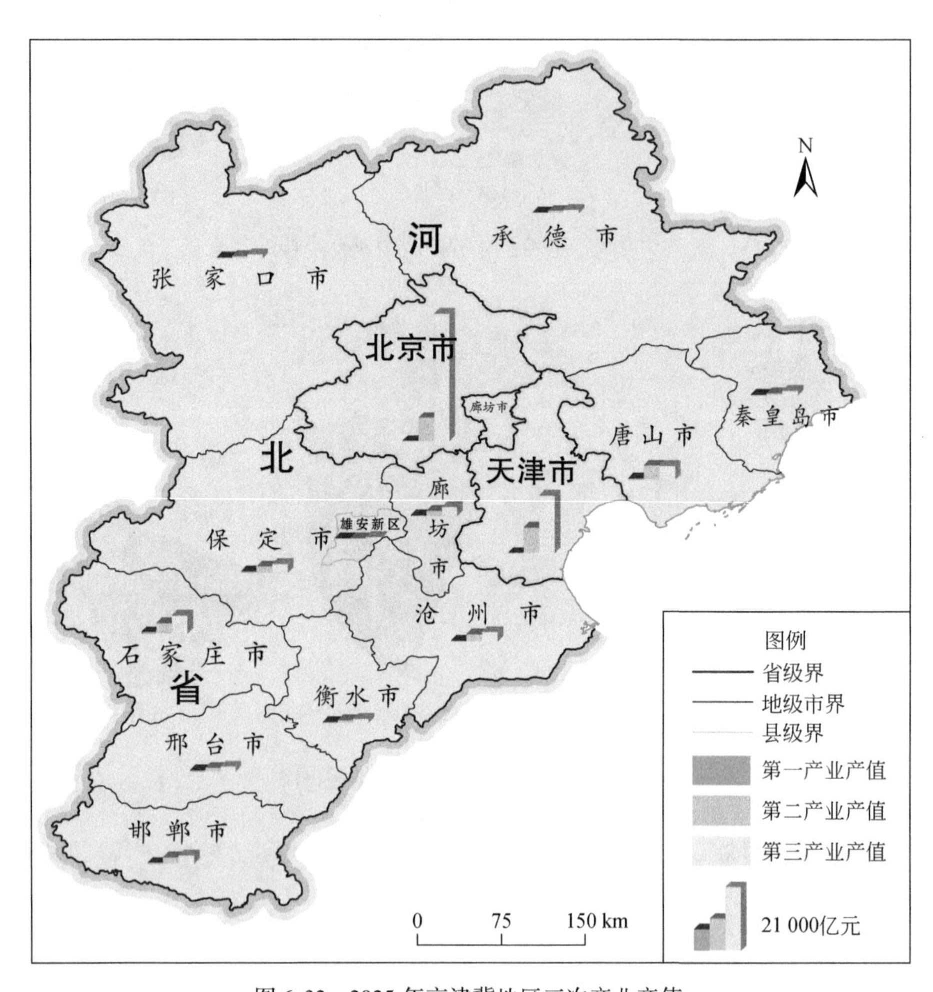

图 6-32　2025 年京津冀地区三次产业产值

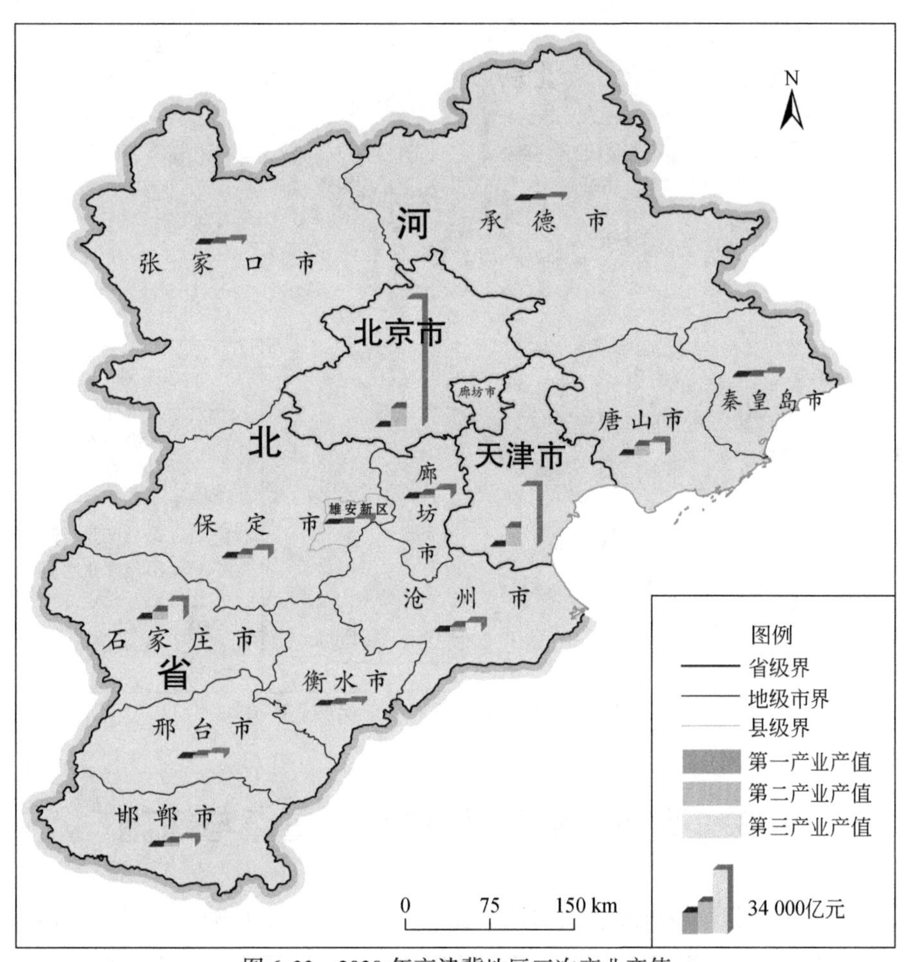

图 6-33　2030 年京津冀地区三次产业产值

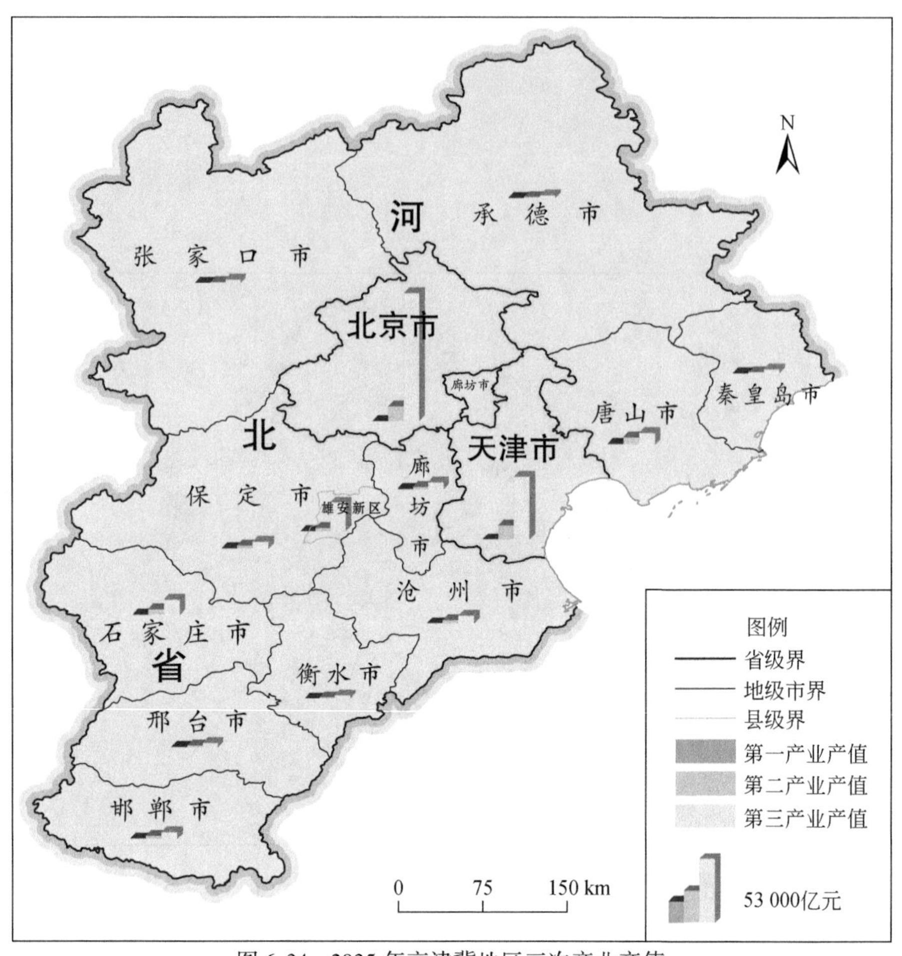

图 6-34　2035 年京津冀地区三次产业产值

6.3　不同产业适水发展的重点与措施

适水发展追求依靠科技进步、结构调整和合理布局解决水短缺下生产、生活、生态之“三生”的协调发展，重视需求侧的管理，提升经济社会发展适应缺水的能力，实现经济社会永续发展。科技进步主要指工农业生产工艺、用水工艺、广义水资源开发利用技术、用水的智慧化管理等；结构调整指根据用水特点，对三次产业在国民经济中所占比重进行调节，在缺水条件下，优先发展第三产业，对每一产业内部结构进行调整，逐步淘汰高耗水、低产值的行业；合理布局指根据传统水资源分布情况、广义水资源开发利用的潜力，优化不同产业、不同行业的空间分布位置，减少无效的输水损耗，提高水资源利用率。围绕水资源开发利用量、用水效率，以不同产业的布局为抓手，对适水发展的重点与措施阐述如下。

6.3.1 第一产业适水发展的重点与措施

农业种植在第一产业中占比很高，要实现第一产业适水发展，必须牵住农业种植这个牛鼻子，把握好以下四个重点：①农业规模要适应水资源条件，保障良好的生态环境；②农业结构要符合区域发展需求；③农业用水要符合节水高效的要求；④农业发展要促进经济发展，且是可持续的。为此，需要采取如下措施。

1. 基于“山水林田湖草”生命共同体理念的农业适水建设

“山水林田湖草”是一个生命共同体，人的命脉在田，田的命脉在水，水的命脉在山，山的命脉在土，土的命脉在树。农业以种植业为主，包括畜牧业、林业、渔业等，涉及“山水林田湖草”的所有要素，在农业适水发展过程中，必须坚持系统性思维，农业规模要与水资源、生态环境相协调。

2. 构建适水发展的农业种植结构和制度

随着经济社会发展，区域农业种植结构可能已经不符合该地区对粮食作物、经济作物和饲料作物的需求，出现某些高耗水作物产量过剩，低耗水作物产量不足的现象。根据康绍忠（2019）的研究，河北作为京津冀地区重要的粮食基地，蔬菜种植面积达 122 万 hm^2，年总产量 8126 万 t，而按京津冀地区人均营养消费 140 kg/a（《中国食物与营养发展纲要》规定值）计算，年消费蔬菜不超过 2000 万 t，高耗水的蔬菜产量过剩高达 6000 万 t/a，按照蔬菜水分生产效率平均 27 kg/m^3 计算，相当于多消耗水量 22 亿 m^3，占河北农业地下水年超采量的 40% 以上。为此，必须按照适水发展的要求，结合区域实际需求，在保障粮食安全的基础上，最大限度调整农业结构，鼓励种植低耗水、产值高的作物。

种植制度包括多熟制、作物的结构与布局、复种与休闲、种植方式（间作、套作、单作、混作）、种植顺序（轮作、连作）等一整套内容，不同的种植制度，会对作物耗水量产生显著影响，如将华北平原一年两熟的冬小麦套种夏玉米调整为冬小麦直播夏玉米，结合水氮优化技术，可降低 15% 的作物耗水，提高灌溉水利用效率 52% ~54%（王大鹏等，2013）。为此，必须根据地区自然、经济、生产条件，开展种植制度与作物耗水量关系的试验与理论研究，确定最佳的适水种植制度。

3. 发展现代节水、高效、精准的灌溉技术，提高农业用水效率

提高灌溉效益和土壤有效水分利用率是提高农业用水效率的关键，需要把工程节水与农艺节水、生物节水紧密结合，建设节水高效现代灌溉农业。这需要大力研究和推广高效

输配水技术、水肥耦合技术、用水优化配置技术、精准灌溉技术、耕作栽培技术、墒情预报和保墒技术。通过工程节水、生物节水与农艺节水技术，综合配置与利用土壤水、雨水、再生水、微咸水，逐步减少使用地表水和地下水的灌溉用水量，提高农业综合生产能力、农业用水效率、农作物品质。依靠科技进步和技术创新实现农业高效用水，解决制约区域社会经济发展的农业水资源瓶颈问题。

4. 建立健全有利于推动农业适水发展的制度、标准和体制机制

以农业适水发展为导向，将农业种植规模、结构、制度、节水技术的应用制度化、规范化，落实区域农业适水发展的领导小组、责任人、适水目标和考核制度，做到专人专管、有目标、有监督，在保障农民合理经济利益的同时，确保有利于农业适水发展的措施可以顺利推行实施。制定全面完善的农业用水定额标准，涵盖不同自然条件、不同种植制度、不同作物类型、不同灌溉方式的灌溉用水量，做到适水管理工作有据可依。建立健全节水灌溉产品的市场准入机制和农业节水补偿机制，确保流入市场、田间地头的灌溉产品节水效益明显、质量可靠、稳定性高，激发农民节水活力，调动农民节水的自觉性、主观能动性。

6.3.2 第二产业适水发展的重点与措施

要实现第二产业适水发展需要把握好以下四个重点：①保障生态系统的良性发展；②促进水资源高效利用；③符合区域社会经济可持续发展要求；④能实现高质量的经济效益。为此，需要采取如下措施。

1. 大力发展环保清洁生产，严格监督工业污废水排放

开展与经济挂钩的生态文明体制改革工作，优先发展低消耗、低污染、绿色低碳的工业。一方面，强化管理与监督作用，严格审查污染物产生、处理及排放情况，并发动群众进行投诉；另一方面，地方政府要起到指导与帮扶的作用，积极引进专业的环境保护服务公司，为工业企业提供技术咨询、设备供应、设施安装与运维的全流程服务。

2. 加强工业节水，大力开发利用非常规水源

积极发展节水型的工业，通过技术改造和产业升级，促进各类企业向节水型方向发展，新建企业必须采用节水技术。逐步建立行业万元 GDP 用水量参照体系，推进产业结构战略性调整和工业技术水平升级，减少用水量，提高工业用水效率和效益，适应缺水条件的可持续发展需求。

提高微咸水、雨水资源、再生水资源、海水资源等非常规水源的利用效率和比例。从政府层面，尽快编制微咸水开发利用规划和制定相关引导政策，推动微咸水开发技术的提高。提高水政部门对城市雨水问题的全面认识，打破片面强调内涝防治的固有观念，完善雨水利用的工程与技术体系，建立健全相关法律法规和管理政策，提高雨水管理水平。制定再生水与常规水源的统一规划，完善相关政策、规定和法律，充分发挥再生水的优势和资源效能。提高海水利用比例，直接利用海水作为工业冷却、生活冲洗或生产工艺用水，逐步提高海水淡化和海水利用水平。

3. 优化生产布局，加速工业结构调整

应根据水资源约束状况，加快调整优化区域工业结构与布局，合理配置水资源，以使水资源可支撑经济社会可持续发展。利用定额管理、水价、水资源税、污水处理费等经济手段，促进海水、咸水和再生水等非常规水源的开发利用。从区域整体生态效益出发，限制耗水工业在严重缺水地区布局和发展。对于钢铁、火力发电、石油炼制、选煤、罐头食品、食糖、毛皮、皮革、核电、氨纶、锦纶、聚酯涤纶、维纶、再生涤纶、多晶硅、离子型稀土矿冶炼分离、对二甲苯、精对二甲苯 18 项传统高耗水行业，应逐步限制其发展规模，减缓其用水需求增长的压力。

4. 开展工业企业的成本-效益和最佳可行性分析

不同工业企业在相同的成本投入下，产出的效益不同。为满足工业适水发展、高质量经济产出的要求，从水资源、人力、土地、能源、生态环境等综合性成本出发，统筹考虑经济、社会因素，开展成本-效益分析，筛选出符合当地水资源条件，满足经济社会发展和生态环境保护要求的，对费效比最低的工业企业类型进行重点扶持。最佳可行性技术（BAT）是针对生活、生产过程中产生的各种环境问题，为减少污染物排放，从整体上实现高水平环境保护所采用的与某一时期技术、经济发展水平和环境管理要求相适应、在公共基础设施和工业部门得到应用的、适用于不同应用条件的一项或多项先进、可行的污染防治工艺和技术。借鉴环保领域的 BAT 分析，开展工业企业的节水工艺、生产工艺最佳可行性分析，为工业适水发展具体措施的确定提供依据。

6.3.3 第三产业适水发展的重点与措施

第三产业的主要用水户是各类公共生活用水，因此，第三产业适水发展的重点有：①社会发展规模要满足水资源刚性约束；②保障生态系统良好；③注重水文化建设；④加强节水体制机制研究。为此，需要采取如下措施。

1. 坚持底线思维，控制社会各要素的发展规模

第三产业与社会生活息息相关，其适水发展主要受人口数量、人口密度、年龄组成、受教育水平等因素影响。为此，需要根据区域内各个子单元的水资源条件，结合第三产业的宏观发展规划，调控区域内各个子单元的人口规模、公共用水户的数量等，对水资源进行需求管理。

2. 合理调控社会要素结构和空间分布格局，实现社会-生态环境协调

第三产业门类复杂繁多，主要包括流通部门，为生产和生活服务的部门，为提高科学文化水平和居民素质服务的部门，国家机关、党政机关、社会团体、警察、军队等。不同部门用水量、用水方式、用水效率存在较大区别，需要在水资源刚性约束下，综合考虑公众需求、经济社会发展需要，对各部门占比进行合理分配。此外，社会的发展、人类活动空间的变化或扩张必然会对生态环境产生影响，在第三产业的整体分布格局上，需要协调好社会发展与生态环境保护的关系。

3. 加强水文化建设，开展适水发展、节水的教育和宣传活动

对公众进行适水发展、节水意识培养，从社会与自然的角度，阐述清楚水的来源、作用及水与社会经济、环境质量、生态系统健康的关系，以生动、简洁的形式展示水知识，设计一系列参与式、融入式的宣传与教育活动；利用多种媒介进行节水宣传，在地铁站、机场、公交站台、商场、写字楼等公共设施进行节水宣传，张贴宣传标语、宣传画，播放节水视频等，利用微信公众号、微博等新兴媒介，定期发送推文，提供一个适水发展、节水的交流平台，可不定期进行抽奖等活动，调动民众积极性，提升参与度。

4. 从政府、社会、民众三个层面，开展公共生活用水的管理工作

在政府层面，针对节水工作、适水发展存在的薄弱环节，研究如何更好地发挥政府在适水发展工作中的作用，明确政府的权力与责任，系统推动第三产业适水发展工作，制定考虑社会-经济-生态环境需求的水资源管理方案。在社会层面，针对商场、写字楼、医院、学校等公共用水载体，基于节水、适水教育，培育和激励用水主要载体对适水发展理念及落地措施的理解和支持。在公众层面，基于个人用水的过程水足迹核算，将个人用水量数字化、图像化，出台优化个人用水习惯的建议措施，研究如何激励个人节水行为，构建一种可提高社会公众节水认同感、参与感的体制机制。

6.3.4 三大产业适水发展的关系

根据《2018 年中国水资源公报》，2018 年全国用水总量 6015.5 亿 m^3。其中，生活用水

量 859. 9 亿 m^3，占用水总量的 14. 3%；工业用水量 1261. 6 亿 m^3，占用水总量的 21. 0%；农业用水量 3693. 1 亿 m^3，占用水总量的 61. 4%；人工生态环境补水量 200. 9 亿 m^3，占用水总量的 3. 3%。与 2017 年相比，用水总量减少 27. 9 亿 m^3，其中，农业用水量减少 73. 3 亿 m^3，工业用水量减少 15. 4 亿 m^3，生活用水量及人工生态环境补水量分别增加 21. 8 亿 m^3 和 39. 0 亿 m^3。由此可以得出，我国农业用水占比最大，因此开展适水发展理论与实践工作，第一产业适水发展是基础；工业用水仅次于农业用水，且工业用水存在排污量大、节水工艺对技术要求高等特点，因此，第二产业适水发展是关键；生活用水呈现增加趋势，面向未来，第三产业的适水发展是工作的重点。

从经济学、社会学的角度来看，三大产业相互依赖、相互制约，第一产业为第二、第三产业奠定基础；第二产业是三大产业核心，生产的产品对第一、第三产业有带动作用；第三产业所需生活产品、硬件设施等来自第一、第二产业，同时服务于第一、第二产业，提高其生产效率。从适水发展的角度来看，首先，三大产业是制约关系，在区域水资源短缺、用水总量刚性约束的条件下，三大产业用水、适水发展存在竞争关系，某一产业的过度发展必然压缩其他两个产业的生存空间；其次，三大产业相互联系、密不可分，一旦某一产业无法实现适水发展，其长期、可持续、高质量发展必然受到影响，进而导致其他两大产业发展受损，因此，三大产业的适水发展是互为依赖的；最后，在人类科学、合理的干预下，可实现三大产业适水的协同发展。

根据以上分析，将三大产业适水发展的对比关系归纳，见表 6-9。

表 6-9　三大产业适水发展的对比关系

产业类别	地位	基本要求	共同关注点	联系
第一产业	基础	①农业规模要适应水资源条件；②农业结构要符合区域发展需求；③农业用水要符合节水高效的要求；④促进经济发展，且是可持续的	①对发展规模的控制；②节水技术的发展和应用；③产业内结构和布局的调整；④水-经济-社会-生态环境的和谐	相互制约、相互依赖、协同发展
第二产业	关键	①生态系统的良性发展；②水资源高效利用；③符合区域社会经济可持续发展要求；④能实现高质量的经济效益		
第三产业	重点	①社会发展规模要满足水资源刚性约束；②保障生态系统良好；③注重水文化建设；④加强节水体制机制研究		

第7章 京津冀水资源需求管理对策

7.1 历史与现状

根据普查数据，京津冀三地目前共建成各类水库1193座，总库容为272亿m^3，建成各类水闸11 013座，地下水取水井919.6万眼。本地的水资源开发潜力已接近极限，各种调水、供水工程已相对完善，形成了以当地水、南水、引黄水、淡化水、再生水等水源组成的复杂供水系统，很难再通过供给管理来扩大供水量，必须转向水资源需求管理来减少水资源的需求。针对京津冀地区水资源管理的现状，在党中央和国务院的统筹安排下，相关部门从需求管理的角度也制定了一系列措施。

2014年习近平总书记在听取京津冀协同发展工作汇报时明确提出要着力加大对协同发展的推动，自觉打破自家“一亩三分地”的思维定式。加强生态环境保护合作。完善防护林建设、水资源保护、水环境治理、清洁能源使用等领域合作机制。水利部编制印发了《京津冀协同发展水利专项规划》，明确提出了节约用水、加强水资源配置和保护的建设目标。同时，水利部制定了京津冀水资源消耗总量和强度的控制目标，指导京津冀地区将水资源消耗总量和用水强度控制指标逐级分解到各级行政区，加强用水总量控制和定额管理。党的十九大报告也明确要求，推进资源全面节约和循环利用，实施国家节水行动。随后，国家发展和改革委员会联合水利部印发了《国家节水行动方案》，进一步明确了节水的目标、措施和有关部门的分工。主要的节水目标和措施包括：①严格实行区域流域用水总量和强度控制。健全省、市、县三级行政区域用水总量、用水强度的控制指标体系，强化节水约束性指标管理，加快落实主要领域用水指标。划定水资源承载能力地区分类，实施差别化管控措施，建立监测预警机制。水资源超载地区要制定并实施用水总量削减计划。到2020年，建立覆盖主要农作物、工业产品和生活服务业的先进用水定额体系。②严格用水全过程管理。严控水资源开发利用强度，完善规划和建设项目水资源论证制度，以水定城，以水定产，合理确定经济布局、结构和规模。2019年底，出台重大规划水资源论证管理办法。严格实行取水许可制度。加强对重点用水户、特殊用水行业用水户的监督管理。以县域为单位，全面开展节水型社会达标建设。③强化节水监督考核。逐步建立节水目标责任制，将水资源节约和保护的主要指标纳入经济社会发展综合评价体系，实施最严格水资源管理考核制度。到2020年，建立国家和省级水资源督察和责任追究制度。在这些政策的推动下，京津冀三地灌溉水有效利用系数分别为0.73、0.70和0.67，处于全国领先水平；钢铁、印染等高耗水行业用水量明显下降，工业用水利用率和非常规水资源利用率普遍提高，北京市再生水利用量占总用水量的26.6%。

在水价调整方面，近几十年来，京津冀逐步建立反映水资源稀缺程度和兼顾社会公平的水价方案。自1995年以来，北京市先后10余次上调了自来水的价格，居民自来水价格由原来的0.3元/m^3上调到目前的5元/m^3（第一阶梯水价）。2014年北京市发展和改革委员会发布《关于北京市居民用水实行阶梯水价的通知》，通知称自2014年5月1日起，全市实行阶梯水价，按年度用水量计算，将家庭全年用水量分为三档，水价分档递增。第一阶梯用水量不超过180 m^3，水价为5元/m^3；第二阶梯水价用水量在181～260 m^3，水价为7元/m^3；第三阶梯用水量为260 m^3以上，水价为9元/m^3。非居民水价同步上涨，平均价格由6.15元/m^3统一调为8.15元/m^3，并严格执行超定额累进加价，以促进产业结构的调整。特殊行业用户（如洗车业、洗浴业、纯净水业、高尔夫球场、滑雪场等）水价统一调整为160元/m^3。河北省自1995年来也多次上调城市自来水水价，但由于行政区域多、经济发展水平不均衡等，不同城市自来水价格定价机制不同，水价也存在差异。2002年河北省物价局发布《关于利用价格杠杆促进节约用水的意见》，明确提出要通过逐步提高水价达到补偿供水成本、节约用水的目标。2017年，河北省水利厅、河北省发展和改革委员会联合出台《河北省水资源消耗总量和强度双控实施方案（2016—2020年）》，方案提出加快推进城镇居民用水阶梯价格改革，2020年底前，县级以上城市全面实行居民用水阶梯水价制度。河北省还将差别水价加价行业范围扩大到所有行业的淘汰类和限制类生产装备用水，提高工业用水价格标准，逐步建立差别水价企业的纳入和退出机制。天津市自1997年来也调整自来水价格10余次，居民用水价格由0.68元/m^3调整为目前的4.90元/m^3（第一阶梯水价），非居民用水价格统一调整为7.85元/m^3，特殊行业水价为22.25元/m^3。不同水源、不行行业实现不同的水价，利用经济杠杆优化水资源需求。天津市还先后颁布了《天津市节约用水条例》和《天津市城市供水管理规定》等来改革水价机制，提倡居民节约用水。水价调节机制带来明显的节水效果，全市日用水指标由高峰时期的220万m^3下降到151.7万m^3。总的来说，提高水价是节约用水的重要手段，但居民生活用水属于刚需用水，居民自来水的定价还必须考虑城市居民的经济负担，特别是低收入群体的用水权益，体现社会公平原则。

京津冀在跨区域水生态补偿机制方面也取得了初步突破。京津冀共处同一生态系统，均属于海河流域，具有极为密切的水力联系。目前，密云水库和官厅水库是北京最为重要的水源地，这两个水库的来水区大多分布在河北。2005年，北京与河北张家口、承德分别成立了水资源环境治理合作协调小组，北京每年安排2000万元资金用于支持张家口和承德地区水资源保护项目，围绕水环境治理、农业节水、水源涵养等开展以工程项目建设为主要形式的跨区域水生态补偿协作实践。北京还与山西、河北建立了集中输水联动机制，截至 2018 年，已实施 16 次向北京地区集中输入，输水量超过 21 亿 m^3，对于缓解北京地区的水资源短缺发挥了重要的作用（杨志等，2021）。河北和天津在 20 世纪 80 年代就开通了引滦入津工程，极大地改善了天津城市用水短缺状况。然而，随着引滦入津上游地区经济社会的发展，特别是 2000 年以后水源地潘家口水库和大黑汀水库周边地区开始大规模网箱养鱼，引滦入津水质出现恶化。2017 年，天津和河北也正式签订《关于引滦入津上下游横向生态补偿的协议》，按照“利益共享，责任共担”的原则制定相关实施方案，开展流域水生态修复、水环境的治理、农业面源污染的防治等工作，确保引水水质水量达标。

在水权交易和水市场建设方面，中共中央、国务院印发了《生态文明体制改革总体方案》，要求探索地区间、流域间、流域上下游间、行业间和用水户间的水权交易方式，开展水权交易市场平台。近年来，水利部将水权改革作为全面深化水利改革的重要任务，从 2017 年 7 月开始，在全国 7 个省市自治区启动水权试点，为全国水权改革提供了可复制、可推广的经验作法。水资源确权主要包括四个步骤：明确区域用水总量控制目标，明确各行业水资源配置方案，明确各取水用户的可用水量，发放水权证书。2016 年，由水利部、北京市政府联合发起的国家级水资源交易平台（中国水权交易所）正式运营，标志着我国水权交易进入新的发展阶段。中国水权交易所建立全国统一的水权交易制度、交易系统和风险控制系统，运用市场机制和信息技术推动跨流域、跨地区、跨行业以及不同用水户的水权交易，充分发挥市场在水资源配置中的重要作用，促进水资源的合理配置和高效利用。中国水权交易所自开始运用以来，在北京、河北、山西等地促成了 31 笔水权交易，交易水量超过 11 亿 m^3。在制度建设方面，水利部出台《水权交易管理暂行办法》和《关于加强水资源用途管制的指导意见》，明确了水权交易的类型、程序和用途要求等。水利部还成立了水权交易监管办公室，负责组织指导和协调水权交易平台建设、运营及水资源监控计量监管，促进水权交易平台有序建设、规范运营和水市场平稳快速发展。河北省也出台了《河北省农业水权交易办法》和《河北省工业水权交易管理办法（试行）》，鼓励水权交易主体采取自主交易、委托交易、平台交易和政府回购等形式，开展水资源使用权交易，积极培育水权交易市场。

7.2 存在的问题

目前，京津冀水资源需求管理面临的问题主要包括以下几个方面。

（1）水资源一体化制度规划不到位，法律依据不充分。京津冀水资源可持续发展必须有统一有效的制度规范和规划布局作为指导。然而由于京津冀三地多年来都按照自身既定的发展目标制定规划，缺乏统一的具体规划，京津冀一体化协同的作用并没有得到充分发挥。统筹规划的缺失导致三地在水资源管理方面权责不明确，在水资源开发利用、目标方面存在分歧等问题。此外，水资源需求管理相关法律依据不充分。2020 年以前的相关法律法规有《中华人民共和国水法》、《中华人民共和国水污染防治法》、《中华人民共和国防洪法》和《中华人民共和国水土保持法》4 部法律，《取水许可和水资源费征收管理条例》、《城市节约用水管理规定》和《农田水利条例》3 部法规，以及《建设项目水资源论证管理办法》1 个部门规章。这些法律法规明显存在以下问题：①出台均早于党的十八大，当时基本就资源论资源、就环保论环保，未更多地将资源与经济社会发展联系起来。②有关规定比较空泛、缺乏抓手、难以落实，相互间存在规定不一致、执行不衔接的问题，已有部门规章法律效力较低。③体制关系不顺畅。水资源需求管理涉及水利、发改、住建、农业农村、工信、自然资源等多部门，部门间认识、措施往往不一致。④奖惩赏罚不严明。水资源需求管理需要严明的奖惩制度作支撑，但实际缺乏奖惩手段。

（2）“多龙治水”影响水资源的管理效率。与全国其他地区类似，京津冀地区水资源管理机构涉及部门众多，部门之间职能交叉多，不同部门的法规具有差异性或者冲突，各部门为了自身的利益进行单目标的规划管理，必然与水资源的多功能属性相矛盾，影响水资源管理的效率。在多元化的水务管理体制下，难以形成合力、统筹考虑各种水源，难以统一负责城乡水资源的开发、利用、治理、节约、保护和实现水资源的优化配置。

（3）水生态补偿机制有待完善。目前，京津冀跨区域的水生态补偿机制对中央财政过度依赖，一旦中央减少或取消投入，已建立的补偿机制难以为继。地方政府应通过市场博弈找到满足各方诉求的平衡点，为水生态补偿市场化运行提供服务和监督。另外，目前的水生态补偿形式过于单一（经济补偿），应拓宽水生态补偿的内涵，探索多种补偿机制，加快水生态补偿的立法，从法律层面明确补偿主体和对象以及不同利益方在水生态补偿中的责任与义务。

（4）民众节水意识不够，公众参与机制不健全。目前，社会节水意识不强，节水工作多依靠行政推动，公众自觉参与节水的意识和程度仍有待提高；现状节水投入多靠政府支持，节水市场化运行机制尚未形成，投资力度跟不上形势需求，迫切需要对水事务的管理体制和运行机制进行改革。

7.3 水资源需求预测与管理体系

7.3.1 水资源需求预测

需水量预测是水资源规划及管理的重要基础和重要依据，也是保证供水系统安全运行和科学管理的有效手段（袁树堂等，2014；郭泽宇和陈玲俐，2018）。影响区域需水量的因素很多，不同地区、行业、家庭的水需求函数和需求曲线是不同的。水资源需求管理本质上是分析哪些因素影响水资源的需求，它们的作用机理是怎样的，最终找到合适的解决方案。总的来说，驱动需水增长的因素有很多，归纳起来，主要为人口增长、经济发展、水价低廉、管理粗放等几个方面（图 7-1）。同时，水资源需求具有有限性和客观性，驱动需水增长各类因素具有阶段性，需水也不是无限制增长的，水资源需求受到水资源禀赋、水资源管理水平、水价、水市场以及节水和水管理水平等因素的制约。

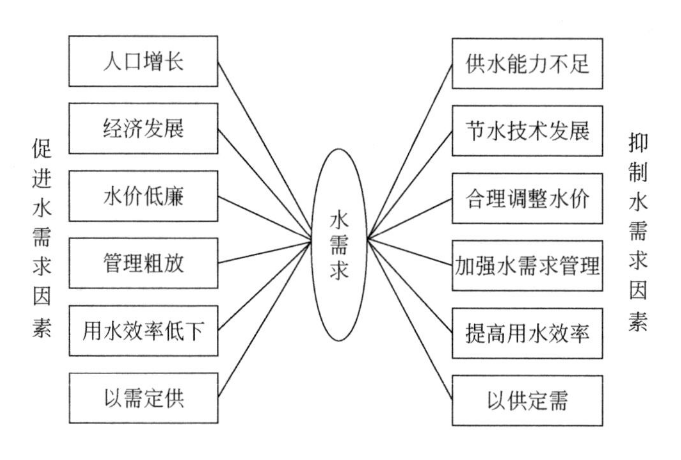

图 7-1　促进和抑制水需求的因素分析

需水量预测方法有很多，依据对数据处理方式的差异，需水量预测通常可分为时间序列法、结构分析法和系统分析法三大类（董颖和吴喜军，2013；刘春成等，2015）。时间序列法主要是根据需水量周期性或规律性的变化特征进行统计分析，进而构建预测模型。结构分析法是通过分析城市需水量与各种相关因素（如人口、产值、粮食产量和气候等）之间的联系，进而构建需水量和关联因素之间的统计模型进行需水量预测。系统分析法不追究个别因素的作用效果，削弱随机因素的影响，力求体现各因素对需水量规律的综合作用（秦欢欢等，2018）。上述三种方法都有自身的优势和不足，目前还无法建立一个确定性模型对区域用水系统的复杂性进行描述。相比于其他两类方法，时间序列法对需水系统外部复杂的影响因素进行简化，不需要对影响需水量的因素进行预测，只考虑历史用水量数据随时间内在变化规律，进而对整个系统的未来状态做出预测。该类方法比较符合需水量序列的特点，因而在需水量预测工作中应用较为广泛。常见的时间序列法包括年增长率法、移动平均法、人工神经网络法和自回归预测法等。目前，区域需水量预测通常仅限于单个方法，对多种预测方法的横向比较和优选研究很少（白鹏和龙秋波，2021）。本研究以京津冀地区为对象，分析了人工神经网络法在京津冀地区用水量预测中的适用性并对京津冀地区未来的年用水量进行预测，研究成果有助于促进京津冀地区水资源的管理和规划。

人工神经网络法具有自适应性、容错性以及强大的映射能力，能够大规模处理高度非线性复杂问题以及从大量的历史数据中进行训练，进而找出时间序列内在的变化的规律，因此被广泛用于区域用水量预测。但是，人工神经网络法内部参数较多，易陷入局部最优解。灰色预测法可以很好地解决这些问题。灰色理论是一种研究既包含已知信息又包含未知信息的系统理论与方法。该理论以“小样本”“离散”“无规律”的数据为主要研究对象，将杂乱无章的原始数据序列通过一定的处理方法，使之变为比较有规律的时间序列，能够较好地弱化数据序列的波动性并处理随机扰动因素。但是，灰色预测法缺乏自学习和自组织能力，尤其是在对复杂的非线性系统进行预测时，因非线性系统的数据随机性变化显著，会产生很大的误差。灰色人工神经网络充分利用了二者之间的差异性和互补性，发挥了各自的优势。二者相结合的方式是利用神经网络对灰色 GM（1，1）模型预测结果进行误差修正，从而构建神经网络模型和灰色 GM（1，1）模型的串联式组合模型。本研究用到的神经网络模型为 BP 模型，隐含层个数为 10。具体的计算步骤如下：①对时间序列进行归一化处理，建立 GM（1，1）模型；②基于 GM（1，1）模型进行时间序列的预测；③计算观测数据和预测数据的误差；④将模型预测误差序列作为神经网络模型的输入项，对网络进行训练，确定网络的权重和阈值，得到能够反映预测值误差关系的网络结构；⑤分别基于 GM（1，1）模型和神经网络模型预测下一时刻（$t+1$）的预测值及其偏差，二者之和即为 $t+1$ 时刻的预测值；⑥重复步骤④，得到 $t+2$，$t+3$，…，$t+n$ 时刻的预测值（n 是预测年数）。

我们收集了京津冀三地 1997～2018 年的用水量数据，用 1997～2014 年的用水量数据训练灰色神经网络模型，用 2015～2018 年的数据检验模型的预测效果。由图 7-2 可知，灰色神经网络模型能够很好地模拟京津冀用水量的年际变化，模型预测期的平均误差（Bias）分别为-2.2%、-3.1%和-0.8%。基于灰色神经网络模型，我们对京津冀三地 2019～2025 年的用水量进行了预测。模型训练数据均为 1997～2018 年的实际用水量数据。模型预测结果表明（图 7-3），未来几年，北京的用水量趋于平稳，将维持基准年（2018 年）的用水规模，年际波动很小，平均速率为 0.06 亿 m^3/a，2025 年的用水量为 39.7 亿 m^3。天津的用水量仍维持增加趋势，但增速明显放缓，平均速率为 0.17 亿 m^3/a，2025 年的用水量为 29.6 亿 m^3。河北的用水量则仍维持下降态势，平均速率为-0.80 亿 m^3/a，2025 年的用水量为 176.8 亿 m^3。需要指出的是，上述结果是模型基于各地长期的特别是最近几年的用水数据预测的。如果各地实施有别于以往的产业结构调整、农业和生活节水措施，用水预测的结果可能有一定的不确定性。

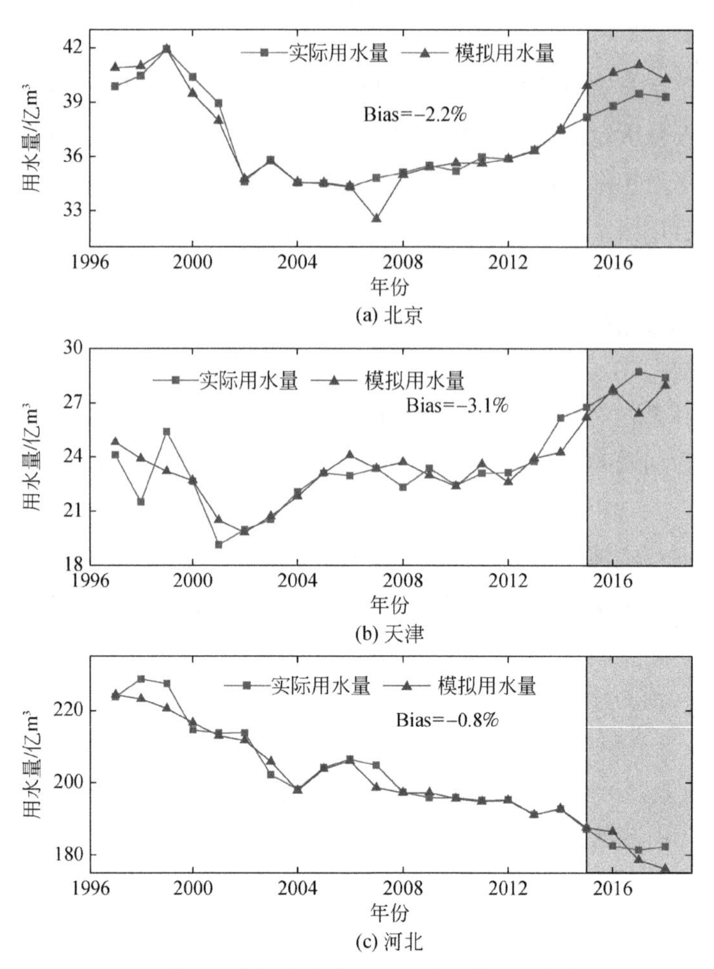

图 7-2　基于人工神经网络的京津冀三地用水量模拟（灰色表示验证期）

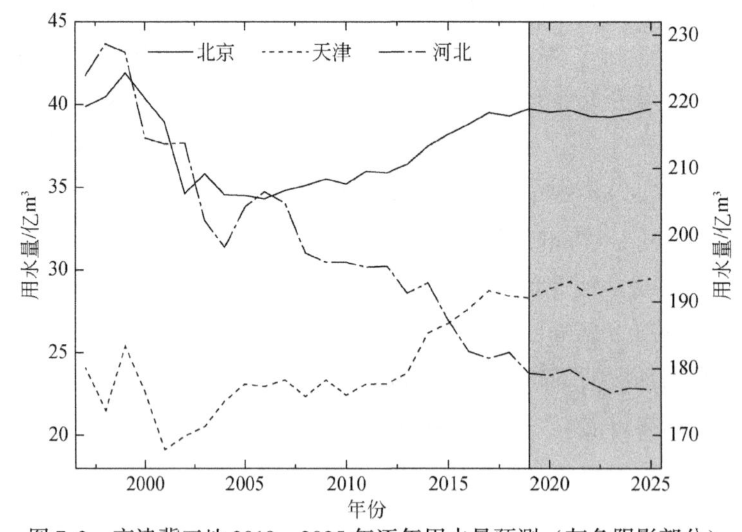

图 7-3　京津冀三地 2019 ~ 2025 年逐年用水量预测（灰色阴影部分）

7.3.2 水资源需求管理体系

城市水资源需求管理是由各地水资源管理部门根据当地的水资源状况，结合经济条件，依据取水定额开展用水管理。京津冀地区水资源需求管理实行省（直辖市）水行政主管部门与地方水行政主管部门的两级管理体系（图 7-4）。省（直辖市）水行政主管部门全面负责市水资源的总量控制与定额管理以及用水大户，并对地方水行政主管部门进行管理指导（李立群等，2009）。行业管理部门负责协助水行政主管部门对行业内的用水户进行监督管理以及提供相关信息。区县水行政主管部门负责本区县内的水量控制与定额管理，街道办事处协助水行政主管部门对区县用水户进行管理与监督。用户内部成立节水管理小组，形成有效的组织结构，制定规范的管理制度，加强对水资源的节约控制。

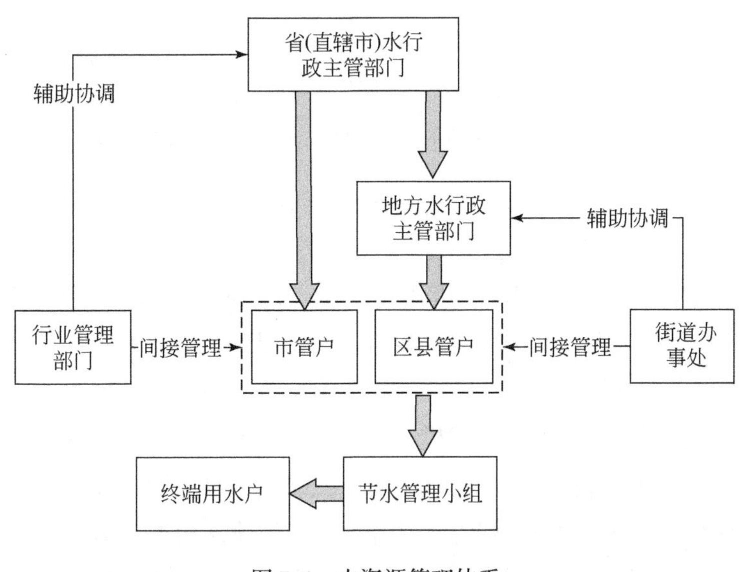

图 7-4　水资源管理体系

资料来源：李立群等，2009

在整个水需求管理体系中，从城市到行业至用户的水资源的合理配置过程大致如图 7-5 所示。水行政主管部门根据区域内水资源的状况，结合本地的经济社会条件以及产业结构制定本行政区域的年度水量分配方案、调度计划以及水资源紧缺情况下的水量调度预案。市发展和改革行政主管部门会同市水行政主管部门，根据取水定额、经济条件以及水量分配方案确定的可供本行政区域使用的水量，制定年度用水计划，对全市的年度用水实行总量控制。区县水行政主管部门根据市水行政主管部门下达的年度用水计划和有关行业用水定额，结合各行业用水的特征，核定本行政区域内用水单位的年度用水指标。特大用水单位和有特殊需要的用水单位的年度用水指标由市水行政主管部门核定。用水单位根据水行政主管部门分配的水指标，结合自身的用水构成，对用水进行合理分配，建立完善的台账制度，对各部门用水进行详细的监测统计，将用水的基本状况随时向主管部门进行反馈，保障用户内部与管理部门的信息畅通，进而提高水行政主管部门对用水配置的合理性及可操作性。

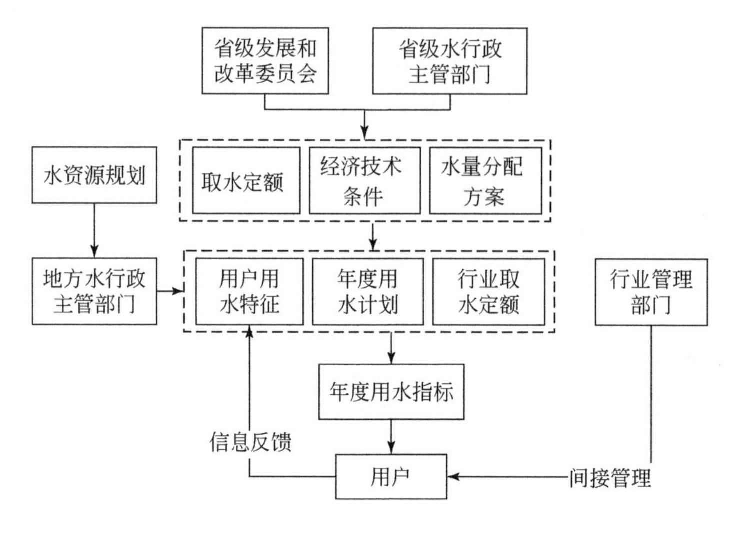

图 7-5　水资源需求管理流程

总体而言，京津冀水资源需求管理应树立“以人为本、人与自然和谐发展”的理念，对水资源进行合理开发、高效利用、综合治理、优化配置、全面节约、有效保护和科学管理，以水资源的可持续利用保障经济社会的可持续发展。要统筹考虑经济社会发展与水资源节约、水环境治理、水生态保护的有机结合，实行最严格的水资源管理制度，全面建设节水防污型社会，推动经济社会发展与水资源承载能力、水环境承载能力相协调。京津冀水资源需求管理还应健全和完善水资源立法并加大节水执法力度，运用法律手段规范和约束用水户用水行为，引导正确的用水理念，促进水资源的科学和规范管理。加快流域区域水资源管理体制改革的步伐，建立完善的地方之间分水和用水的民主协商和水管理部门之间的合作协调制度，鼓励跨行业、跨地区的利益者参与水管理。

7.4　适水发展下水资源需求管理对策

7.4.1　工程对策

从水利水务及信息化工程建设与制度管理非工程对策等出发，提出京津冀水资源需求管理对策框架，如图 7-6 所示。

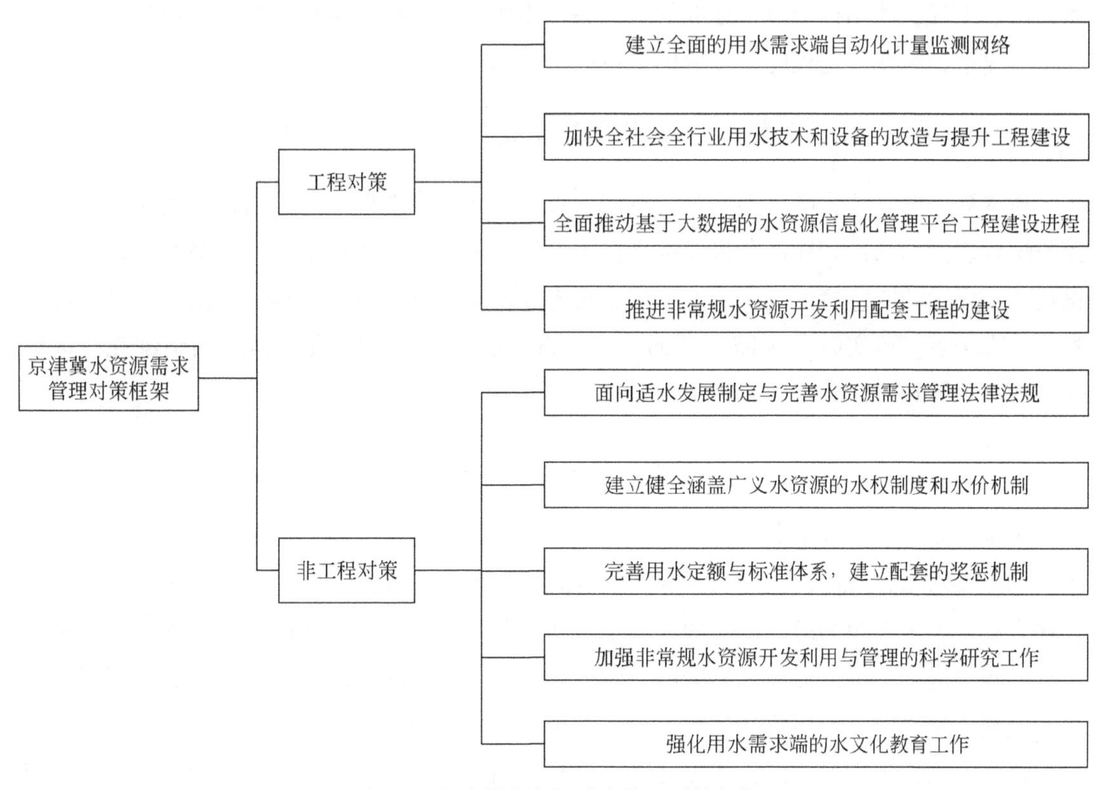

图 7-6　京津冀水资源需求管理对策框架

1. 建立全面的用水需求端自动化计量监测网络

以往的用水计量存在覆盖率低、稳定性差、人工投入大等问题，无法获得全面的第一手用水数据，导致水资源需求管理工作存在无据可依的困境，严重影响区域的可持续发展和适水发展。为此，需要开展用水计量器具的改造与提升工程，将传统机械水表替换为光电直读、超声波水表、NB-IoT（窄带物联网技术）智能水表等，构建用水自动化计量监测网络，实现对农业、工业、生活各类用水户用水量的自动实时计量、监测与传输，这是实现京津冀水资源需求管理的基础与前提。

2. 加快全社会全行业用水技术和设备的改造与提升工程建设

落后的用水方式、用水工艺、用水设备导致大量的水资源浪费，客观上增加了用水量，加大了水资源需求管理的难度和压力。为此，必须改进农业灌溉方式，全面推行采用喷灌、微灌等节水灌溉技术，开展农业灌溉渠道的防渗与护砌工作，减少水资源的无效浪费；淘汰落后的工业用水工艺与设备，加大工业用水的水循环利用率，减少新鲜水使用量，提升工业用水效率；开展机关、医院、高校、写字楼、商场等各类公共用水户的用水器具改造工程，使用符合节水标准的水龙头、小便斗、莲蓬头、热水器等。通过用水器具的全面改造，将在一定程度上降低用水户的水资源需求量。

3. 全面推动基于大数据的水资源信息化管理平台工程建设进程

用水数据的碎片化严重影响水资源需求管理的智能化进程。通过构建集成用水实时监控与统计、用水同比和环比分析、水耗报表统计、用水设备跟踪记录、分级管理设置、数据远传、显示功能、事件记录功能、用水报警等功能的省、市、区县、乡镇多级水资源信息化管理平台，可实时掌握需求端的用水情况，实现京津冀水资源需求的精细化、远程化、智能化管理。

4. 推进非常规水资源开发利用配套工程的建设

中水、海水、微咸水等广义水资源是重要的补充水源，根据需求端的实际水量水质要求，调控供水水源类型，也是水资源需求管理的一种重要方式。针对京津冀区域特点，对存在大量微咸水资源的河北，应加快制定微咸水开发利用规划，并推动微咸水净化与利用工程的建设进度；京津冀地区的唐山、沧州和天津等地海水资源丰富，目前实际利用量与可开发利用量之间的差距依然很大，远落后于国家大力开发利用淡化海水资源的举措，需要加快海水淡化工程的建设；津冀地区再生水利用空间很大，天津、河北两地对再生水资源的认识不够、缺乏再生水与常规水资源的统一规划，缺少相关政策、规定和法律的支持，导致无法发挥再生水的优势和资源效能，配套的再生水供应管道也不足。加快广义水资源利用配套工程的建设，将对京津冀水资源需求管理产生重大影响。

7.4.2 非工程对策

1. 面向适水发展制定与完善水资源需求管理法律法规

京津冀水资源需求管理的目标在于实现区域可持续发展与适水发展，需要建立统筹考虑经济、社会、生态环境的水资源管理法律法规，严格取水许可审批管理，坚决守住用水量、用水效率、限制纳污控制红线。水资源需求侧管理涉及水行政管理者、用水户及水经营者三方，在水资源管理实践中，不可避免会产生利益冲突，特别是在水资源总量刚性约束下，不同用水户之间的矛盾尤为突出，必须从如何有效抑制单位、个人、工业、农业、生活等各类用水户水资源需求的角度出发，提出取水、用水、节水的强制性管理办法，详细规定用水标准、节水技术规范、财政、贷款、税收、价格等方面的鼓励性条款（郑连生，2012），并对各方在节水效益的分配上进行协调，以法律手段保障各方合法权益，约束不正当行为。

2. 建立健全涵盖广义水资源的水权制度和水价机制

水权是对特定时空区域内的一定数量的水资源的所有权、配置权、提取权和使用权，明晰水权是有效开发利用与保护水资源，进行水资源需求管理的基础。面向适水发展，水资源不再局限于传统的地表水和地下水，还包括雨水、再生水、海水、云水等非常规水资源，需要加强广义水资源的水权制定、水市场方面的研究工作，借鉴国际社会成功经验，结合京津冀各分区的经济社会、水资源特色，制定出一套涵盖广义水资源的行之有效的水权交易制度。通过水权交易，实现水资源在不同地区、行业之间的合理调配，提高水资源利用综合效益，实现京津冀可持续发展。

水价是调控水资源需求的重要手段，可以有效抑制不合理的用水需求。需要针对不同类型的水资源、不同种类的用水户，围绕供给、使用和排放环节，制定全流程的水价调控机制，在兼顾社会公平的基础上，使水价能真正反映出水资源的稀缺性、经济价值。建立广义水资源价值核算体系，加强水资源供给的成本控制，适度提高水价中的污水处理费和水资源费，构建以供需关系为导向的水价机制。

3. 完善用水定额与标准体系，建立配套的奖惩机制

用水定额与标准是实行水资源需求管理的依据，合理的奖惩制度是落实法律法规、定额标准的有效手段。面向适水发展，针对京津冀区域水资源、经济、社会、生态环境的特点，制定符合区域特色，保障区域协同与可持续发展的农业、工业、生活等各级各类的用水定额与标准体系；通过用水户实际用水与定额的比较分析，建立奖励与惩处制度，对节约用水的用水户进行经济与荣誉的奖励，对用水浪费严重的用水户，特别是工业企业、机关单位等用水量大或本应起到标杆作用的用水户进行罚款、通报批评等。

4. 加强非常规水资源开发利用与管理的科学研究工作

非常规水资源是适水发展的重要研究对象，目前，对土壤水、凝结水、微咸水、云水等非常规水资源的开发利用技术与管理理论等方面还存在一定的不足，无法充分发挥广义水资源在实现区域可持续发展中的作用。为此，京津冀区域需要从政府层面，加大各地区特色非常规水资源研发项目的经费投入，设立科技专项，吸引国内高端人才开展针对本区域广义水资源的理论与技术的创新性研究（郑勇等，2016）。

5. 强化用水需求端的水文化教育工作

水资源需求管理核心在于对水资源需求端用水户的管理，用水户本质上是由个人、家

庭、集体等不同规模的人群所组成的，因此对用水户的水情、节水、适水教育是落实水资源需求管理的重要举措。应利用各种媒体进行宣传，树立全民的节水意识，针对农民、机关、工人、居民等不同类型的用水户，编制与印刷有针对性的节水宣传教育手册，录制节水宣传小视频；开展知识竞答、互动活动等参与式的宣教活动，提高各类用水户的节水认同感。

7.4.3 提升水资源利用效率的途径

由于京津冀所处的地理位置不同，其自然资源禀赋各有差异，加之经济社会发展水平不一，就用水量的空间分布而言，河北的用水规模最大，占京津冀地区用水总量的73%。在京津冀地内，北京、天津两地的水资源偏少，加之两地城市发展用水量日益增大，水资源供求矛盾更加突出，京津冀日益增长的需水量导致京津冀的用水压力越来越大，提高京津冀用水效率是缓解京津冀水资源短缺问题从而实现可持续利用的关键，是京津冀协同发展的重要内容。

根据我们的研究以及对目前他人研究成果的总结，提出如下提升水资源效率的途径。

1. 减少用水规模

将京津冀作为一个整体来看，在近16年内总用水量约减少了7.7%，从269.3亿m^3下降到248.5亿m^3，下降速度约为每年0.86亿m^3。与京津冀水资源总量相比，京津冀地区大部分年份的水资源量都无法满足用水需求。这意味着京津冀地区将高度依赖水库等水利基础设施来储存地表水，以缓解地下水超采和其他区域的调水。

京津冀三地的产业结构具有典型的地域差异，河北是农业大省，第一产业占据主导地位，农业用水占据较大的比重，农业节水是提高河北水资源利用效率的最重要途径。农业用水一直是河北主要的用水大户，占总用水量的70%以上，但在过去16年里河北农业用水量有明显的下降，从160亿m^3下降至140亿m^3，但农业用水比重仍在70%以上（武猛等，2015；栗清亚等，2020），农业用水依旧是河北的主导产业用水。然而在灌溉方式上，河北农业传统渠道输水灌溉形式还占主体，滴灌、喷灌等方式还没有大范围使用，如春小麦通常要灌溉4次，传统灌溉方式用水量大、失水量大、效率低（张玲玲等，2019），灌溉用水利用率只有0.4（郭彦涛，2020）。因此，减少河北农业用水的消耗，发展农田节水渠道防渗，推广低压管道输水灌溉、喷灌、滴灌等节水技术，调整用水模式，转变用水方式，从粗放式用水向节约型用水转变是重要调控手段。

北京、天津则分别在第三、第二产业上优势突出，在过去16年里北京工业用水量和农业用水量逐渐减少，城市用水量呈增加趋势。与北京明显不同，天津农业用水量变化不大，在 10.0 亿～14.1 亿 m^3范围内波动，工业用水量波动减少后缓慢增多，城市用水量呈增加趋势（孙艳芝等，2015；栗清亚等，2020）。北京、天津的用水结构逐渐调整，北京生活用水逐渐成为主要用水部门，天津农业仍是用水大户，农业用水约占总用水量的50%，工业是仅次于生活和生态环境的第二大用水大户，京津的总用水量呈逐年增加的趋势。与水资源总量相比，社会经济用水需求逐年迅速增长，长此以往难以支撑城镇化和经济社会发展的自由（鲍超和贺东梅，2017），因此，调整用水规模，优化高耗水行业结构和布局，依据京津冀水资源承载力，合理控制用水规模和发展规模，实现人水和谐发展，是提高京津冀水资源利用效率的重要途径。

2. 调整城市群产业结构，以水定产

京津冀城市群产业发展的规模、结构与用水总量、用水结构、用水效率密切相关，随着城市发展规模的扩大和人口聚集，社会用水结构也在变化，在水资源与生态环境约束下，提高京津冀水资源用水效率必须开展产业结构调整，发展低耗水产业，控制高耗水产业发展，积极发展节水型产业，严格控制耗水产业在缺水地区的发展，优化用水结构，限制高耗水建设项目，促进京津冀水资源合理配置，构建可持续经济体系。

根据 2015 年国务院发布的《水污染防治行动计划》，将电力、钢铁、纺织、造纸、石油石化、化工、食品发酵等行业列为高耗水行业，华北地区耗水行业产值占全国的份额高达 17%，产业布局与区域水资源承载能力不相吻合（赵晶等，2015；倪红珍等，2017）。我们的调查数据显示，截至 2021 年 3 月，京津冀地区仍有 6400 余家企业是高耗水行业。因此，要依据京津冀的水资源和用水水平，并综合考虑经济社会因素，合理确定产业发展的类型与规模，制定高耗水行业的水资源准入制度和退出机制，并将其纳入国民经济发展规划，作为各级发展和改革部门审批项目的重要依据。在制定京津冀产业协同发展战略及相关政策时，要根据水资源条件鼓励北京、天津发展高附加值的工农业与高端服务业，控制甚至禁止发展高耗水行业，部分行业可引导向周边或沿海城市疏解。而农业用水比重较高的石家庄、保定、衡水、邢台、邯郸、沧州、张家口等城市，一方面要加快工业化和城镇化进程；另一方面要调整种植业规模与结构，大力发展高效节水农业，最终实现节水高效发展。

3. 调整农业生产结构

不同农作物的耗水量存在很大差异，有的农作物耗水量很大，有的农作物耗水相对较少，因此，通过调整和优化农业生产结构，减少耗水量大的农作物种植面积，实现节约农业用水。

河北是我国蔬菜主产区之一，长期消耗大量水资源种植蔬菜，地方标准《农业灌溉用

水定额》技术资料显示，河北一些地方蔬菜净灌溉定额为3750～6000 m^3/hm^2，甚至高于水资源丰沛的南方蔬菜种植优势区域（王秀鹃和胡继连，2019；黄绍琳等，2020）。小麦是耗水量较大的旱地农作物。河北的小麦种植面积为237.34万hm^2，约占全国小麦种植总面积的10%（王秀鹃，2019）。河北农业用水占用水量的70%以上，冬小麦生长期正值旱季，小麦生产的灌溉水成为农业耗水的主要来源，由于地表水资源缺乏，消耗了大量的地下水资源，河北承担了巨大的用水压力。因此，调整农业生产结构，缩减高耗水蔬菜、小麦的种植面积，增加和鼓励低耗水作物的种植，适当发展经济效益较大的作物（韩宇平等，2019），提高农作物生产布局与水资源禀赋的拟合度，可以减少河北用水总量，有效缓解缺水压力，提高水资源利用效率。

4. 城镇通过管网改造提高供水效率

根据《城镇供水管网漏损控制及评定标准》（CJJ 92—2016）中的规定，城市供水企业管网漏损率不应大于12%。整个北京市自来水管网老化情况非常严重，随着使用年限的增加，管道老化漏水现象更加严重（陈求稳等，2008）。2011年以后北京对城市管线进行了改造，并在城市核心区、重要部位的供水管线上安装了电子漏水监测记录仪，管网漏损率的上升趋势有所缓解，但是漏损水量仍在增加。京津冀目前供水管网漏损率分别为16.2%、13.3%、16.4%（秦长海等，2021）。有研究认为，中型城市在考虑投资经济性条件下，合理的漏损率水平为8.5%。工业供水管网漏损率与管网年限、材质、管理水平有关，综合考虑京津冀现状供水管网漏损状况，在考虑经济合理的状况下，工业供水管网漏损率极限值为8.8%。在预期供水管网漏损率的条件下，京津冀工业和城镇生活因管网漏失率降低而产生的节水潜力合计为1.48亿m^3（王瑛，2020；秦长海等，2021）。

因此，供水企业需要挖掘潜力，减少漏水量，供水企业要在做好地下供水管网调查的基础上，加强管网更新、改造。同时要建立一支技术过硬、科技含量高、反应快速的查漏队伍和管理挖掘队伍，从而减少水的消耗率。通过城市供水管网改造，降低管网漏损率，提高输配水效率和供水效益制定科学的管网更新改造计划，优化管网布局，实行区块化供水是降低电耗、降低漏耗、提高供水效益的重要途径。

5. 大力提倡生活节水

河北省水利厅、河北省发展和改革委员会在2018年联合制定《河北省节水行动实施方案》，方案提出强化水资源消耗总量和强度指标刚性约束，突出抓好农业、工业、城镇节水，深化体制机制技术创新，加快用水方式向节约集约转变，提高用水效率。21世纪以来，随着北京、天津、唐山等经济增长的带动和全区用水产业结构的调整，京津冀地区生活用水年均增长率为2%，截至2015年底，工业、农业与生活用水比例为14∶63∶23，生活用水占比仅次于农业用水（海霞等，2018）。河北省机关事务管理局、河北省水利厅联合印发了《河北省节水型机关建设实施方案》，方案明确指出通过开展节水型机关建设活动，把全省各级党政机关建成“节水意识强、节水制度完备、节水器具普及、节水标准先进、监控管理严格”的标杆单位，充分利用多种措施宣传推广，示范带动全社会节约用水。

经济合作与发展组织（Organization for Economic Co-operation and Development，OECD）的研究表明，在德国用每次冲水量 6 L 水的便器替代每次冲水量 12 L 水的便器，并配合相应的用水器具使用法规与标准，使冲厕用水占居民用水量的比例从 1976 年的 42% 下降到 1997 年的 35%（张西漾，2010）。因此，通过安装使用节水型生活供水器具，推行节水型用水器具，可以有效地提高生活用水节水效率、降低浪费，杜绝滴漏现象的发生，对缓解城市用水供需矛盾，合理利用有限的水资源有重要意义（摆富兰等，2020）。

6. 提高水的重复利用率

随着产业结构持续调整、工业节水技术进一步普及、节水管理手段日益完善，京津冀用水效率与效益显著提升，处于全国先进水平，但用水粗放、供需矛盾突出等问题仍然存在，需要进一步推动节水工作的精细化管理。2020 年，北京市出台了《北京市百项节水标准规范提升工程实施方案（2020—2023 年）》，正式启动百项节水规范提升工程，制定了北京市节水标准系统及其结构体系，将有效推动落实节水标准规范的实施。

2019 年工业和信息化部、水利部、科学技术部、财政部联合发布了《京津冀工业节水行动计划》，计划指出，通过推广节水技术工艺、打造节水型工业体系，力争到 2022 年，京津冀万元工业增加值用水量（新水取用量，不包括企业内部的重复利用水量）下降至 10.3 m^3 以下，规模以上工业用水重复利用率达到 93% 以上，年节水 1.9 亿 m^3。

推广并使用“中水处理系统”“家庭水循环再生系统”“城市污水处理系统”，坚持推广一水多用、循环利用、中水回用等措施，充分进行污水回收、处理与再利用，提高水的重复利用率，对于水资源可持续利用以及社会可持续发展有着巨大的意义。

7. 加强非常规水的利用

在节水达到极限条件下，增加水源也是提高水资源利用效率途径。海水淡化是实现水资源利用的开源增量技术，可以为沿海地区提供稳定的市政供水与工业用水。天津地区应当加强海水的利用。随着城镇化的发展，京津冀有限的淡水资源无法满足日益增长的用水需求，虽然“南水北调”工程在一定程度上解决了京津冀地区水资源短缺问题，但是引水工程的成本已经超出了预期成本（张明宇等，2019），高于 7.66 元/m^3 左右的海水淡化成本。京津冀地区毗邻渤海，为海水淡化的进行提供了有利条件，以渤海依托，可以按需生产，可以为京津冀地区提供市政用水、环境用水等。从制水成本和地理位置来看，海水淡化可望联立“南水北调”来解决京津冀地区水资源短缺问题 。

另外，还要推广海绵城市建设理念，加强城市雨水的利用。受人类活动和气候变化影响，自20世纪80年代以来，京津冀地区的水资源呈现出逐渐衰竭趋势，自20世纪60年代以来，京津冀地区降水量呈减少趋势，平均每10年减少11.6 mm，20世纪60~70年代平均降水量为540 mm，20世纪80年代平均降水量为520 mm，20世纪90年代平均降水量为510 mm，21世纪以来平均降水量为503 mm（李鹏飞等，2015）。在严重缺水的京津冀地区，稀少的雨水资源更加可贵，加强城市雨水的利用，可以在一定程度上缓解缺水问题（肖开冬，2021）。

8. 通过生物措施，选育高水分利用效率品种

水资源利用效率是指单位产品或单位产值的用水量，在控制耗水的条件下，可以通过提高产量，进而提高水资源利用效率。作物水分利用效率的大小由产量和蒸散量共同决定，不同抗旱品种在水分胁迫下的光合速率与水分利用效率的关系及其抗旱能力有显著的差异，选育水分利用效率高的品种，是提高京津冀农作物产量和水分利用效率的重要途径（张凯，2016；黄桂荣，2020）。可通过改进育种、栽培技术，培育出耐旱、高产、稳产的新品种，采取节水栽培管理，适当地减少浇水次数，充分地提高水资源的利用率。

参考文献

白鹏，刘昌明．2018．北京市用水结构演变及归因分析．南水北调与水利科技，16（4）：1-6，34．

白鹏，龙秋波．2021．3种用水量预测方法在京津冀地区的适用性比较．水资源保护，37（2）：102-107．

摆富兰，刘晶茹，李亮．2020．节水型卫生器具的研究进展．大众科技，22（253）：43-45．

鲍超，贺东梅．2017．京津冀城市群水资源开发利用的时空特征与政策启示．地理科学进展，36（1）：58-67．

曹飞．2017．中国省域城镇化与用水结构的空间库兹涅茨曲线拟合与研判．干旱区资源与环境，31（3）：8-13．

曹惠提，郭艳，张会敏．2007．黄河流域水资源需求管理初探．南水北调与水利科技，（2）：81-83．

曹建廷，李原园，张文胜，等．2004．农畜产品虚拟水研究的背景、方法及意义．水科学进展，15（6）：829-834．

曹涛，王赛鸽，陈彬，等．2018．基于多区域投入产出分析的京津冀地区虚拟水核算．生态学报，38（3）：788-799．

常诚．2018．京津冀区域间虚拟水贸易研究．天津：天津财经大学硕士学位论文．

陈佳贵，黄群慧，钟宏武，等．2007．中国工业化进程报告（2007）．北京：中国社会科学出版社．

陈龙，方兰．2018．水资源需求管理与水资源软路径对比研究．中国水利，（15）：24-27．

陈求稳，曲久辉，刘锐平，等．2008．北京市供水管网的老化漏失规律模型研究．中国给水排水，24（11）：52-56．

陈威，杜娟，常建军．2018．武汉城市群水资源利用效率测度研究．长江流域资源与环境，27（6）：1251-1258．

陈延斌，陈才．2011．改革开放以来吉林省产业结构演进特征分析．地理与地理信息科学，27（5）：55-59．

程国栋．2003．虚拟水——水资源安全战略的新思路．中国科学研究院院刊，（4）：260-265．

邓履翔，陈松岭．2009．水资源需求管理研究分析与实施建议．水资源与水工程学报，20（6）：77-83，87．

邓履翔．2011．城市水资源可持续利用研究．长沙：中南大学博士学位论文．

董微微，谌琦．2019．京津冀城市群各城市的区域发展结构性差异与协同发展路径．工业技术经济，38（8）：41-48．

董颖，吴喜军．2013．陕北地区供用水结构变化及需水量预测．水资源与水工程学报，24（3）：130-134．

窦明，王艳艳，李胚．2014．最严格水资源管理制度下的水权理论框架探析．中国人口·资源与环境，

24（12）：132-137.
杜朝阳，于静洁. 2018. 京津冀地区适水发展问题与战略对策. 南水北调与水利科技，16（4）：17-25.
杜传忠，王鑫，刘忠京. 2013. 制造业与生产性服务业耦合协同能提高经济圈竞争力吗？——基于京津冀与长三角两大经济圈的比较. 产业经济研究，67（6）：19-28.
杜依杭，王钧，鲁顺子，等. 2019. 城市化背景下中国虚拟水流动空间变化特征及其驱动因素研究. 北京大学学报（自然科学版），55（6）：1141-1151.
甘泓，王浩，罗尧增，等. 2002. 水资源需求管理——水利现代化的重要内容. 中国水利，（10）：66-68.
高海燕，李王成，李晨，等. 2020. 宁夏主要农作物生产水足迹及其变化趋势研究. 灌溉排水学报，39（3）：110-118.
郭唯，左其亭，马军霞. 2015. 河南省人口-水资源-经济和谐发展时空变化分析. 资源科学，37（11）：2251-2260.
郭晓东，刘卫东，陆大道，等. 2013. 节水型社会建设背景下区域节水影响因素分析. 中国人口·资源与环境，23（12）：98-104.
郭彦涛. 2020. 河北涉县水资源利用及对策浅析. 陕西水利，9（9）：41-42.
郭泽宇，陈玲俐. 2018. 城市用水量组合预测模型及其应用. 水电能源科学，36（1）：40-43.
海霞，李伟峰，韩立建. 2018. 城市群城乡生活用水效率差异分析. 水资源与水工程学报，29（2）：27-33.
韩宇平，雷宏军，潘红卫，等. 2011. 基于虚拟水和广义水资源的区域水资源可持续利用评价. 水利学报，42（6）：729-736.
韩宇平，李新生，黄会平，等. 2018. 京津冀作物水足迹时空分布特征及影响因子分析. 南水北调与水利科技，16（4）：26-34.
韩宇平，曲唱，贾冬冬. 2019. 河北省主要农作物水足迹与耗水结构分析. 灌溉排水学报，38（10）：121-128.
贺东梅. 2017. 水资源约束下京津冀城市群合理发展规模研究. 北京：中国科学院大学硕士学位论文.
胡迺武. 2017. 三次产业演进规律与我国产业结构变动趋势. 经济纵横，（6）：15-21.
黄德林，胡志超，齐冉. 2011. 美国调水工程环境保护政策及其对我国的启示. 湖北社会科学，（5）：57-60.
黄桂荣. 2020. 冬小麦品种间水分利用效率差异及其关键影响因素分析. 北京：中国农业科学院博士学位论文.
黄会平，李新生，韩宇平，等. 2019. 京津冀居民膳食虚拟水消费差异及影响因素分析. 南水北调与水利科技，17（2）：20-28.
黄绍琳，鲁春霞，刘一江. 2020. 张家口市高耗水农作物种植结构及需水量时空格局变化. 草业科学，37（7）：1293-1301.
黄永基，陈晓军. 2000. 我国水资源需求管理现状及发展趋势分析. 水科学进展，11（2）：215-220.
贾绍凤，张士锋，杨红，等. 2004. 工业用水与经济发展的关系——用水库兹涅茨曲线. 自然资源学报，

19（3）：279-284.

姜蓓蕾，耿雷华，徐澎波，等. 2011. 我国水资源管理实践发展及管理模式演变趋势浅析. 中国农村水利水电，(10)：66-69.

姜东晖. 2010. 农用水资源需求管理价格机制研究. 山东社会科学，184（12）：69-72.

姜东晖. 2011. 农用水资源需求管理研究：一个综述. 山东农业大学学报（社会科学版），13（1）：14-17.

姜秋香，巩书鑫，仇志强，等. 2018. 粮食增产期黑龙江省农业水土资源时空匹配格局研究. 南水北调与水利科技，16（4）：160-168.

康绍忠. 2019. 贯彻落实国家节水行动方案推动农业适水发展与绿色高效节水. 中国水利，(13)：1-6.

雷鸣 . 2005. 天津市 21 世纪中叶人口发展趋势预测 . 理论与现代化，(5)：69-72.

雷社平，解建仓，阮本清. 2004. 产业结构与水资源相关分析理论及其实证. 运筹与管理，13（1）：100-105.

黎福贤. 1985. 京津唐国土规划纲要研究. 城市规划，(2)：21-28，30.

李红颖，秦丽杰，杨婷. 2018. 吉林省水稻生产水足迹时空分异研究. 华北水利水电大学学报（自然科学版），39（2）：32-39.

李九一，李丽娟. 2012. 中国水资源对区域社会经济发展的支撑能力. 地理学报，67（3）：410-419.

李立群，蒋艳灵，陈远生，等. 2009. 城市水资源需求管理的信息过程研究——以北京市第三产业取水定额管理为例. 资源科学，31（10）：1722-1729.

李宁，张建清，王磊. 2017. 基于水足迹法的长江中游城市群水资源利用与经济协调发展脱钩分析. 中国人口 · 资源与环境，27（11）：202-208.

李鹏飞，刘文军，赵昕奕. 2015. 京津冀地区近 50 年气温、降水与潜在蒸散量变化分析. 干旱区资与环境，29（3）：137-143.

李新生，黄会平，韩宇平，等. 2019. 京津冀农业虚拟水流动及对区域水资源压力影响研究. 南水北调与水利科技，17（2）：40-48.

李怡涵. 2015. 1985～2010 年中国省际人口迁移的空间区域分布特征及影响因素研究. 兰州：兰州大学博士学位论文.

栗清亚，裴亮，孙莉英，等. 2020. 京津冀区域产业用水时空变化规律及影响因素研究. 生态经济，36（10）：141-159.

廖显春，夏恩龙，王自锋. 2016. 阶梯水价对城市居民用水量及低收入家庭福利的影响. 资源科学，38（10）：1935-1947.

刘春成，曾智，庞颖. 2015. 城市需水量预测方法比较. 水资源保护，31（6）：179-183.

刘凤珍. 2013. 资源约束条件下中国区域经济的发展路径研究. 特区经济，(2)：78-79.

刘刚，沈镭. 2007. 1951～2004 年西藏产业结构的演进特征与机理. 地理学报，62（4）：364-376.

刘宁. 2016. 基于水足迹的京津冀水资源合理配置研究. 北京：中国地质大学（北京）博士学位论文.

刘淑静，王静，邢淑颖，等. 2018. 海水淡化纳入水资源配置现状及发展建议. 科技管理研究，38（17）：233-236.

刘小勇，吴普特. 2000. 雨水资源集蓄利用研究综述. 自然资源学报，15（2）：189-193.
刘晓霞，解建仓. 2011. 山西省用水结构与产业结构变动关系. 系统工程，29（4）：45-52.
刘作丽，贺灿飞. 2007. 京津冀地区工业结构趋同现象及成因探讨. 地理与地理信息科学，23（5）：62-66，76.
龙学智，刘苏峡，莫兴国，等. 2019. 基于Copula的京津冀平原作物水分利用效率驱动因子分析. 中国生态农业学报，17（12）：1833-1845.
鲁金萍，刘玉，杨振武，等. 2015. 京津冀区域制造业产业转移研究. 科技管理研究，35（11）：86-89，94.
鹿新高，庞清江，邓爱丽，等. 2010. 城市雨水资源化潜力及效益分析与利用模式探讨. 水利经济，28（1）：1-4，75.
路洁，刘晶，刘明阳，等. 2020. 近55年京津冀地区降水多尺度分析. 水利水运工程学报，（6）：23-31.
罗吉. 2004. 西部地区产业结构转换能力比较的实证研究. 重庆大学学报（社会科学版），10（2）：11-14.
孟令爽，唐德善，史毅超. 2018. 基于主成分分析法的城市人水和谐度评价. 水资源与水工程学报，29（1）：93-98.
倪红珍，赵晶，陈根发，等. 2017. 我国耗水工业用水效率区域差异与布局调整建议. 中国水利，（15）：1-5.
秦长海，赵勇，李海红，等. 2021. 区域节水潜力评估. 南水北调与水利科技（中英文），19（1）：36-42.
秦欢欢，赖冬蓉，万卫，等. 2018. 基于系统动力学的北京市需水量预测及缺水分析. 科学技术与工程，18（21）：175-182.
邱灵，方创琳. 2013. 北京市生产性服务业空间集聚综合测度. 地理研究，32（1）：99-110.
阮本清，张春玲，黄明聪. 2003. 浅论水资源需求管理中的经济措施. 中国水利水电科学研究院学报，1（1）：58-64.
商玲，李宗礼，于静洁. 2013. 宁波市用水结构分析. 水利水电技术，44（9）：12-16.
宋进喜，李怀恩，李琦. 2003. 城市雨水资源化及其生态环境效应. 生态学杂志，22（2）：32-35.
孙才志，刘淑彬. 2017. 中国膳食水足迹区域差异及驱动因素分析. 人民黄河，39（9）：39-45，50.
孙才志，马奇飞，赵良仕. 2018. 中国东、中、西三大地区水资源绿色效率时空演变特征与收敛性分析. 地理科学进展，37（7）：901-911.
孙才志，马奇飞，赵良仕. 2020. 基于GWR模型的中国水资源绿色效率驱动机理. 地理学报，75（5）：1022-1035.
孙才志，谢巍. 2011. 中国产业用水变化驱动效应测度及空间分异. 经济地理，31（4）：666-672.
孙才志，张蕾. 2009. 中国农产品虚拟水-耕地资源区域时空差异演变. 资源科学，31（1）：84-93.
孙久文，姚鹏. 2015. 京津冀产业空间转移、地区专业化与协同发展——基于新经济地理学的分析框架. 南开学报（哲学社会科学版），（1）：81-89.

孙思奥，郑翔益，刘海猛. 2019. 京津冀城市群虚拟水贸易的近远程分析. 地理学报，74（12）：2631-2645.

孙艳芝，鲁春霞，谢高地，等. 2015. 北京城市发展与水资源利用关系分析. 资源科学，37（6）：1124-1132.

谈国良. 1992. 国外水资源需求管理述评. 人民黄河，(8)：46-48.

田贵良，李娇娇，李乐乐. 2019. 基于多区域投入产出模型的长江经济带虚拟水流动格局研究. 中国人口·资源与环境，29（3）：81-88.

田贵良，王希为. 2018. 农产品贸易驱动下中国与湄公河沿岸国家的虚拟水流动关系研究. 华北水利水电大学学报（自然科学版），39（2）：16-23.

汪恕诚. 2009. 人与自然和谐相处——中国水资源问题及对策. 北京师范大学学报（自然科学版），45（Z1）：441-445.

王大鹏，吴文良，顾松东，等. 2013. 华北高产粮区基于种植制度调整和水氮优化的节水效应. 农业工程学报，29（2）：1-8.

王舒容 . 2013. 天津市人口发展趋势预测 . 天津：天津理工大学硕士学位论文 .

王四国. 2009. 欧洲水资源需求管理策略. 水利水电快报，30（11）：1-2，9.

王秀鹃，胡继连. 2019. 中国农业空间布局与农业节水研究. 山东社会科学，(2)：130-136.

王秀鹃. 2019. 农业节水的路径组合与绩效研究. 泰安：山东农业大学博士学位论文.

王雪梅. 2015. 南水北调河北省受水区需水预测与水资源配置研究. 北京：中国水利水电科学研究院硕士学位论文.

王雪妮. 2014. 基于区域间投入产出模型的中国虚拟水贸易格局及趋势研究. 管理评论，26（7）：46-54.

王瑛. 2020. 浅议节水型城市建设. 智城建设，(19)：27-28.

王勇，肖洪浪，佟玉凤，等. 2009. 干旱区社会经济系统水循环研究初探. 干旱区研究，26（4）：477-482.

王振坡，张颖，翟婧彤，等. 2016. 京津冀城市群城市规模分布演进机理研究. 北京联合大学学报（人文社会科学版），14（2）：41-48.

吴丹. 2018. 京津冀地区产业结构与水资源的关联性分析及双向优化模型构建. 中国人口·资源与环境，28（9）：158-166.

吴普特，卓拉，刘艺琳，等. 2019. 区域主要作物生产实体水-虚拟水耦合流动过程解析与评价. 科学通报，64（18）：1953-1966

武江民，党国锋，石培基. 2011. 50 多年来甘肃省产业结构时空演变研究. 干旱区资源与环境，25（1）：1-6.

武猛，程伍群，吴现兵. 2015. 河北省用水结构变化规律及其影响因素研究. 河北农业大学学报，38（4）：121-219.

武占江，韩曾丽，赵蕾霞，等. 2021. 京津冀协同发展研究态势和热点分析. 经济与管理，35（3）：31-38.

席强敏，李国平. 2015. 京津冀生产性服务业空间分工特征及溢出效应. 地理学报，70（12）：1926-1938.
夏军，张永勇，王中根，等. 2006. 城市化地区水资源承载力研究. 水利学报，37（12）：1482-1488.
肖国兴. 2004. 论中国水权交易及其制度变迁. 管理世界，(4)：51-60.
肖开冬. 2021. 雨水集蓄利用理论及实用意义探究. 中国设备工程，(7)：10-11.
闫萍，尹德挺，石万里. 2019. 新中国70年北京人口发展回顾及思考. 社会治理，41（9）：47-53.
颜明，贺莉，孙莉英，等. 2018. 京津冀产业升级过程中水资源利用结构调整研究. 干旱区资源与环境，32（12）：152-156.
杨志，牛桂敏，郭珉媛. 2021. 京津冀多元化水环境生态补偿困境及对策. 中国市场，1067（4）：24-25.
杨志峰，支援，尹心安，等. 2015. 虚拟水研究进展. 水利水电科技进展，35（5）：181-190.
衣长春，李想. 2021. 论清代直隶总督职能的嬗变. 河北学刊，41（1）：207-213.
于智媛. 2017. 西北地区灌溉方式的节水效果与农户选择研究. 北京：中国农业科学院博士学位论文.
余灏哲，李丽娟，李九一. 2019. 一体化进程中京津冀水资源利用与城市经济发展关系时空分析. 南水北调与水利科技，17（2）：29-39.
袁少军，王如松，胡聃，等. 2004. 城市产业结构偏水度评价方法研究. 水利学报，(10)：43-47.
袁树堂，刘新有，王红鹰. 2014. 基于区域发展规划的嵩明县水资源供需平衡预测. 水资源与水工程学报，25（6）：76-81.
岳俊涛. 2016. 南水北调中线工程河北省受水区水资源配置研究. 上海：东华大学硕士学位论文.
曾睿，曾庆枝. 2015. 中国水资源需求管理的现实问题与法制对策. 创新，9（1）：96-101，128.
曾翔. 2018. 基于空间视角的中国省际人口迁移与区域经济发展关系研究. 上海：上海社会科学院博士学位论文.
翟晶，徐国宾，郭书英，等. 2016. 基于协调发展度的河流健康评价方法研究. 水利学报，47（11）：1465-1471.
张吉辉，李健，唐燕. 2012. 中国水资源与经济发展要素的时空匹配分析. 资源科学，34（8）：1546-1555.
张钧茹. 2016. 基于系统动力学的京津冀地区水资源承载力研究. 北京：中国地质大学（北京）硕士学位论文.
张凯，2016. 不同抗旱性春小麦品种资源利用效率及其权衡. 兰州：甘肃农业大学博士学位论文.
张可云，蔡之兵. 2014. 京津冀协同发展历程、制约因素及未来方向. 河北学刊，34（6）：101-105.
张黎鸣，赵岩，王红瑞，等. 2017. 基于信息熵与灰关联的西安市城市经济与用水结构的耦合度研究. 南水北调与水利科技，15（4）：187-192，202.
张玲玲，丁雪丽，沈莹，等. 2019. 中国农业用水效率空间异质性及其影响因素分析. 长江流域资源与环境，228（4）：817-827.
张明宇，凌长明，李儒松，等. 2019. 海水淡化成本与效益分析. 净水技术，38（3）：113-118.
张士锋，陈俊旭，廖强. 2016. 北京市水资源研究. 北京：中国水利水电出版社.

张同乐. 2007. 1949-1976 年河北省际人口迁移与社会结构变动 . 当代中国史研究，14（3）：78-83.

张旺，申玉铭. 2012. 京津冀都市圈生产性服务业空间集聚特征. 地理科学进展，31（6）：742-749.

张西漾. 2010. 建筑生活给水系统节水节能的研究. 重庆：重庆大学硕士学位论文.

张蕴博. 2018. 基于系统动力学的京津冀水资源一体化优化配置研究. 邯郸：河北工程大学硕士学位论文.

章平. 2010. 产业结构演进中的用水需求研究——以深圳为例. 技术经济，29（7）：65-71.

赵辉，郑有飞，张誉馨，等. 2020. 京津冀大气污染的时空分布与人口暴露. 环境科学学报，40（1）：1-12.

赵晶，倪红珍，陈根发. 2015. 我国高耗水工业用水效率评价. 水利水电技术，46（4）：11-15，21.

赵丽娜，徐国宾. 2013. 基于协调发展度的冲积河流的河型判别式. 泥沙研究，（5）：10-14.

赵新，田玲，邓行舟. 2007. 京津冀人口发展战略报告，北京：中国社会科学出版社.

赵勇，翟家齐. 2017. 京津冀水资源安全保障技术研发集成与示范应用. 中国环境管理，9（4）：113-114.

郑连生. 2009. 广义水资源与适水发展. 北京：中国水利水电出版社.

郑连生. 2012. 适水发展与对策. 北京：中国水利水电出版社.

郑勇，陈东初，商霖，等. 2016. 需求侧管理在贵阳市水资源综合管理中的应用. 水利发展研究，16（9）：21-24.

周孝，冯中越. 2016. 北京生产性服务业集聚与京津冀区域协同发展. 经济与管理研究，37（2）：44-51.

周玉玺，周霞. 2006. 水资源需求管理政策：水价效应的理论分析. 水利发展研究，（5）：35-40.

周玉玺. 2005. 水资源管理制度创新与政策选择研究. 泰安：山东农业大学博士学位论文.

朱洪利，潘丽君，李巍，等. 2013. 十年来云贵两省水资源利用与经济发展脱钩关系研究. 南水北调与水利科技，11（5）：1-5.

朱永楠，王庆明，任静，等. 2017. 南水北调受水区节水指标体系构建及应用. 南水北调与水利科技，15（6）：187-195.

Allan J A. 1999. A convenient solution. The UNESCO Courier, 52（2）：29-31.

Castillo R M, Feng K, Hubacek K, et al. 2017. Uncovering the green, blue, and grey water footprint and virtual water of biofuel production in Brazil：A nexus perspective. Sustainability, 9（11）：2049-2066.

Chen W M, Wu S M, Lei Y L, et al. 2017. China's water footprint by province, and inter-provincial transfer of virtual water. Ecological Indicators, 74：321-333.

Gómez-Llanos E, Durán-Barroso P, Robina-Ramírez R. 2020. Analysis of consumer awareness of sustainable water consumption by the water footprint concept. Science of the Total Environment, 721：137743.

Hoekstra A Y, Chapagain A K. 2007. Water footprints of nations：Water use by people as a function of their consumption pattern. Water Resources Management, 21（1）：35-48.

Hoekstra A Y. 2002. Virtual water trade：proceedings of the international expert meeting on virtual water trade-value of water research report series No. 12. Delft, The Netherlands, IHE.

Jiang Y K, Cai W J, Du P F, et al. 2015. Virtual water in interprovincial trade with implications for China′s water policy. Journal of Cleaner of Production, 87: 655-665.

Lamastra L, Miglietta P P, Toma P, et al. 2017. Virtual water trade of agri-food products: evidence from italian-chinese relations. Science of the Total Environment, 599: 474-482.

Li Q, Su Y, Pei Y. 2008. Research on Coupling Coordination Degree Model between Upstream and Downstream Enterprises// International Conference on Information Management. IEEE Computer Society.

Mo X G, Chen X, Hu S, et al. 2017. Attributing regional trends of evapotranspiration and gross primary productivity with remote sensing: a case study in the North China Plain. Hydrology and Earth System Sciences, 21 (1): 295-310.

Mo X G, Liu S X, Lin Z H, et al. 2004. Simulating temporal and spatial variation of evapotranspiration over the Lushi basin. Journal of Hydrology, 285 (1-4): 125-142.

Mo X G, Liu S X. 2001. Simulating evapotranspiration and photosynthesis of winter wheat over the growing season. Agricultural and Forest Meteorology, 109 (3): 203-222.

Qadir M, Boers T M, Schubert S, et al. 2003. Agricultural water management in water starved countries: challenges and opportunities. Agricultural Water Management, 62 (3): 165-185.

Tian G L, Han X S, Zhang C, et al. 2020. Virtual water flows embodied in international and interprovincial trade of yellow river basin: a multiregional input-output analysis. Sustainability, 12 (3): 1251.

UNESCO. 2015. The United Nations World Water Development Report 2015: Water for a Sustainable World, Paris, France.

Yang Y D, He W W, Chen F L, et al. 2020. Water footprint assessment of silk apparel in China. Journal of Cleaner Production, 260: 121050.

Yuguda T K, Li Y, Zhang W L, et al. 2020. Incorporating water loss from water storage and conveyance into blue water footprint of irrigated sugarcane: A case study of savannah sugar irrigation district, Nigeria. Science of the Total Environment, 715 (1): 136886.

Zhang C, Anadon L D. 2014. A multi-regional input-output analysis of domestic virtual water trade and provincial water footprint in China. Ecological Economics, 100: 159-172.

Zhang W, Chen J P, Wang Q, et al. 2013. Susceptibility analysis of large- scale debris flows based on combination weighting and extension methods. Natural Hazards, 66 (2): 1073-1100.